FUNDAMENTOS DA ENGENHARIA AERONÁUTICA

Dados Internacionais de Catalogação na Publicação (CIP)
(Câmara Brasileira do Livro, SP, Brasil)

Rodrigues, Luiz Eduardo Miranda José
  Fundamentos da engenharia aeronáutica / Luiz
Eduardo Miranda José Rodrigues. - 1. ed. -
São Paulo : Cengage Learning, 2023.

  7. reimpr. da 1. ed. de 2013
  Bibliografia.
  ISBN 978-85-221-1204-3

  1. Aeronáutica - Brasil - História 2. Empresa
Brasileira de Aeronáutica (EMBRAER) - História
3. Engenharia aeronáutica - Brasil 4. Indústria
aeronáutica - Brasil I. Título

12-14593   CDD-629.1300981

Índice para catálogo sistemático:

1. Brasil : Aeronáutica : Engenharia : Tecnologia : História
   629.1300981

FUNDAMENTOS DA ENGENHARIA AERONÁUTICA

LUIZ EDUARDO MIRANDA JOSÉ RODRIGUES

Austrália • Brasil • México • Cingapura • Reino Unido • Estados Unidos

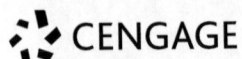

Fundamentos da engenharia aeronáutica
Luiz Eduardo Miranda José Rodrigues

Gerente editorial: Patricia La Rosa

Supervisora editorial: Noelma Brocanelli

Editora de desenvolvimento: Marileide Gomes

Supervisora de produção gráfica: Fabiana Alencar Albuquerque

Copidesque: Mônica de Aguiar Rocha

Revisão: Regina Elisabete Barbosa e Márcia Elisa Rodrigues

Ilustração: Roberto Carlos Novaes

Diagramação: Triall Composição Editorial Ltda

Capa: Ale Gustavo/Blenderhead Ideias Visuais

Pesquisa iconográfica: Mariana Martins e Renata Camargo

Analista de conteúdo e pesquisa: Milene Uara

Editora de direitos de aquisição e iconografia: Vivian Rosa

© 2014 Cengage Learning, Inc.

Todos os direitos reservados. Nenhuma parte deste livro poderá ser reproduzida, sejam quais forem os meios empregados, sem a permissão, por escrito, da Editora. Aos infratores aplicam-se as sanções previstas nos artigos 102, 104, 106, 107 da Lei nº 9.610, de 19 de fevereiro de 1998.

Esta editora empenhou-se em contatar os responsáveis pelos direitos autorais de todas as imagens e de outros materiais utilizados neste livro. Se porventura for constatada a omissão involuntária na identificação de algum deles, dispomo-nos a efetuar, futuramente, os possíveis acertos.

A Editora não se responsabiliza pelo funcionamento dos sites contidos neste livro que possam estar suspensos.

Para informações sobre nossos produtos, entre em contato pelo telefone **+55 11 3665-9900**.

Para permissão de uso de material desta obra, envie seu pedido para **direitosautorais@cengage.com**.

ISBN 13: 978-85-221-1204-3
ISBN 10: 85-221-1204-5

Cengage
WeWork
Rua Cerro Corá, 2175 – Alto da Lapa
São Paulo – SP – CEP 05061-450
Tel.: +55 (11) 3665-9900

Para suas soluções de curso e aprendizado, visite
www.cengage.com.br.

Impresso no Brasil
Printed in Brazil
7. reimpr. – 2023

"Os pássaros devem experimentar a mesma sensação, quando distendem suas longas asas e seu voo fecha o céu... Ninguém, antes de mim, fizera igual."

Alberto Santos Dumont

Ao estudante

Que a presente obra represente um estímulo a todos os estudantes que admiram a engenharia aeronáutica e buscam o entendimento desta ciência, que desperta o interesse e a curiosidade das pessoas, e sirva de referência básica para o desenvolvimento e projeto de novas aeronaves.

Agradecimentos

Ao amigo de tantos estudos, coronel engenheiro militar Hélio de Assis Pegado, assessor de Ciência e Tecnologia do Exército Brasileiro, deixo meu mais sincero agradecimento pelo brilhante prefácio que certamente engrandeceu em muito o conteúdo da obra.

Meu eterno agradecimento aos professores do Instituto Tecnológico de Aeronáutica, em especial ao prof. dr. Donizeti de Andrade que me presenteou, ao longo de minha formação acadêmica, com uma imensurável quantia de conhecimento na área aeronáutica.

À engenheira Letícia Aparecida Caride Amaral, minha ex-aluna, que foi o ponto de partida para o início desse trabalho, me incentivando a escrever um livro sobre engenharia aeronáutica.

Aos integrantes e ex-integrantes das equipes Taperá e Taperá Baby de AeroDesign do Instituto Federal de Educação, Ciência e Tecnologia de São Paulo, por acreditarem em minha orientação e contribuírem para a conclusão dessa obra.

Agradeço em especial ao tecnólogo em gestão da produção industrial José Mario Ferraz Júnior, meu ex-aluno e capitão da equipe Taperá Baby, campeã da competição SAE-AeroDesign Brasil de 2011, que disputou a competição SAE-AeroDesign East nos Estados Unidos, em 2012.

Ao amigo e ex-aluno, Roberto Carlos Novaes, por abrilhantar o conteúdo dessa obra com magníficas ilustrações, expresso aqui minha admiração e reconhecimento.

A minha mãe, Maria Bernadete Miranda, e a minha avó, Juracy Lombardi Miranda, que nunca mediram esforços para que fosse possível minha formação pessoal, acadêmica e profissional, orientando-me sempre a seguir o caminho do bem e me ensinando a compartilhar o conhecimento.

Ao meu amor, Dailene Felix, razão da minha vida, que sempre me apoiou e me incentivou a trilhar um caminho de conquista, estando comigo em todos os momentos difíceis e felizes dessa trajetória.

Enfim, agradeço a todos que contribuíram direta ou indiretamente para a conclusão deste trabalho.

Material de apoio

Para professores: manual de solução dos exercícios propostos e apresentações em Power Point.

Para professores e alunos: planilhas eletrônicas para a solução de todos os exemplos do texto e exercícios propostos.

Sumário

Prefácio xv

Capítulo 1
Conceitos fundamentais 1

1.1 Introdução 1
1.2 Conteúdos abordados 3
1.3 Definições e componentes principais de um avião 4
    1.3.1 Fuselagem 4
    1.3.2 Asas 5
    1.3.3 Empenagem 9
    1.3.4 Trem de pouso 13
    1.3.5 Grupo motopropulsor 13
        1.3.5.1 Características das hélices 15
1.4 Sistema de coordenadas usado na indústria aeronáutica 17
1.5 Superfícies de controle 17

Capítulo 2
Fundamentos de aerodinâmica 23

2.1 Introdução 23

2.2 A física da força de sustentação 24

2.3 Número de Reynolds 26

2.4 Teoria do perfil aerodinâmico 28

    2.4.1 Seleção e desempenho de um perfil aerodinâmico 30

    2.4.2 Forças aerodinâmicas e momentos em perfis 34

    2.4.3 Centro de pressão e centro aerodinâmico do perfil 36

2.5 Asas de envergadura finita 41

    2.5.1 Alongamento e relação de afilamento 42

    2.5.2 Corda média aerodinâmica 44

    2.5.3 Forças aerodinâmicas e momentos em asas finitas 45

    2.5.4 Coeficiente de sustentação em asas finitas 47

    2.5.5 O estol em asas finitas e suas características 52

        2.5.5.1 Influência da forma geométrica da asa na propagação do estol 54

    2.5.6 Aerodinâmica da utilização de flapes na aeronave 56

    2.5.7 Distribuição de sustentação 58

2.6 Considerações sobre a aerodinâmica de biplanos 66

    2.6.1 *Gap* - Distância vertical entre as asas 66

    2.6.2 *Stagger* 67

    2.6.3 Decalagem 67

    2.6.4 Determinação de um monoplano equivalente 68

Capítulo 3
Arrasto em aeronaves 73

3.1 Introdução 73

    3.1.1 Arrasto induzido 74

        3.1.1.1 Técnicas utilizadas para a redução do arrasto induzido 75

3.2 Efeito solo 77

3.3 Arrasto parasita 79

3.4 Polar de arrasto da aeronave 83

3.4.1 O que é uma polar de arrasto e como pode ser obtida?.................... 84

Capítulo 4
Desempenho de voo em condição de equilíbrio estático................. 95

4.1 Introdução.. 95

4.2 Forças que atuam em uma aeronave em voo reto e nivelado................. 95

4.3 Tração disponível e requerida para o voo reto e nivelado com velocidade constante.. 97

4.4 Potência disponível e requerida.. 105

4.5 Relação entre a velocidade de mínima tração requerida e a velocidade de mínima potência requerida... 112

4.6 Efeitos da altitude nas curvas de tração e potência disponível e requerida... 115

4.7 Análise do desempenho de subida... 127

4.8 Voo de planeio (descida não tracionada).. 134

Capítulo 5
Desempenho de decolagem, pouso e voo em curvas....................... 143

5.1 Introdução.. 143

5.2 Desempenho na decolagem.. 143

5.3 Desempenho no pouso... 154

5.4 Diagrama *v-n* de manobra... 163

5.5 Desempenho em curvas... 168

Capítulo 6
Estabilidade longitudinal estática... 181

6.1 Introdução.. 181

6.2 Definição de estabilidade... 182

6.3 Determinação da posição do centro de gravidade............................... 186

6.4 Momentos em uma aeronave.. 189

6.5 Estabilidade longitudinal estática 190
    6.5.1 Contribuição da asa na estabilidade longitudinal estática 193
    6.5.2 Contribuição do profundor na estabilidade longitudinal estática 197
    6.5.3 Contribuição da fuselagem na estabilidade longitudinal estática 206
    6.5.4 Estabilidade longitudinal estática da aeronave completa 209
    6.5.5 Ponto neutro e margem estática 214
    6.5.6 Conceitos fundamentais sobre o controle longitudinal 219

Capítulo 7
Estabilidade direcional e lateral estática 231

7.1 Introdução 231
7.2 Estabilidade direcional estática 231
    7.2.1 Contribuição do conjunto asa-fuselagem na estabilidade direcional estática 232
    7.2.2 Contribuição do estabilizador vertical na estabilidade direcional estática 233
7.3 Controle direcional 236
7.4 Estabilidade lateral estática 240
7.5 Controle lateral 243

Bibliografia Recomendada 247

Prefácio

Foi muito gratificante ter sido convidado para prefaciar um livro de engenharia aeronáutica editado em nosso país e em nossa língua materna. É difícil de acreditar que um país como o nosso, que tem empresas do porte da Embraer e diversas outras focadas na fabricação de aeronaves e componentes, tenha poucas obras na área de engenharia aeronáutica e, ainda, que essas poucas existentes sejam, em sua maioria, apostilas e compilações de professores universitários. Com exceção de livros voltados à formação de pilotos e mecânicos em Aeroclubes e Escolas de Aviação, são raros ou pouco conhecidos os livros destinados ao ensino dos diversos aspectos da engenharia aeronáutica, em português.

Conheci o professor Luiz Eduardo nos corredores no ITA, enquanto fazíamos mestrado. Estávamos sempre assoberbados pela quantidade de trabalhos acadêmicos e pelas demandas de pesquisa exigidas pelo curso. Nossa paixão pela aviação e pelas asas rotativas contribuiu, com certeza, para que criássemos laços de amizade e de respeito profissional mútuo sempre renovado ao longo de nossas carreiras.

A vida militar e suas constantes mudanças fizeram com que tomássemos caminhos diferentes. Neste período dediquei-me a fazer o meu doutorado e, posteriormente, à pesquisa na área de projetos aeronáuticos voltados para os interesses do Exército Brasileiro. Fui professor do IME, pesquisador do CTEx, engenheiro da DMAvEx, diretor do Arsenal de Guerra do Rio e chefiei a equipe que elaborou o projeto básico do primeiro Simulador de Helicópteros brasileiro (SHEFE). Enquanto isso, ele se aprofundou na área acadêmica e se tornou um dos maiores especialistas no projeto e fabricação de aeronaves não tripuladas com diversas vitórias nas competições de *Aerodesign*, promovidos pela SAE.

No livro, o autor, com sua vasta experiência nacional e internacional em projetos de aeronaves não tripuladas, aliado aos muitos anos dedicados aos tablados acadêmicos, navega pelos conceitos básicos da engenharia aeronáutica sem se aprofundar no ponto de vista matemático, conduzindo o leitor num processo de compreensão e aprendizagem, sem, contudo ser enfadonho. São apresentadas equações e aproximações simples, que descrevem como efetuar os cálculos matemáticos, ilustrando os fenômenos físicos estudados. De uma forma didática e implícita, o autor apresenta as escolhas e soluções de compromisso necessárias à elaboração do projeto de uma aeronave.

O livro se inicia com a apresentação de uma aeronave de asa fixa, a nomenclatura de seus principais componentes e configurações, descrevendo os conceitos básicos de aerodinâmica da asa e do perfil, seus parâmetros, sua aplicação em biplanos e seus efeitos sobre o voo. No capítulo seguinte estuda o arrasto, em suas diferentes formas e suas consequências para o voo, continuando na sequência com o estudo do desempenho de aeronaves em diversas fases do voo e suas principais equações. Finalmente, o conclui com a descrição dos parâmetros que influem na estabilidade e controlabilidade de aeronaves. Ao término de cada capítulo, o autor apresenta uma sequência de exercícios destinados à fixação dos conceitos estudados, e uma série de verificações dos tópicos apresentados para que o leitor possa apreciar seu aprendizado.

Ao término da leitura do livro posso assegurar que é uma obra que deve ser lida e estudada com afinco por nossos alunos, pelos engenheiros que se dedicam à aviação e até mesmo pelos apaixonados pelo voo que não estejam familiarizados com os conceitos envolvidos em projetos de aeronaves. Desejo muito sucesso ao autor, felicito-o pela iniciativa de produzir este livro e fico muito honrado em apresentá-lo aos leitores.

Cel. Hélio de Assis Pegado, D.Sc.

CAPÍTULO 1

Conceitos fundamentais

1.1 Introdução

França, Paris, 23 de outubro de 1906, em um dia de vento calmo no campo de Bagatelle, às 16 horas e 45 minutos de uma terça-feira se concretizou, por meio do brasileiro Alberto Santos Dumont, o sonho do homem poder voar. Esse feito foi realizado diante do olhar curioso de muitos expectadores, imprensa e pessoas influentes da época, que presenciaram o primeiro voo de uma aeronave mais pesada que o ar com propulsão mecânica. Esse voo realizou-se por longos 60 metros a uma altura de 3 metros acima do solo, marcando definitivamente na história que o homem era capaz de voar.

A máquina voadora responsável pela realização desse feito foi batizada de 14-Bis e uma fotografia da conquista pode ser observada na Figura 1.1.

Figura 1.1 Vista do voo do 14-Bis em Paris.

Desde então, estudiosos, entusiastas e aficionados pelo sonho de voar trabalham continuamente com o objetivo

2 Fundamentos da engenharia aeronáutica

Figura 1.2 Evolução da indústria aeronáutica.

principal de aperfeiçoar as máquinas voadoras que tanto intrigam a curiosidade das pessoas. Muitos avanços foram obtidos através de estudos que resultaram em fantásticas melhorias aerodinâmicas e de desempenho das aeronaves, propiciando o projeto e a construção de aviões capazes da realização de voos transcontinentais, aeronaves cuja velocidade ultrapassa a barreira do som e até a realização de voos espaciais. A Figura 1.2 mostra a aeronave Airbus A380, o maior avião de passageiros já projetado, com capacidade que pode variar entre 555 a 845 passageiros, um caça supersônico no instante em que rompe a barreira do som, e o ônibus espacial utilizado pela **National Aeronautics and Space Administration** (Nasa) para missões no espaço.

No Brasil, o estudo da engenharia aeronáutica sempre esteve impulsionado pelo desejo de repetir e aprimorar o feito realizado por Santos Dumont, e como forma de enriquecer um pouco mais a história da aviação brasileira, a presente obra é destinada aos estudantes que desejam obter conhecimentos fundamentais sobre esta ciência fantástica que contagia a todos que por ela navegam.

A falta da literatura aeronáutica em português representa o principal ponto norteador para a execução deste livro, em que todos os conceitos apresentados foram minuciosamente avaliados tendo em vista a obtenção de resultados bastante confiáveis quando da solução das equações propostas.

A didática utilizada para a aplicação da teoria e para a solução do equacionamento proposto é conduzida de forma que todos os pontos são explicados em detalhes, encaminhando o leitor a um entendimento rápido e fácil de cada um dos tópicos apresentados.

O conteúdo da obra mostra de maneira organizada e sequencial todo o procedimento necessário para o projeto de aeronaves de pequeno e médio porte com sistema propulsivo composto por motor a pistão e hélice. A Figura 1.3 mostra exemplos de aeronaves com essas características.

Figura 1.3 Exemplos de aeronaves de pequeno e médio porte.

Espera-se que a partir da leitura deste livro, o estudante tenha sua curiosidade despertada e se torne muito motivado para prosseguir em uma carreira dedicada à evolução da indústria aeronáutica brasileira.

1.2 Conteúdos abordados

Este livro está dividido em sete capítulos didaticamente organizados para propiciar ao estudante uma sequência lógica dos tópicos apresentados e tem como objetivo fundamental incentivar a pesquisa e o desenvolvimento da engenharia aeronáutica brasileira.

Muitos dos conceitos aqui apresentados podem ser encontrados com uma maior riqueza de detalhes na grande diversidade de literatura existente ao redor do mundo, porém é importante ressaltar que todo o conteúdo deste livro é de grande valia para iniciantes no estudo da engenharia aeronáutica.

No Capítulo 1 tem-se uma introdução aos principais componentes de um avião e também são apresentadas as principais configurações, bem como as superfícies de comando e os procedimentos necessários para a realização das manobras de voo. Ao término da leitura desse capítulo, espera-se que o leitor esteja familiarizado com os principais elementos que formam a estrutura de um avião e também conheça a função primária das superfícies de comando.

O Capítulo 2 exibe muitos conceitos importantes para o projeto aerodinâmico da aeronave. São apresentados os fundamentos sobre o projeto e seleção de perfis aerodinâmicos, asas de dimensões finitas, distribuição de sustentação ao longo da envergadura da asa, características de estol e fundamentos da aerodinâmica de biplanos. A sua leitura permite ao estudante obter um conhecimento básico sobre as necessidades aerodinâmicas mais importantes a serem examinadas durante a realização do projeto de uma nova aeronave.

O Capítulo 3 é dedicado ao estudo do arrasto em aeronaves, em que são indicados os seus diferentes tipos, bem como os efeitos provocados no desempenho da aeronave. São realizados comentários sobre o arrasto parasita e induzido e o final do capítulo oferece uma metodologia para a determinação da curva polar de arrasto de uma aeronave completa, permitindo ao leitor um entendimento geral da relação existente entre a força de sustentação e a força de arrasto atuante.

O Capítulo 4 mostra em detalhes como realizar uma análise de desempenho de uma aeronave em uma condição de voo em equilíbrio estático, com a apresentação de tópicos como a determinação das curvas de tração e potência disponível e requerida, a influência da altitude nessas curvas, velocidades de máximo alcance e máxima autonomia e o desempenho de subida e planeio da aeronave.

O Capítulo 5 traz uma análise de desempenho em condição de voo acelerado, sendo realizada uma análise das características de decolagem e pouso, o traçado do diagrama v-n de manobra e a determinação do raio de curvatura mínimo.

O Capítulo 6 é dedicado ao estudo dos critérios de estabilidade e controle longitudinal estático da aeronave, em que são fornecidas as informações e formulações necessárias para a determinação do centro de gravidade da aeronave, avaliados os critérios necessários para se garantir a estabilidade longitudinal estática, a determinação do ponto neutro e da margem estática, determinação do ângulo de trimagem para se garantir a estabilidade longitudinal, bem como são apresentados modelos matemáticos que podem ser utilizados para um estudo dos critérios que determinam o controle longitudinal da aeronave.

O Capítulo 7 mostra um estudo sobre os critérios necessários para a determinação das condições de estabilidade lateral e direcional estática. Também são apresentados os fundamentos necessários para o cálculo dos critérios que permitem o controle direcional e lateral da aeronave.

1.3 Definições e componentes principais de um avião

Um avião é definido como uma aeronave de asa fixa mais pesada que o ar, movida por propulsão mecânica, que é mantido em condição de voo devido à reação dinâmica do ar que escoa através de suas asas.

Os aviões são projetados para uma grande variedade de propostas, porém todos possuem os mesmos componentes principais. As características operacionais e as dimensões são determinadas pelos objetivos desejados pelo projeto. A maioria das estruturas dos aviões possui fuselagem, asas, empenagem, trem de pouso e o grupo motopropulsor. A Figura 1.4 mostra os componentes principais de uma aeronave.

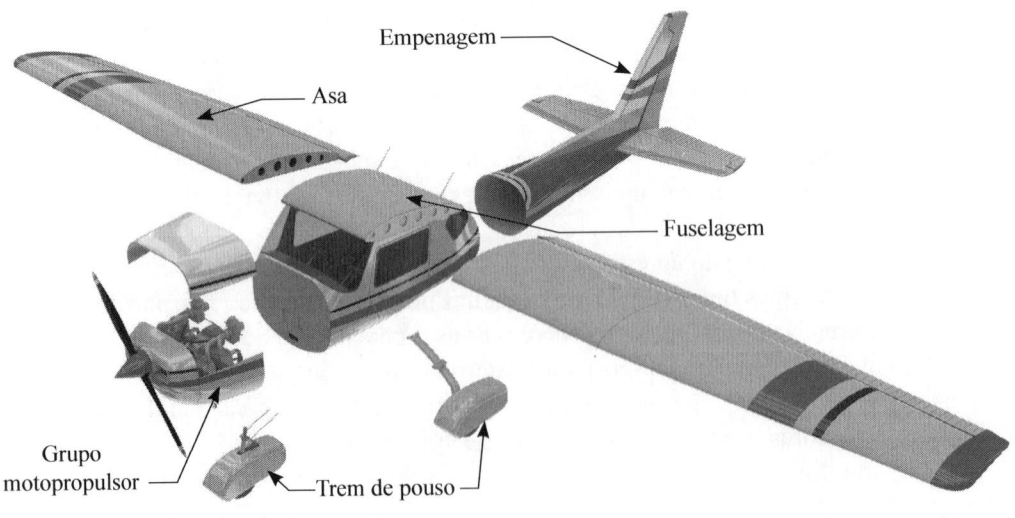

Figura 1.4 Componentes principais de um avião.

1.3.1 Fuselagem

A fuselagem inclui a cabine de comandos, que contém os assentos para seus ocupantes e os controles de voo da aeronave; também possui o compartimento de carga e os vínculos de fixação para outros componentes principais do avião. A fuselagem basicamente pode ser construída de três formas distintas: treliçada, monocoque ou semimonocoque.

Estrutura treliçada: A estrutura em forma de treliça para a fuselagem é utilizada em algumas aeronaves. A resistência e a rigidez deste tipo de estrutura é obtida pela junção das barras em uma série de modelos triangulares.

Estrutura monocoque: Na estrutura monocoque o formato aerodinâmico é dado pelas cavernas. As cargas atuantes em voo são suportadas por essas cavernas e também pelo revestimento. Por esse motivo, este tipo de fuselagem deve ser revestido por um material resistente aos esforços atuantes durante o voo.

Estrutura semimonocoque: Neste tipo de estrutura, os esforços são suportados pelas cavernas e/ou anteparos, revestimento e longarinas. A Figura 1.5 mostra os modelos de fuselagem descritos.

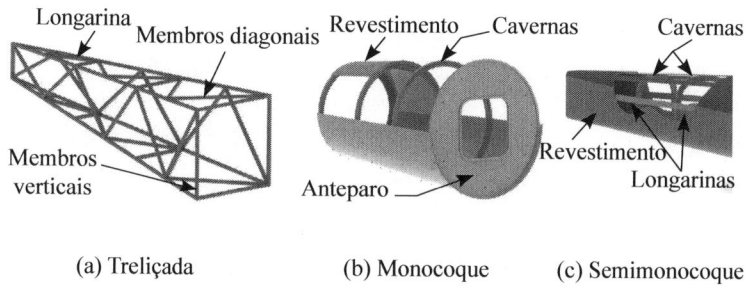

(a) Treliçada (b) Monocoque (c) Semimonocoque

Figura 1.5 Exemplos das formas construtivas das estruturas da fuselagem.

1.3.2 Asas

As asas são superfícies sustentadoras unidas a cada lado da fuselagem e representam os componentes fundamentais que suportam o avião no voo. Para elas, existem numerosos projetos, tamanhos e formas usadas pelos vários fabricantes. Cada modelo é produzido para atender às necessidades de desempenho previsto para o avião desejado. A maneira como as asas produzem a força de sustentação necessária ao voo será explicada no Capítulo 2. As asas podem ser classificadas quanto a sua fixação na fuselagem em alta, média ou baixa. As Figuras 1.6 e 1.7 mostram cada um dos modelos citados.

(a) Asa alta (b) Asa média (c) Asa baixa

Figura 1.6 Fixação da asa na fuselagem.

6 Fundamentos da engenharia aeronáutica

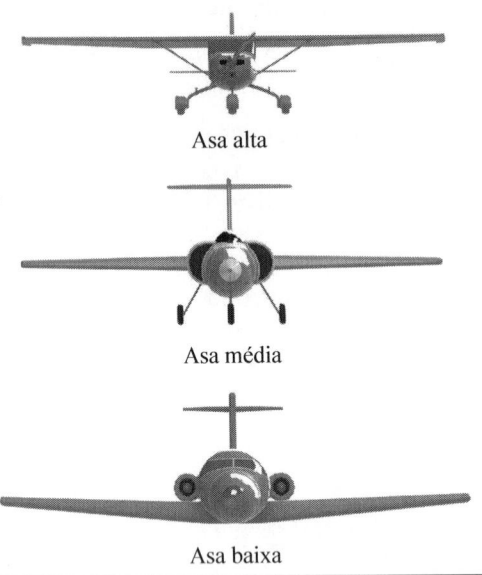

Asa alta

Asa média

Asa baixa

Figura 1.7 Vista frontal da fixação da asa na fuselagem.

A seguir são descritas as particularidades, bem como as vantagens da utilização de cada um dos tipos de fixação da asa na fuselagem.

Asa alta: Esta configuração possui como vantagens melhor relação L/D, maior estabilidade lateral da aeronave, menor comprimento de pista necessário para o pouso, uma vez que minimiza a ação do efeito solo, e para aeronaves de transporte simplifica o processo de colocação e retirada de carga, visto que a fuselagem se encontra mais próxima ao solo.

Asa média: Esta configuração em geral está associada a menor geração de arrasto entre as três localizações citadas, pois o arrasto de interferência entre a asa e a fuselagem é minimizado. A maior desvantagem deste tipo de asa está em problemas estruturais, uma vez que o momento fletor na raiz da asa exige a necessidade de estrutura reforçada na fuselagem da aeronave.

Asa baixa: A maior vantagem de uma asa baixa está relacionada ao projeto do trem de pouso. Em muitos casos a própria asa serve como estrutura para suportar as cargas atuantes durante o processo de taxiamento e pouso. Outros aspectos vantajosos da utilização de uma asa baixa podem ser representados por uma melhor manobrabilidade de rolamento da aeronave, além da necessidade de um menor comprimento de pista para a decolagem. Com a proximidade da asa em relação ao solo, é possível aproveitar de maneira significativa a ação do efeito solo, porém este tipo de asa possui como aspecto negativo menor estabilidade lateral, muitas vezes necessitando da adição do ângulo de diedro como forma de garantir a estabilidade da aeronave.

O número de asas também pode variar. Aviões com um único par de asas são classificados como monoplanos, com dois pares de asas são classificados como biplanos. A Figura 1.8 mostra exemplos das aeronaves monoplano e biplano.

(a) Monoplano

(b) Biplano

Figura 1.8 Exemplo de aeronaves monoplano e biplano.

Estrutura das asas: Os principais elementos estruturais de uma asa são as nervuras, a longarina, o bordo de ataque e o bordo de fuga.

Nervuras: As nervuras dão a forma aerodinâmica à asa e transmitem os esforços do revestimento para a longarina.

Longarina: A longarina é o principal componente estrutural da asa, uma vez que é dimensionada para suportar os esforços de cisalhamento, flexão e torção oriundos das cargas aerodinâmicas atuantes durante o voo.

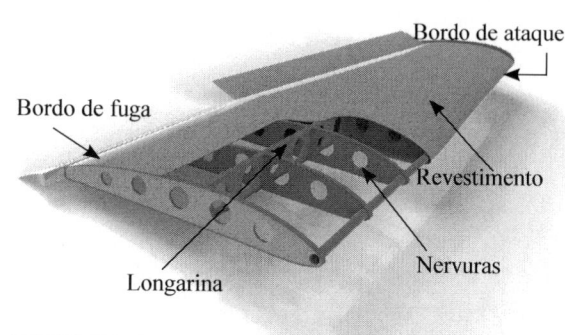

Figura 1.9 Elementos estruturais de uma asa.

Bordo de ataque e bordo de fuga: O bordo de ataque representa a parte dianteira da asa e o bordo de fuga, a parte traseira da asa e serve como berço para o alojamento dos ailerons e dos flapes. A Figura 1.9 mostra os principais elementos estruturais de uma asa.

Nomenclatura do perfil e da asa: A Figura 1.10 ilustra os principais elementos geométricos que formam um perfil aerodinâmico e uma asa com envergadura finita.

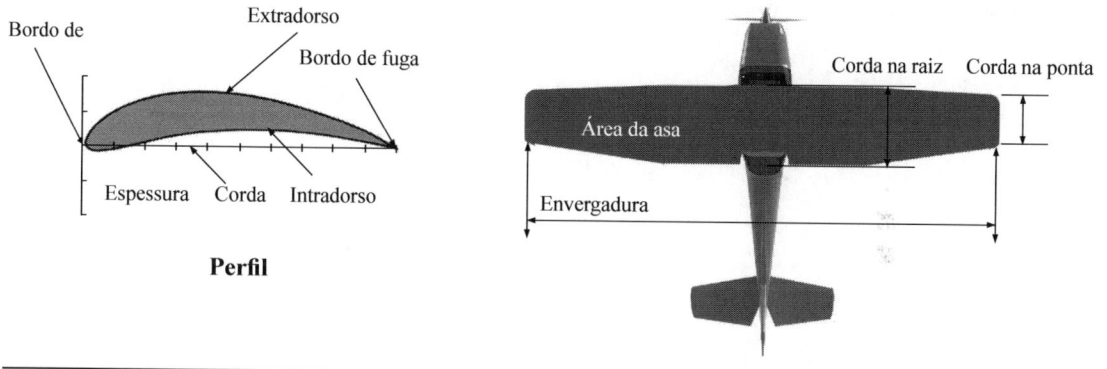

Figura 1.10 Nomenclatura fundamental do perfil e da asa.

Extradorso: representa a parte superior do perfil,
Intradorso: representa a parte inferior do perfil.
Corda: é a linha reta que une o bordo de ataque ao bordo de fuga do perfil aerodinâmico.
Envergadura: representa a distância entre a ponta das asas.
Área da asa: representa toda a área em planta, inclusive a porção compreendida pela fuselagem.

Forma geométrica das asas: As asas dos aviões podem assumir uma enorme série de formas geométricas de acordo com o propósito do projeto em questão, porém os principais tipos são retangular, trapezoidal, elíptica e mista. Cada modelo possui sua característica particular com vantagens e desvantagens quando comparadas entre si.

Esta seção mostrará de forma simples os principais tipos de asa, comentando em cada um dos casos quais as vantagens e as desvantagens de cada modelo analisado. As Figuras 1.11 e 1.12 apresentam as principais formas geométricas para as asas.

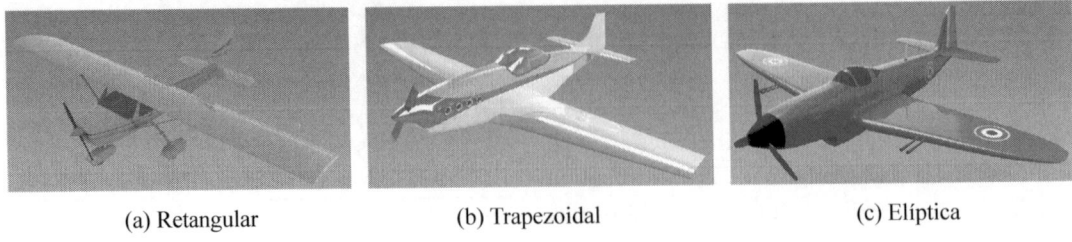

(a) Retangular   (b) Trapezoidal   (c) Elíptica

Figura 1.11   Principais formas geométricas das asas.

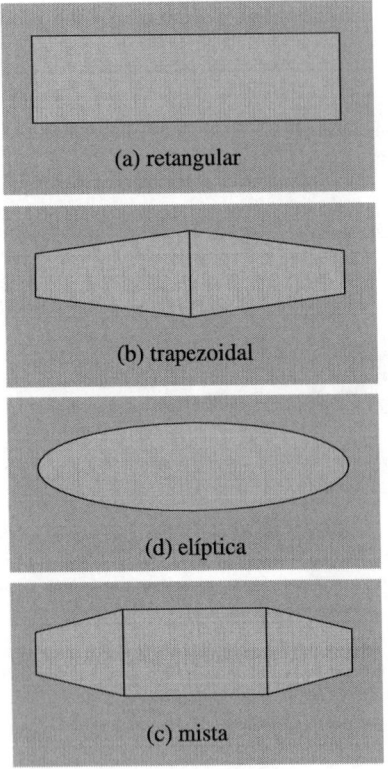

Figura 1.12   Forma geométrica em planta das asas.

Asa retangular: De baixa eficiência aerodinâmica, ou seja, a relação entre a força de sustentação e a força de arrasto (L/D) é menor quando comparada a uma asa trapezoidal ou elíptica. Isso ocorre devido ao arrasto de ponta de asa, também conhecido por arrasto induzido, que no caso da asa retangular é maior que em uma trapezoidal ou elíptica. O arrasto induzido e sua formulação matemática serão discutidos em uma outra seção do livro.

A vantagem da asa retangular é sua maior facilidade de construção e um menor custo de fabricação quando comparada às outras. A área em planta de uma asa retangular pode ser calculada a partir da Equação (1.1).

$$S = b \cdot c \quad (1.1)$$

onde b representa a envergadura da asa e c representa a corda que para este caso é invariável.

Asa trapezoidal: De ótima eficiência aerodinâmica, pois, com a redução gradativa da corda entre a raiz e a ponta da asa, consegue-se uma significativa redução do arrasto induzido. Neste tipo de asa o processo construtivo torna-se um pouco mais complexo, uma vez que a corda de cada nervura possui dimensão diferente. A área em planta de uma asa trapezoidal pode ser calculada a partir da Equação (1.2).

$$S = \frac{(c_r + c_t) \cdot b}{2} \quad (1.2)$$

onde c_r representa a corda na raiz, c_t a corda na ponta e b a envergadura da asa.

CAPÍTULO 1 — Conceitos fundamentais

Asa elíptica: Representa a asa ideal, pois é a que proporciona máxima eficiência aerodinâmica, porém é de difícil fabricação e mais cara quando comparada às outras formas apresentadas. A área em planta de uma asa elíptica pode ser calculada a partir da Equação (1.3).

$$S = \frac{\pi}{4} \cdot b \cdot c_r \qquad (1.3)$$

onde b representa a envergadura e c_r a corda na raiz da asa.

Asa mista: Apresenta características tanto da asa retangular como da trapezoidal ou elíptica. Este tipo de forma geométrica muitas vezes representa uma excelente solução para se aumentar a área de asa na busca de uma menor velocidade de estol sem comprometer o arrasto induzido. A área em planta de uma asa mista pode ser calculada a partir da composição adequada das Equações (1.1), (1.2) e (1.3).

▶ EXEMPLO 1.1

Cálculo da área da asa

Duas asas são propostas para o projeto de uma nova aeronave. A primeira possui uma forma geométrica retangular com envergadura $b_1 = 12$ m e corda $c = 1{,}60$ m. A segunda possui forma geométrica trapezoidal com envergadura $b_2 = 12$ m, corda na raiz $c_r = 1{,}60$ m e corda na ponta da asa $c_t = 0{,}64$ m. Determine a área para cada uma dessas asas.

Solução: Asa 1: A área da asa é determinada a partir da aplicação da Equação (1.1).

$S = b \cdot c$
$S = 12 \cdot 1{,}6$
$S = 19{,}2 \text{ m}^2$

Asa 2: A área da asa é determinada a partir da aplicação da Equação (1.2).

$$S = \frac{b \cdot (c_r + c_t)}{2}$$

$$S = \frac{12{,}0 \cdot (1{,}60 + 0{,}64)}{2}$$

$S = 13{,}44 \text{ m}^2$

1.3.3 Empenagem

A empenagem possui como função principal estabilizar e controlar o avião durante o voo. A empenagem é dividida em duas superfícies: a horizontal, que contém o profundor e é responsável pela estabilidade e controle longitudinal da aeronave, e a vertical, que é responsável pela estabilidade e controle direcional da aeronave. A Figura 1.13 apresenta um modelo de empenagem convencional e seus principais componentes.

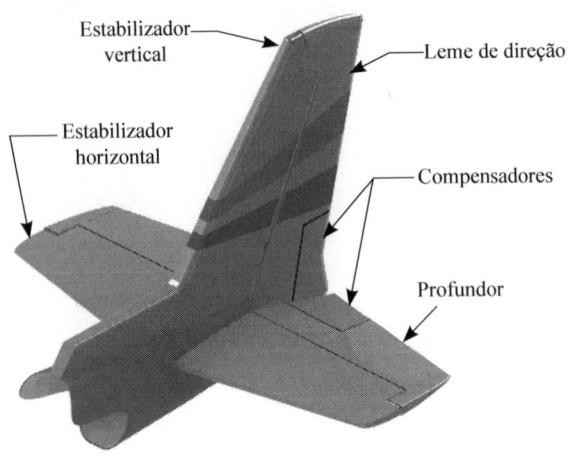

Figura 1.13 Modelo de empenagem convencional.

Superfície horizontal: Formada pelo estabilizador horizontal (parte fixa) e pelo profundor (parte móvel), algumas aeronaves também possuem os compensadores com a finalidade de reduzir os esforços de pilotagem e em alguns casos o estabilizador e o profundor constituem-se de uma única peça completamente móvel. A superfície horizontal é responsável pelos movimentos de arfagem (levantar e baixar o nariz) da aeronave.

Superfície vertical: Formada pelo estabilizador vertical (parte fixa) e pelo leme de direção (parte móvel), esta superfície é responsável pelos movimentos de guinada (deslocamento do nariz para a direita ou para a esquerda) da aeronave.

O dimensionamento correto da empenagem é algo de muita importância a fim de garantir estabilidade e controlabilidade à aeronave. Os Capítulos 6 e 7 são totalmente destinados aos critérios de estabilidade, controle, peso e balanceamento da aeronave.

O processo para a realização deste dimensionamento é fundamentado em dados históricos e empíricos em que duas quantidades adimensionais importantes, denominadas de volume de cauda horizontal e volume de cauda vertical, são utilizadas para se estimar as dimensões mínimas das superfícies da empenagem. As quantidades adimensionais são definidas a partir das Equações (1.4) e (1.5).

$$V_{HT} = \frac{l_{HT} \cdot S_{HT}}{\bar{c} \cdot S} \tag{1.4}$$

$$V_{VT} = \frac{l_{VT} \cdot S_{VT}}{b \cdot S} \tag{1.5}$$

Nessas equações, l_{HT} representa a distância entre o CG do avião e o centro aerodinâmico da superfície horizontal da empenagem, l_{VT} é a distância entre o CG do avião e o centro aerodinâmico da superfície vertical da empenagem, S_{HT} é a área necessária para a superfície horizontal da empenagem, S_{VT} a área necessária para a superfície vertical da empenagem, $\bar{c}$ representa a corda média aerodinâmica da asa, b é a envergadura da asa e S a área da asa. Baseado em dados históricos e empíricos de aviões existentes, os valores dos volumes de cauda estão compreendidos na seguinte faixa:

$$0{,}35 \leq V_{HT} \leq 0{,}5$$

$$0{,}035 \leq V_{VT} \leq 0{,}06$$

As Equações (1.4) e (1.5) possuem como finalidade principal o cálculo das áreas necessárias das superfícies horizontal e vertical da empenagem como forma de garantir a estabilidade e o controle da aeronave. Para a solução dessas equações se faz necessário o conhecimento prévio da corda média aerodinâmica, da área da asa e de sua envergadura. Os valores de l_{HT}, l_{VT}, V_{HT} e V_{VT} são adotados de acordo com a experiência do projetista e às necessidades do projeto em questão. É importante observar que maiores valores de l_{HT} e l_{VT} proporcionam menores valores de áreas para as superfícies horizontal e vertical da empenagem. De maneira inversa, maiores valores de V_{HT} e V_{VT} proporcionam maiores valores de área necessária. Portanto, a experiência do projetista é essencial para se definir os melhores valores a serem adotados para a solução das Equações (1.4) e (1.5).

As principais configurações de empenagem em geral utilizadas nas aeronaves são denominadas como convencional, cauda em T, cauda em V, cauda dupla e cruciforme e estão representadas a seguir nas Figuras 1.14 e 1.15.

A configuração convencional geralmente é a utilizada em praticamente 70% dos aviões. Esse modelo é favorecido pelo seu menor peso estrutural quando comparado às outras configurações citadas e também possui boas qualidades para se garantir a estabilidade e o controle da aeronave. A cauda em T possui uma estrutura mais pesada e a superfície vertical deve possuir uma estrutura mais rígida para suportar as cargas aerodinâmicas e o peso da superfície

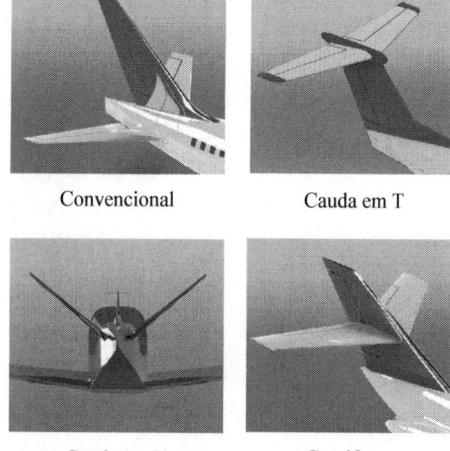

Figura 1.14 Principais tipos de empenagens.

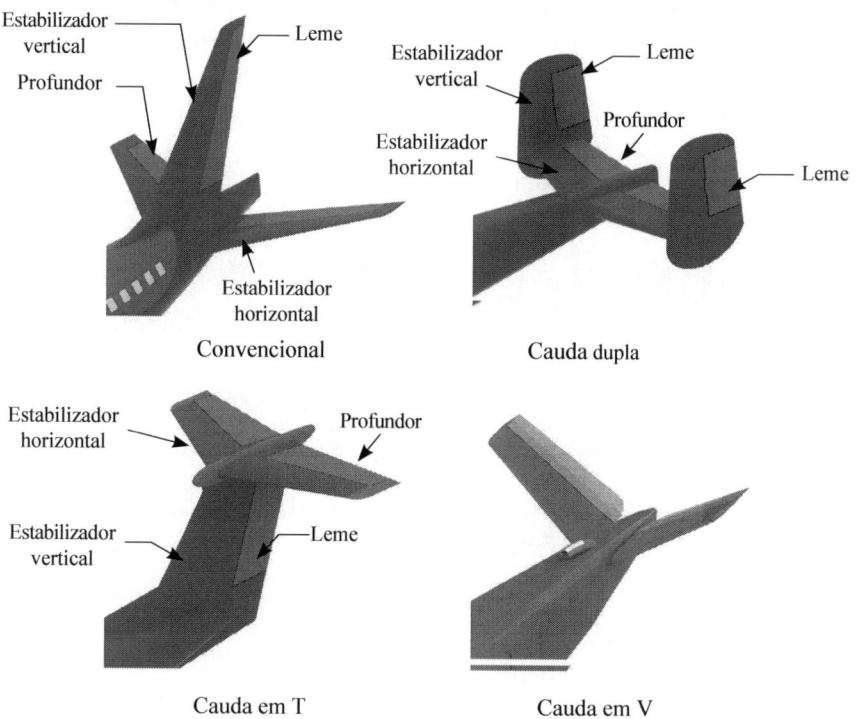

Figura 1.15 Ilustração dos principais tipos de empenagens.

horizontal. Uma característica importante da configuração em T é que a superfície horizontal atua como um *end plate* na extremidade da superfície vertical, resultando em um menor arrasto induzido. A configuração em V em geral pode ser utilizada na intenção de reduzir a área molhada da empenagem, além de propiciar um menor arrasto de interferência. Porém, sua maior penalidade é com relação à complexidade dos controles uma vez que leme e profundor devem trabalhar em conjunto como forma de manobrar a aeronave. A cauda dupla normalmente é utilizada para posicionar o estabilizador vertical fora da esteira de vórtices principalmente em elevados ângulos de ataque. A configuração cruciforme representa basicamente uma situação intermediária entre a cauda convencional e a cauda em T.

Uma vez que as superfícies vertical e horizontal da empenagem devem fornecer meios para se garantir a estabilidade e o controle da aeronave, as forças aerodinâmicas atuantes nesses componentes são bem menores que as atuantes na asa da aeronave, além de mudarem de direção constantemente durante o voo, implicando quase sempre a utilização de perfis simétricos como forma de garantir que em qualquer sentido de movimento dessas superfícies a força aerodinâmica gerada seja equivalente.

Uma vez selecionado o perfil aerodinâmico e calculada qual a área necessária para cada uma das superfícies da empenagem, a forma geométrica adotada pode ser fruto da criação e imaginação do projetista. Normalmente a superfície horizontal assume uma forma geométrica retangular, elíptica ou trapezoidal e a superfície vertical, em 99% dos casos, assume uma forma trapezoidal.

Outro ponto importante com relação à superfície horizontal da empenagem está relacionado ao seu alongamento, pois esta superfície pode ser considerada uma asa de baixo alongamento, e, portanto, uma asa de menor eficiência. Se o alongamento da superfície horizontal for menor que o alongamento da asa da aeronave, quando ocorrer um estol na asa, a superfície horizontal da empenagem ainda possuirá controle sobre a aeronave, pois o seu estol ocorre para um ângulo de ataque maior que o da asa. As características de estol e alongamento serão apresentadas em uma discussão mais à frente.

▶ EXEMPLO 1.2

Cálculo das superfícies de empenagem

Uma nova aeronave em fase de projeto preliminar possui a asa de forma geométrica retangular com uma envergadura de 10 m, corda média aerodinâmica $\bar{c} = 1{,}5$ m e uma área de asa $S = 15$ m². Sabendo-se que os comprimentos l_{HT} e l_{VT} são, respectivamente, iguais a 6,3 m e 6,1 m, determine a mínima área necessária para as superfícies horizontal e vertical da empenagem considerando os seguintes volumes de cauda $V_{HT} = 0{,}35$ e $V_{VT} = 0{,}035$.

Solução: Cálculo da área da superfície horizontal:

$$S_{HT} = \frac{V_{HT} \cdot \bar{c} \cdot S}{l_{HT}}$$

$$S_{HT} = \frac{0{,}35 \cdot 1{,}5 \cdot 15}{6{,}3}$$

$S_{HT} = 1{,}25 \text{ m}^2$

Cálculo da área da superfície vertical:

$$S_{VT} = \frac{V_{VT} \cdot b \cdot S}{l_{VT}}$$

$$S_{HT} = \frac{0{,}035 \cdot 10 \cdot 15}{6{,}1}$$

$S_{HT} = 0{,}86 \text{ m}^2$

1.3.4 Trem de pouso

As funções principais do trem de pouso são apoiar o avião no solo e manobrá-lo durante os processos de taxiamento, decolagem e pouso. Na maioria das aeronaves o trem de pouso utilizado possui rodas, porém existem casos em que são utilizados flutuadores em hidroaviões e esquis para operação em neve. O trem de pouso pode ser classificado basicamente em duas categorias, de acordo com a disposição das rodas em triciclo ou convencional.

O trem de pouso triciclo é aquele no qual existem duas rodas principais ou trem principal geralmente localizado embaixo das asas e uma roda frontal ou trem do nariz.

O trem de pouso convencional é formado por um trem principal e uma bequilha localizada quase sempre no final do cone de cauda.

Hoje a grande maioria das aeronaves possui trem de pouso modelo triciclo, pois essa configuração melhora sensivelmente o controle e a estabilidade da aeronave no solo, além de permitir melhores características de desempenho durante a decolagem. A Figura 1.16 mostra os modelos dos trens de pouso comentados.

1.3.5 Grupo motopropulsor

O grupo motopropulsor é formado pelo conjunto motor e hélice. A função primária do motor é fornecer a potência necessária para colocar a hélice em movi-

Figura 1.16 Trem de pouso triciclo e convencional.

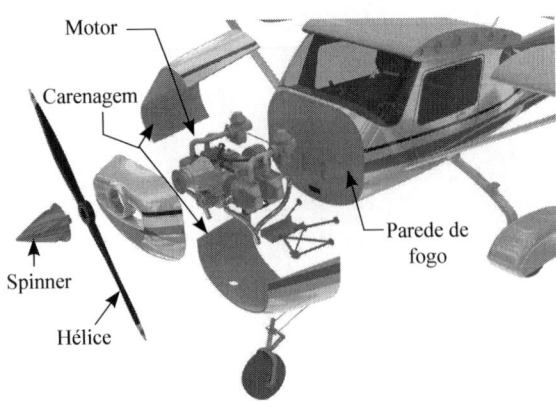

Figura 1.17   Grupo motopropulsor.

mento de rotação, e, uma vez obtido esse movimento, a hélice possui a função de gerar tração para impulsionar o avião. Por se tratar de um livro sobre fundamentos de engenharia aeronáutica, apenas aeronaves com sistema propulsivo formado por motor a pistão e hélice serão abordadas ao longo do texto.

As aeronaves podem ser classificadas em monomotores, bimotores e multimotores, de acordo com o número de motores existentes na estrutura.

Os principais componentes necessários para a montagem do grupo motopropulsor são o motor, a hélice, a carenagem, o spinner e a parede de fogo que recebe o berço para o alojamento do motor. A Figura 1.17 ilustra o grupo motopropulsor em uma montagem convencional.

Basicamente em aviões monomotores de pequeno porte, o grupo motopropulsor pode ser instalado na fuselagem em duas configurações distintas, ou o sistema será *tractor* ou então *pusher*. A Figura 1.18 mostra alguns aviões monomotores e as respectivas configurações acima descritas.

Cada uma das duas configurações possui suas vantagens e desvantagens operacionais descritas a seguir.

Configuração tractor: Uma aeronave construída com esta configuração possui a hélice montada na parte frontal do motor, de forma que esta produz uma tração que puxa o avião através do ar. Basicamente esta configuração é utilizada em 99% dos aviões convencionais em operação na atualidade.

(a) Tractor – Piper PA-28 Cherokee

(b) Tractor – Cessna 152

(c) Tractor – V35 Bonanza

(d) Pusher – Velocity

(e) Pusher – Velocity

(f) Pusher – Tornado SS

Figura 1.18   Posicionamento do grupo motopropulsor.

Como vantagens desse tipo de configuração podem-se citar os seguintes pontos:

a) Permitir que a hélice opere em um escoamento limpo e sem perturbações.
b) Também pode se citar que o peso do motor contribui de maneira satisfatória para a posição do CG da aeronave, permitindo que se trabalhe com uma menor área de superfície de cauda para se garantir a estabilidade longitudinal da aeronave.
c) Propiciar uma melhor refrigeração do motor, uma vez que o fluxo de ar acelerado pela hélice passa direto pelo motor.

Como desvantagens podem-se citar os seguintes pontos:

a) A esteira de vórtices da hélice provoca perturbações sobre o escoamento que passa através da asa e da fuselagem, interferindo na geração de sustentação e na estabilidade da aeronave.
b) O aumento de velocidade do escoamento acelerado pela hélice provoca o aumento do arrasto total da aeronave, pois aumenta o arrasto de atrito sobre a fuselagem.

Configuração pusher: Uma aeronave com a configuração *pusher* possui a hélice montada na parte de trás do motor e atrás da estrutura da aeronave. Nesta situação, a hélice é montada para criar uma tração que empurra o avião através do ar. Em geral este tipo de montagem é utilizado em aviões anfíbios. Para o caso de aviões terrestres, pode trazer problemas de contato das pás da hélice com o solo durante o procedimento de decolagem, além de estar exposto a sujeiras provenientes da pista durante a corrida de decolagem e, em voo, encontrar um escoamento já perturbado pela aerodinâmica da aeronave.

Como principais vantagens dessa configuração podem-se citar:

a) Permitir a existência de um escoamento mais limpo sobre a asa e a fuselagem da aeronave, uma vez que o motor está montado na parte de trás dela.
b) O ruído do motor na cabine de comando torna-se reduzido, além de proporcionar um maior campo de visão para o piloto da aeronave.

Como desvantagens podem-se citar:

a) Com o peso do motor atrás, o CG da aeronave também é deslocado para trás e maiores problemas de estabilidade longitudinal acontecem.
b) Os problemas de refrigeração do motor são mais severos.

1.3.5.1 Características das hélices

A hélice representa um elemento de grande importância num avião. Ela tem a missão de fornecer a força de tração necessária ao voo. Em termos simples, uma hélice é um aerofólio trabalhando em uma trajetória circular, com ângulo de ataque positivo em relação ao fluxo de ar, para produzir tração em uma direção paralela ao plano de voo da aeronave. O desempenho de uma hélice depende de alguns fatores: o diâmetro em função da rotação, a área das pás em função da **absorção de potência, o passo, entre outros.**

Cada hélice é definida por duas dimensões características, o diâmetro e o passo, normalmente indicados em polegadas. A Figura 1.19 mostra as principais características geométricas de uma hélice.

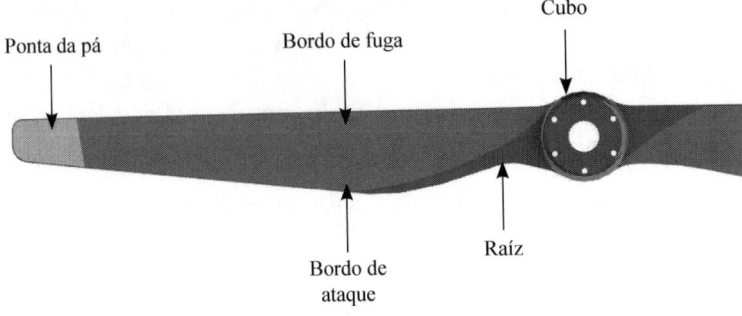

Figura 1.19 Características geométricas de uma hélice.

Diâmetro: Representa a distância entre as pontas das pás para o caso de uma hélice bipá. No caso de hélices monopá ou com múltiplas pás, o diâmetro é representado pela circunferência realizada durante o movimento.

Passo: Representa o avanço (teórico) que a hélice daria em uma única volta. As hélices utilizadas na indústria aeronáutica podem ser classificadas da seguinte forma:

a) **Hélice de passo fixo:** Esta hélice é fabricada em peça única e o passo é constante; geralmente são hélices de duas pás fabricadas de madeira ou metal.

b) **Hélice de passo ajustável no solo:** O passo da hélice pode ser ajustado no solo antes da decolagem da aeronave. Este tipo de hélice em geral possui um cubo articulado que permite a rotação da pá para o passo desejado. O passo ajustável permite configurar a hélice para operar na aeronave de acordo com a localidade, permitindo melhores características de desempenho durante a decolagem em locais onde os efeitos da altitude se fazem presentes.

c) **Hélice de passo controlável:** O piloto pode mudar o passo da hélice durante o voo através de um sistema interno de comandos. Este tipo de hélice proporciona um voo com tração praticamente constante, permitindo que em todas as fases do voo a aeronave opere em condições de desempenho otimizado.

Outros fatores limitantes que reduzem a eficiência da hélice são a potência do motor e o arrasto do avião, ou seja, uma hélice de passo grande não vai fazer a aeronave voar mais rápido do que é capaz; e uma hélice com passo pequeno demais resultará em perdas de potência e tração.

Força de tração disponível: É a força exercida pela hélice em movimento na direção do curso do voo. Este é o propósito de uma hélice – converter a potência do motor, que está disponível na forma de torque, em movimento linear. A tração é usualmente medida em newtons [N] e está em função da densidade do ar, da rotação da hélice em [rpm], da razão de avanço, e do número de Reynolds (*Re*).

Potência disponível: É determinada pelo produto entre o torque e a velocidade angular do eixo. Quando a rotação aumenta, um motor produz menos torque porque a mistura ar/combustível não é eficiente em altas rotações. Esse é o motivo para a curva de potência se tornar linear e constante ou até diminuir em rotações muito elevadas. Isso significa que a hélice mais eficiente é aquela que possibilite ao motor operar na melhor faixa da curva de potência. Um ponto interessante a ser compreendido sobre a absorção de potência é que a potência da hélice varia na razão do cubo da rotação. Consequentemente, ao dobrar a rotação necessitam-se oito vezes mais potência.

1.4 Sistema de coordenadas usado na indústria aeronáutica

Para entender todos os referenciais de movimento e direção de uma aeronave, é necessário estabelecer um sistema de coordenadas cartesianas tridimensional. O sistema de coordenadas serve de base para se avaliar os movimentos da aeronave no espaço tridimensional. O sistema de coordenadas apresentado na Figura 1.20 é o padrão utilizado na indústria aeronáutica e possui sua origem no centroide da aeronave. Os três eixos de coordenadas se interceptam no centroide formando ângulos de 90° entre si. O eixo longitudinal é posicionado ao longo da fuselagem da cauda para o nariz do avião. O eixo lateral se estende através da asa orientado da direita para a esquerda a partir de uma vista frontal da aeronave e o eixo vertical é desenhado de forma que seja orientado de cima para baixo.

Figura 1.20 Eixos de coordenadas de uma aeronave.

Movimentos da aeronave: Durante o voo uma aeronave pode realizar seis tipos de movimento em relação aos três eixos de referência, ou seja, um avião pode ser modelado como um sistema de seis graus de liberdade. Dos movimentos possíveis de uma aeronave, três são lineares e três são movimentos de rotação. Os movimentos lineares ou de translação são os seguintes: (a) para a frente e para trás ao longo do eixo longitudinal, (b) para a esquerda e para a direita ao longo do eixo lateral e (c) para cima e para baixo ao longo do eixo vertical. Os outros três movimentos são rotacionais ao redor dos eixos longitudinal (movimento de rolamento), lateral (movimento de arfagem) e vertical (movimento de guinada).

1.5 Superfícies de controle

Um avião possui três superfícies de controle fundamentais que são os ailerons responsáveis pelo movimento de rolamento, o profundor responsável pelo movimento de arfagem e o leme de direção responsável pelo movimento de guinada.

A Figura 1.21 mostra uma aeronave convencional e suas principais superfícies de controle.

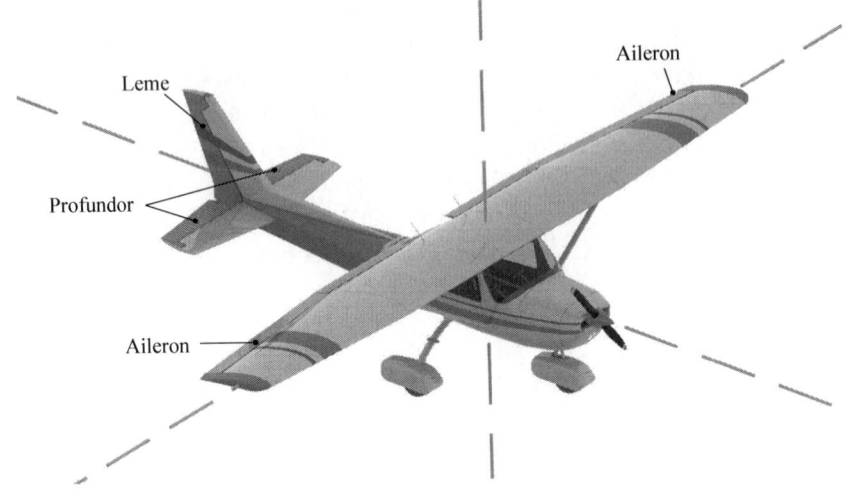

Figura 1.21   Superfícies de controle de uma aeronave.

Ailerons: Os ailerons são estruturas móveis localizadas no bordo de fuga e nas extremidades das asas. Quando um comando é aplicado para a direita, por exemplo, o aileron localizado na asa direita é defletido para cima e o aileron da asa esquerda é defletido para baixo, fazendo com que a aeronave execute uma manobra de rolamento para a direita. Isso ocorre porque o aileron defletido para baixo provoca um aumento de arqueamento do perfil e, consequentemente, mais sustentação é gerada. No aileron defletido para cima ocorre uma redução do arqueamento do perfil da asa e uma redução da sustentação gerada. Dessa forma, o desequilíbrio das forças em cada asa faz com que a aeronave execute o movimento de rolamento ao redor do eixo longitudinal. Do mesmo modo, um comando aplicado para a esquerda inverte a deflexão dos ailerons, e o rolamento se dá para a esquerda. As Figuras 1.22 e 1.23 mostram os efeitos provocados pela deflexão dos ailerons em uma aeronave.

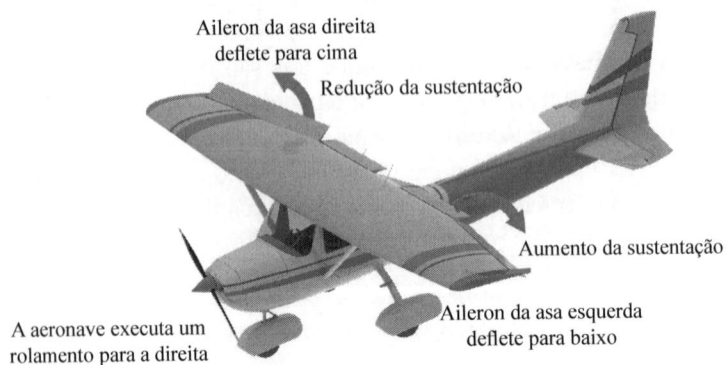

Figura 1.22   Exemplo de funcionamento dos ailerons.

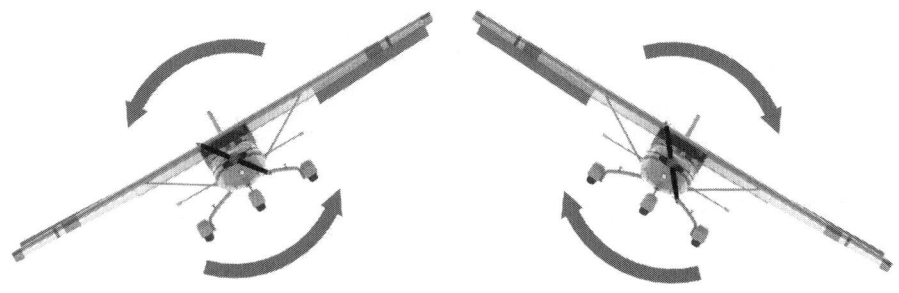

Figura 1.23 Deflexão dos ailerons.

Profundor: O profundor atua com a finalidade de executar os movimentos de levantar ou baixar o nariz da aeronave (movimento de arfagem em relação ao eixo lateral). Quando um comando é aplicado para levantar o nariz, o bordo de fuga do profundor se deflete para cima e, devido ao aumento da força de sustentação para baixo, cria-se um momento ao redor do centro de gravidade da aeronave no sentido de levantar o nariz. Quando o comando aplicado é no sentido de baixar o nariz, o bordo de fuga do profundor se deflete para baixo e o momento gerado ao redor do centro de gravidade provoca o movimento de baixar o nariz. As Figuras 1.24 e 1.25 mostram a atuação do profundor e o consequente movimento de arfagem da aeronave.

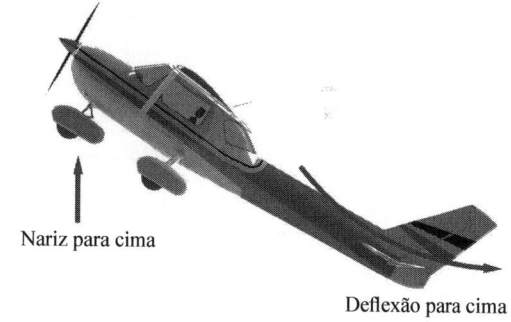

Figura 1.24 Exemplo de deflexão do profundor.

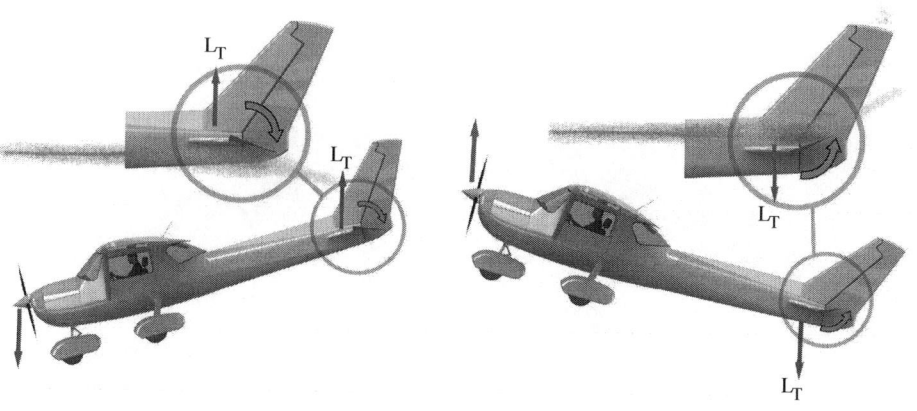

Figura 1.25 Deflexão do profundor.

Leme de direção: O leme está localizado na superfície vertical da empenagem, mais especificamente acoplado ao estabilizador vertical. Sua função principal é permitir através de sua deflexão que a aeronave execute o movimento de guinada ao redor do eixo vertical. Quando um comando é aplicado para a direita, por exemplo, o leme se deflete para a direita e, devido ao acréscimo da força de sustentação na superfície vertical da empenagem, o nariz da aeronave se desloca no mesmo sentido do comando aplicado, ou seja, para a direita. Essa situação está ilustrada na Figura 1.26. No caso de um comando à esquerda, o nariz da aeronave se desloca para a esquerda, como pode ser observado na Figura 1.27.

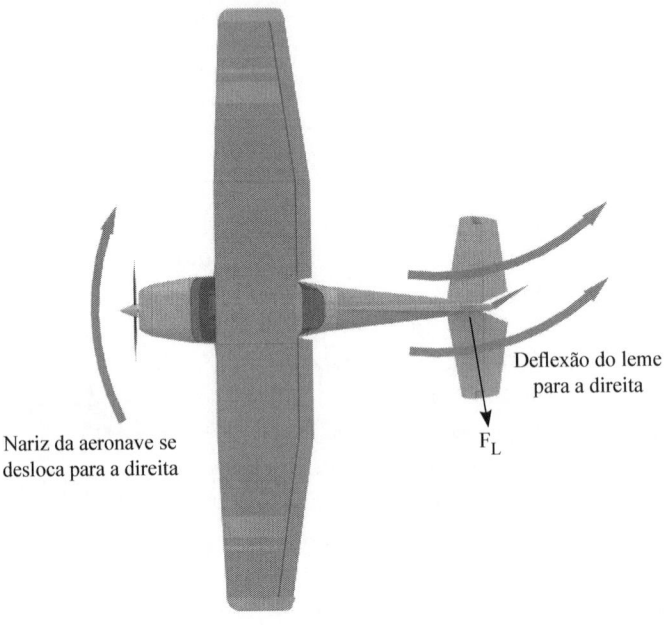

Figura 1.26 Exemplo de aplicação do leme de direção.

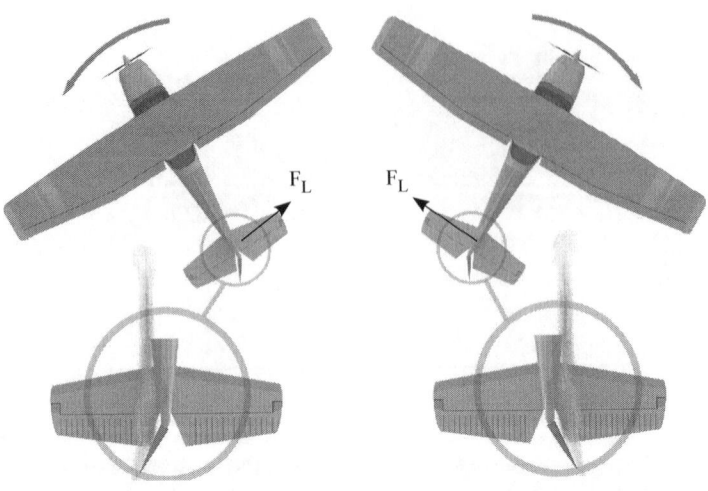

Figura 1.27 Deflexão do leme de direção.

EXERCÍCIOS PROPOSTOS

1.1 As asas de uma aeronave podem ser fixadas na fuselagem basicamente por meio de três configurações diferentes: alta, média ou baixa. Descreva cada uma dessas situações e apresente as vantagens e desvantagens de cada configuração.

1.2 As asas das aeronaves podem possuir uma grande diversidade de formas, que variam de acordo com os requisitos do projeto. Os formatos mais comuns são retangular, trapezoidal e elíptica. Descreva as vantagens e as desvantagens de cada uma dessas três formas geométricas.

1.3 Qual a principal função da empenagem em uma aeronave?

1.4 Uma nova aeronave em fase de projeto preliminar possui a asa de forma geométrica retangular com uma envergadura de 12 m, corda média aerodinâmica $\bar{c} = 1,6$ m e uma área de asa $S = 19,2$ m². Sabendo-se que os comprimentos l_{HT} e l_{VT} são, respectivamente, iguais a 6,4 m e 6,2 m, determine a mínima área necessária para as superfícies horizontal e vertical da empenagem, considerando os seguintes volumes de cauda $V_{HT} = 0,34$ e $V_{VT} = 0,040$.

1.5 Quais as principais funções do trem de pouso em uma aeronave?

1.6 Descreva as principais configurações de trens de pouso.

1.7 Basicamente em aviões monomotores de pequeno porte o grupo motopropulsor pode ser instalado na fuselagem em duas configurações distintas, ou o sistema será *tractor* ou então *pusher*. Escreva as vantagens e desvantagens de cada uma dessas configurações.

1.8 Em um sistema propulsivo, qual a função primária da hélice?

1.9 Descreva as três superfícies principais de comando de uma aeronave e o propósito de cada uma delas no movimento da aeronave.

1.10 Qual a diferença entre a força de tração disponível e a potência disponível em um sistema de propulsão à hélice?

2 CAPÍTULO

Fundamentos de aerodinâmica

2.1 Introdução

A aerodinâmica é o estudo do movimento de fluidos gasosos, relativo às suas propriedades e características e às forças que exercem em corpos sólidos neles imersos. De maneira geral a aerodinâmica, como ciência específica, só passou a ganhar importância industrial com o surgimento dos aviões e dos automóveis. Eles precisavam se locomover tendo o menor atrito possível com o ar, pois assim seriam mais rápidos e gastariam menos combustível. O estudo de perfis aerodinâmicos, ou aerofólios, provocou um grande salto no estudo da aerodinâmica. Nesse início o desenvolvimento da aerodinâmica esteve intimamente ligado ao desenvolvimento da hidrodinâmica que apresentava problemas similares; com algumas facilidades experimentais, uma vez que já havia tanques de água circulante na época embora não houvesse túneis de vento.

Este capítulo tem a finalidade de mostrar ao leitor uma série de aspectos físicos inerentes a esta ciência que muito se faz presente durante todas as fases de projeto de um novo avião. De forma geral, os conceitos apresentados abordarão de maneira simples e objetiva ferramentas úteis e aplicáveis ao projeto aerodinâmico de uma aeronave. Dentre essas ferramentas, o capítulo aborda os fundamentos da geração da força de sustentação, características de um perfil aerodinâmico, características particulares do escoamento sobre asas de dimensões finitas e a teoria simplificada para o projeto aerodinâmico de biplanos.

O estudo dos fenômenos que envolvem a aerodinâmica é de fundamental importância para o projeto global da aeronave. Muitos aspectos estudados para se definir a melhor configuração aerodinâmica da aeronave serão amplamente utilizados para uma melhor análise de desempenho e estabilidade da aeronave, bem como para o seu cálculo estrutural, uma vez que existem muitas soluções de compromisso entre um bom projeto aerodinâmico e um excelente projeto total da aeronave. A partir desse ponto, o estudante deve estar preparado para se envolver com um grande *quebra-cabeça* de otimizações como forma de realizar um estudo completo e correto dos fenômenos que envolvem a aerodinâmica.

2.2 A física da força de sustentação

A força de sustentação representa a maior qualidade que uma aeronave possui em comparação com os outros tipos de veículos e define a habilidade de um avião se manter em voo. Basicamente, a força de sustentação é utilizada como forma de vencer o peso da aeronave e assim garantir o voo.

Alguns princípios físicos fundamentais podem ser aplicados para se compreender como a força de sustentação é criada, dentre eles, podem-se citar principalmente a terceira lei de Newton e o princípio de Bernoulli.

Quando uma asa se desloca através do ar, o escoamento se divide em uma parcela direcionada para a parte superior e uma para a parte inferior da asa, como mostra a Figura 2.1.

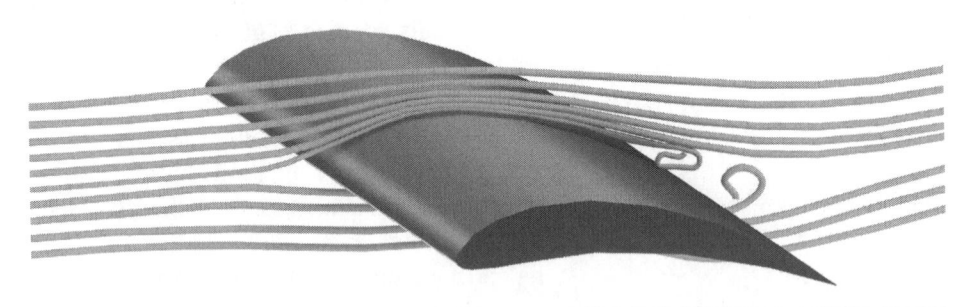

Figura 2.1 Escoamento sobre uma asa.

Se existir um ângulo positivo entre a asa e a direção do escoamento, o ar é forçado a mudar de direção, assim, a parcela de escoamento na parte inferior da asa é forçada para baixo. Em reação a essa mudança de direção do escoamento na parte inferior da asa, ela é forçada para cima, ou seja, a asa aplica uma força para baixo no ar e o ar aplica na asa uma força de mesma magnitude no sentido de empurrar a asa para cima. A criação da força de sustentação pode ser explicada pela terceira lei de Newton, ou seja, para qualquer força de ação aplicada existe uma reação de mesma intensidade, direção e sentido oposto.

O ângulo pelo qual o escoamento é defletido por uma superfície geradora de sustentação é chamado de ângulo de ataque induzido *downwash angle*.

A criação da força de sustentação também pode ser explicada através da circulação do escoamento ao redor do aerofólio. Para se entender essa definição, deve-se compreender o princípio de Bernoulli, que é definido da seguinte maneira: "Se a velocidade de uma partícula de um fluido aumenta enquanto ela escoa ao longo de uma linha de corrente, a pressão dinâmica do fluido deve aumentar e vice-versa".

CAPÍTULO 2
Fundamentos de aerodinâmica

Esse conhecimento permite entender por que os aviões conseguem voar. Na parte superior da asa a velocidade do ar é maior (as partículas percorrem uma distância maior no mesmo intervalo de tempo quando comparadas à superfície inferior da asa), logo, a pressão estática na superfície superior é menor do que na superfície inferior, o que acaba por criar uma força de sustentação de baixo para cima.

O princípio de Bernoulli pode ser matematicamente expresso pela Equação (2.1) apresentada a seguir.

$$p_e + \frac{1}{2} \cdot \rho \cdot v^2 = cte \qquad (2.1)$$

onde, p_e representa a pressão estática que o ar exerce sobre a superfície da asa, ρ é a densidade do ar e v a velocidade do escoamento.

Tecnicamente, o princípio de Bernoulli prediz que a energia total de uma partícula deve ser constante em todos os pontos de um escoamento. Na Equação (2.1) o termo ½ ρv^2 representa a pressão dinâmica associada com o movimento do ar. O termo pressão dinâmica significa a pressão que será exercida por uma massa de ar em movimento que seja repentinamente forçada a parar.

A forma mais apropriada de visualizar os efeitos do escoamento e a pressão aerodinâmica resultante é o estudo do escoamento em um tubo fechado denominado tubo de Venturi, como mostra a Figura 2.2.

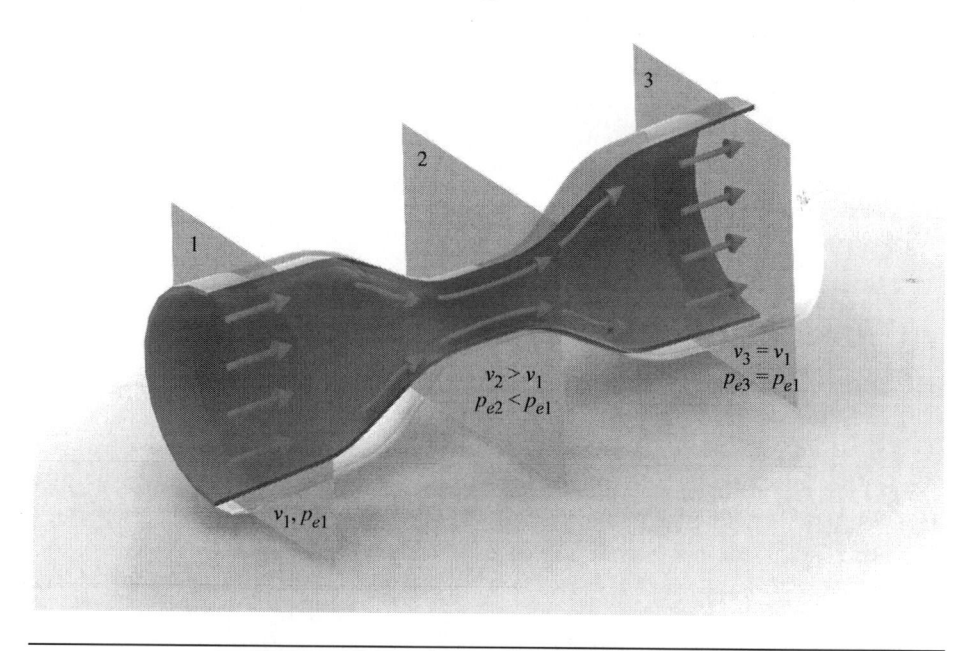

Figura 2.2 Estudo do escoamento em um tubo fechado.

A Figura 2.2 permite observar que na estação 1, o escoamento possui uma velocidade v_1 e uma certa pressão estática p_{e1}. Quando o ar se aproxima da garganta do tubo de Venturi representado pela estação 2 algumas mudanças ocorrerão no escoamento. Uma vez que o fluxo de massa em qualquer posição ao longo do tubo deve permanecer constante, a redução de área na seção transversal implica um aumento na velocidade do fluido e consequentemente um aumento da pressão dinâmica e uma redução da pressão estática, portanto, na estação 2, o escoamento possui uma velocidade $v_2 > v_1$ e uma pressão estática $p_{e2} < p_{e1}$. Para a estação 3, o escoamento novamente volta a possuir uma velocidade $v_3 = v_1$ e uma pressão estática $p_{e3} = p_{e1}$.

O que se pode perceber da análise realizada é que a pressão estática tende a se reduzir conforme a velocidade do escoamento aumenta, e assim, em um perfil aerodinâmico, a aplicação do princípio de Bernoulli permite observar que ocorre um aumento da velocidade das partículas de ar do escoamento que passam sobre o perfil, provocando, desse modo, uma redução da pressão estática e um aumento na pressão dinâmica. Para o caso de um perfil inclinado de um ângulo positivo em relação à direção do escoamento, as partículas de ar terão uma maior velocidade na superfície superior do perfil quando comparadas à superfície inferior. Desse modo, a diferença de pressão estática existente entre as superfícies superior e inferior será a responsável pela criação da força de sustentação. Essa situação está indicada na Figura 2.3.

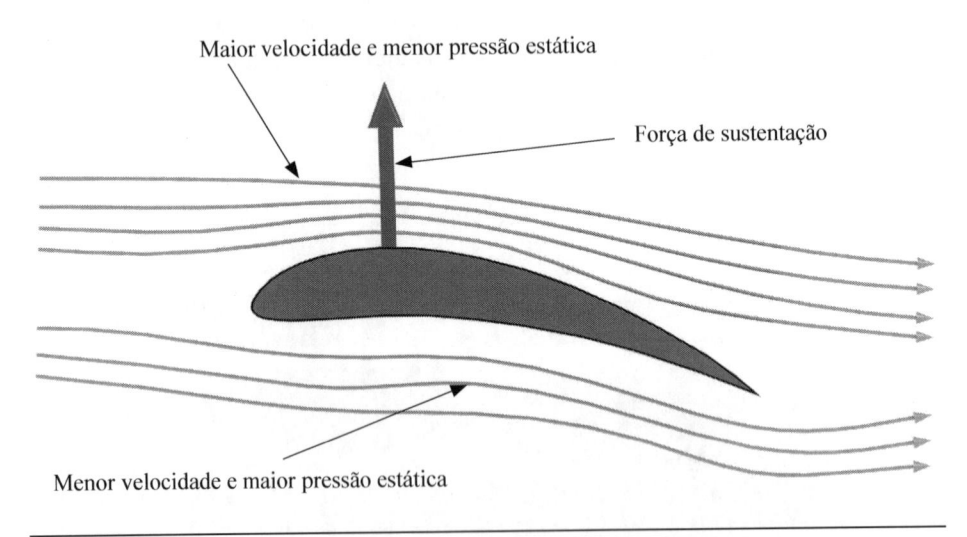

Figura 2.3 Variação de velocidade sobre as superfícies superior e inferior de um perfil.

A diferença de pressão criada entre a superfície superior e inferior de uma asa, em geral, é muito pequena, porém essa pequena diferença pode propiciar a força de sustentação necessária ao voo da aeronave.

2.3 Número de Reynolds

O número de Reynolds (abreviado como Re) é um número adimensional usado em mecânica dos fluidos para o cálculo do regime de escoamento de determinado fluido sobre uma superfície. É utilizado, por exemplo, em projetos de tubulações industriais e asas de aviões. O seu nome vem de Osborne Reynolds, um físico e engenheiro irlandês. Seu significado físico é um quociente entre as forças de inércia ($v\rho$) e as forças de viscosidade ($\mu/\overline{c}$). Para aplicações em perfis aerodinâmicos, o número de Reynolds pode ser expresso em função da corda média aerodinâmica do perfil do seguinte modo.

$$R_e = \frac{\rho \cdot v \cdot \bar{c}}{\mu} \quad (2.2)$$

onde: v representa a velocidade do escoamento, ρ é a densidade do ar, μ a viscosidade dinâmica do ar e $\bar{c}$ corda média aerodinâmica do perfil.

A importância fundamental do número de Reynolds é a possibilidade de avaliar a estabilidade do fluxo, podendo obter uma indicação se o escoamento flui de forma laminar ou turbulenta. O número de Reynolds constitui a base do comportamento de sistemas reais, pelo uso de modelos reduzidos. Um exemplo comum é o túnel aerodinâmico onde se mede forças dessa natureza em modelos de asas de aviões. Pode-se dizer que dois sistemas são dinamicamente semelhantes se o número de Reynolds for o mesmo para ambos.

Elevados números de Reynolds são obtidos para elevados valores de corda média aerodinâmica, alta velocidade e baixas altitudes, ao passo que menores números de Reynolds são obtidos para menores cordas, baixas velocidades e elevadas altitudes.

A determinação do número de Reynolds representa um fator muito importante para a escolha e análise adequada das características aerodinâmicas de um perfil aerodinâmico, pois a eficiência de um perfil em gerar sustentação e arrasto está intimamente relacionada ao número de Reynolds obtido. No estudo do escoamento sobre asas de aviões, o fluxo se torna turbulento para números de Reynolds da ordem de 1×10^7, sendo que abaixo desse valor geralmente o fluxo é laminar.

▶ **EXEMPLO 2.1**

Determinação do número de Reynolds

Determine o número de Reynolds para uma aeronave monomotora, sabendo-se que ela está em uma condição de voo reto e nivelado em condições de atmosfera padrão ao nível do mar ($\rho = 1{,}225$ kg/m^3), com uma velocidade $v = 41{,}66$ m/s (150 km/h). Considere $\bar{c} = 1{,}35$ m e $\mu = 1{,}7894 \times 10^{-5}$ kg/ms.

Solução: A partir da aplicação da Equação (2.2), tem-se:

$$R_e = \frac{\rho \cdot v \cdot \bar{c}}{\mu}$$

$$R_e = \frac{1{,}225 \cdot 41{,}66 \cdot 1{,}35}{1{,}7894 \cdot 10^{-5}}$$

$$R_e \approx 3{,}850 \cdot 10^6$$

2.4 Teoria do perfil aerodinâmico

Um perfil aerodinâmico é uma superfície projetada com a finalidade de obter uma reação aerodinâmica a partir do escoamento do fluido ao seu redor. Os termos aerofólio ou perfil aerodinâmico são empregados como nomenclatura dessa superfície. A Figura 2.4 mostra um perfil aerodinâmico típico e suas principais características geométricas.

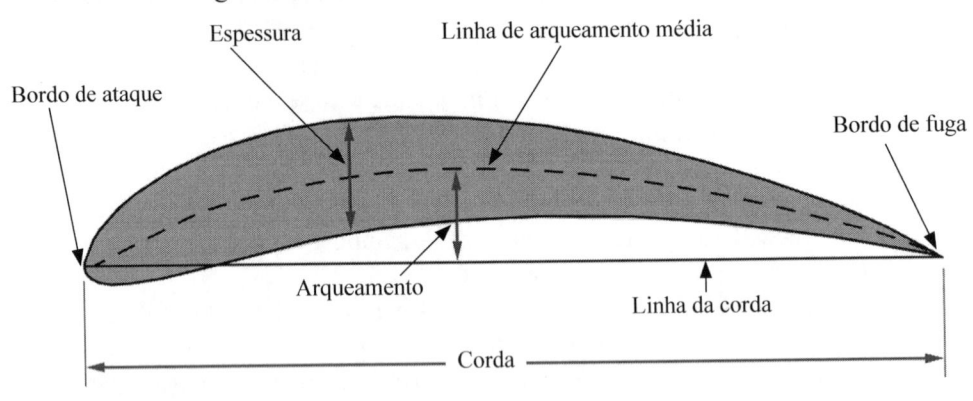

Figura 2.4 Características geométricas de um perfil aerodinâmico.

A linha de arqueamento média representa a linha que define o ponto médio entre todos os pontos que formam as superfícies superior e inferior do perfil.

A linha da corda representa a linha reta que une os pontos inicial e final da linha de arqueamento média.

A espessura representa a altura do perfil medida perpendicularmente à linha da corda.

A razão entre a máxima espessura do perfil e o comprimento da corda é chamada de razão de espessura do perfil.

O arqueamento representa a máxima distância que existe entre a linha de arqueamento média e a linha da corda do perfil.

Ângulo de ataque: O ângulo de ataque α é o termo utilizado pela aerodinâmica para definir o ângulo formado entre a linha de corda do perfil e a direção do vento relativo. Representa um parâmetro que influi decisivamente na capacidade de geração de sustentação do perfil. Normalmente, o aumento do ângulo de ataque proporciona um aumento da força de sustentação até um certo ponto no qual esta diminui bruscamente. Esse ponto é conhecido como estol e será explicado com mais detalhes ainda neste capítulo.

O aumento do ângulo de ataque também proporciona o acréscimo da força de arrasto gerada. A dependência da sustentação e do arrasto com o ângulo de ataque podem ser medidas pelos coeficientes adimensionais denominados coeficiente de sustentação e coeficiente de arrasto. Normalmente o ângulo de ataque crítico é em torno de 15° para a maioria dos perfis aerodinâmicos, porém, com a utilização de uma série de dispositivos hipersustentadores adicionais, consegue-se aumentar esse valor para ângulos que podem variar de 20° até 45°. A Figura 2.5 apresentada a seguir mostra um perfil aerodinâmico e seu respectivo ângulo de ataque.

CAPÍTULO 2 — Fundamentos de aerodinâmica

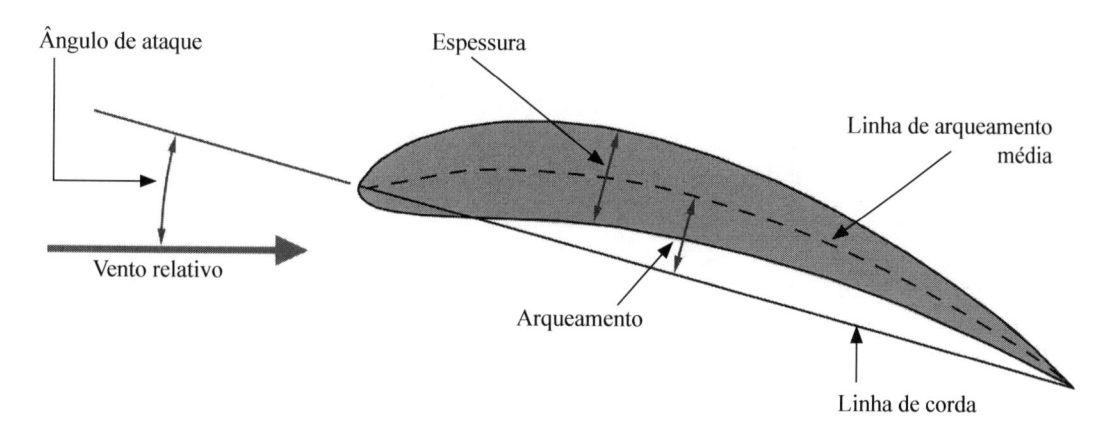

Figura 2.5 Definição do ângulo de ataque do perfil.

Ângulo de incidência: Representa uma outra nomenclatura comum na definição aeronáutica. O ângulo de incidência θ pode ser definido como o ângulo formado entre a corda do perfil e um eixo horizontal de referência, como mostra a Figura 2.6. Em geral as asas são montadas na fuselagem para que formem um pequeno ângulo de incidência positivo.

Ângulos de incidência da ordem de 5° são muito comuns na maioria das aeronaves, porém, é importante citar que o ângulo de incidência ideal é aquele que proporciona a maior eficiência aerodinâmica para a asa e será discutido posteriormente neste capítulo.

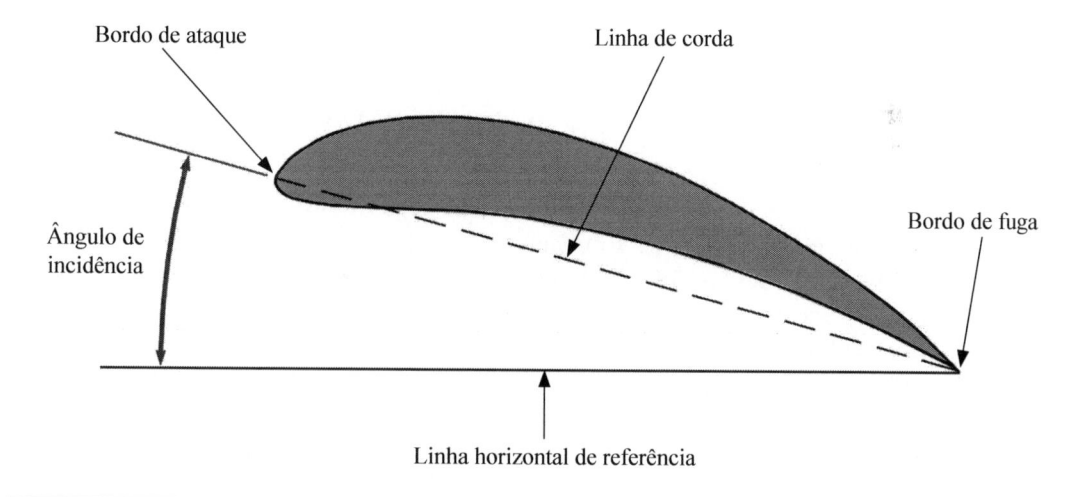

Figura 2.6 Representação do ângulo de incidência.

Para evitar a confusão de nomenclatura entre o ângulo de ataque e o ângulo de incidência, a Figura 2.7 mostra a definição de ângulo de ataque e ângulo de incidência de uma aeronave em diversas condições distintas de voo. As condições ilustram um voo de subida, um voo nivelado e um voo de descida da aeronave.

2.4.1 Seleção e desempenho de um perfil aerodinâmico

A seleção do melhor perfil a ser utilizado para a fabricação das superfícies sustentadoras de uma aeronave é influenciada por uma série de fatores que envolvem diretamente os requisitos necessários para um bom desempenho da nova aeronave. Algumas características importantes que devem ser consideradas para a seleção de um novo perfil são:

a) Influência do número de Reynolds.
b) Características aerodinâmicas do perfil.
c) Dimensões do perfil.
d) Escoamento sobre o perfil.
e) Velocidades de operação desejada para a aeronave.
f) Eficiência aerodinâmica do perfil.
g) Limitações operacionais da aeronave.

Todo perfil possui características aerodinâmicas próprias, que dependem exclusivamente da sua forma geométrica, de suas dimensões, do arqueamento, bem como da sua espessura e do raio do bordo de ataque. As principais características aerodinâmicas de um perfil são o coeficiente de sustentação, o coeficiente de arrasto, o coeficiente de momento, a posição do centro aerodinâmico e a sua eficiência aerodinâmica.

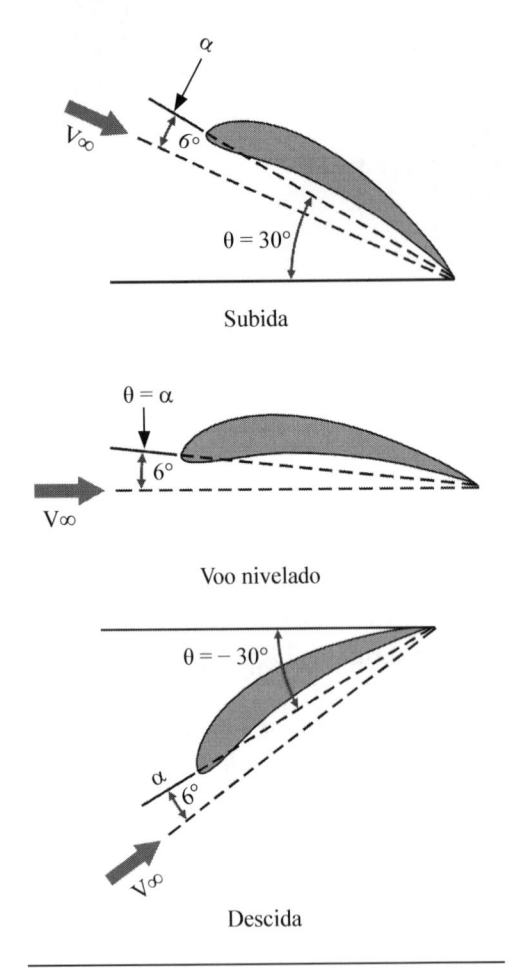

Figura 2.7 Ângulo de ataque e ângulo de incidência para diversas condições de voo.

Coeficiente de sustentação de um perfil aerodinâmico: O coeficiente de sustentação é usualmente determinado a partir de ensaios em túnel de vento ou em softwares específicos que simulam um túnel de vento. O coeficiente de sustentação representa a eficiência do perfil em gerar a força de sustentação. Perfis com altos valores de coeficiente de sustentação são considerados eficientes para a geração de sustentação. O coeficiente de sustentação é função do modelo do perfil, do número de Reynolds e do ângulo de ataque.

Coeficiente de arrasto de um perfil aerodinâmico: Tal como o coeficiente de sustentação, o coeficiente de arrasto representa a medida da eficiência do perfil em gerar a força de arrasto. Enquanto maiores coeficientes de sustentação são requeridos para um perfil ser considerado eficiente para produção de sustentação, menores coeficientes de arrasto devem ser obtidos, pois um perfil, como um todo, apenas será considerado aerodinamicamente eficiente quando produzir grandes coeficientes de sustentação aliados a pequenos coeficientes de arrasto. Para um perfil, o coeficiente de arrasto também é função do número de Reynolds e do ângulo de ataque. As Figuras 2.8 e 2.9 mostram as curvas características do coeficiente de sustentação, do coeficiente de arrasto, do coeficiente de momento e da eficiência aerodinâmica em função do ângulo de ataque para o perfil Naca 6412, operando em uma condição de número de Reynolds igual a 3850000.

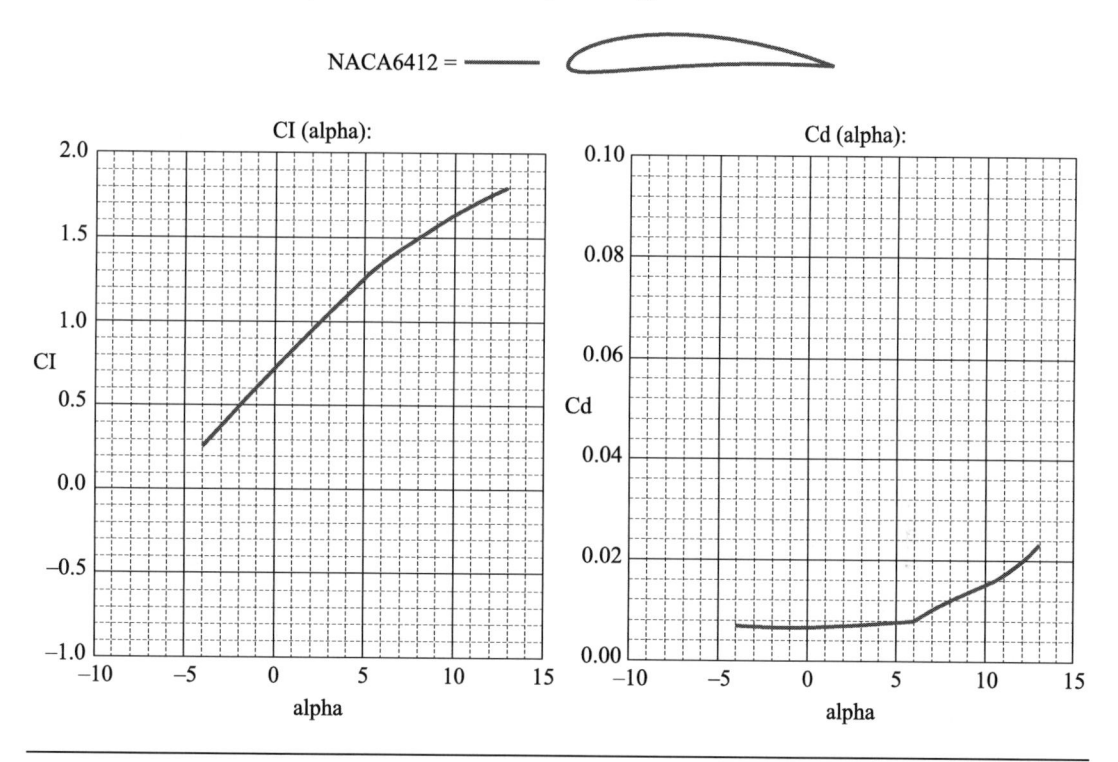

Figura 2.8 Curvas características do coeficiente de sustentação e do coeficiente de arrasto em função do ângulo de ataque para um perfil aerodinâmico.

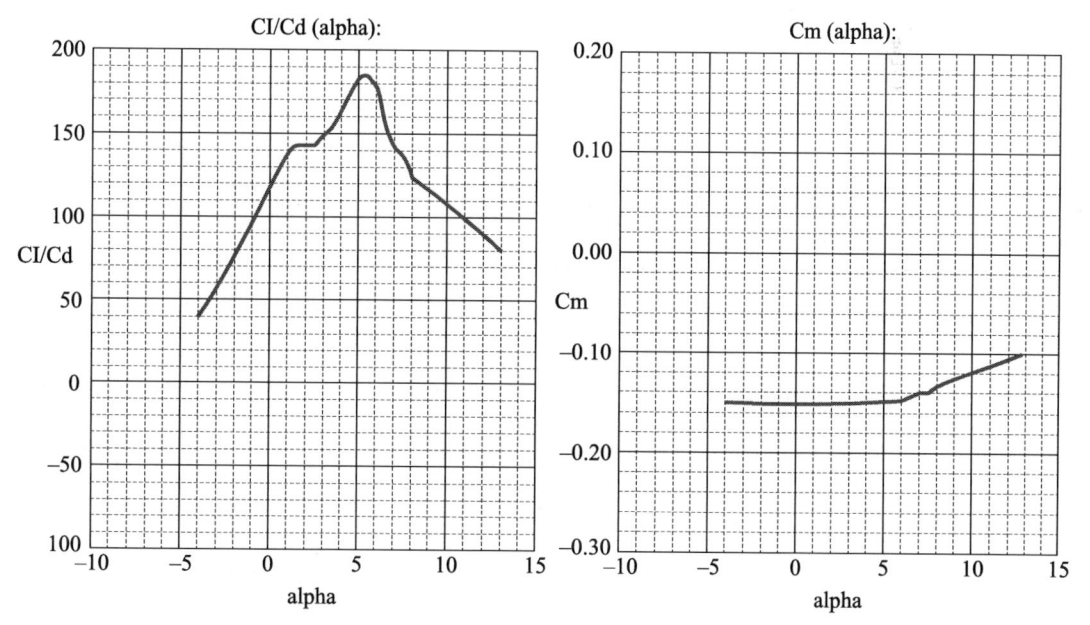

Figura 2.9 Curvas características da eficiência aerodinâmica e do coeficiente de momento em função do ângulo de ataque para um perfil aerodinâmico.

A análise da curva c_l *versus* α permite observar que a variação do coeficiente de sustentação em relação à α é praticamente linear em determinada região. A inclinação da região linear da curva é chamada de coeficiente angular e representada na aerodinâmica do perfil por a_0, sendo matematicamente expressa pela Equação (2.3).

$$a_0 = \frac{dc_l}{d\alpha} \tag{2.3}$$

Um exemplo de como determinar o valor de a_0 está apresentado na Figura 2.10.

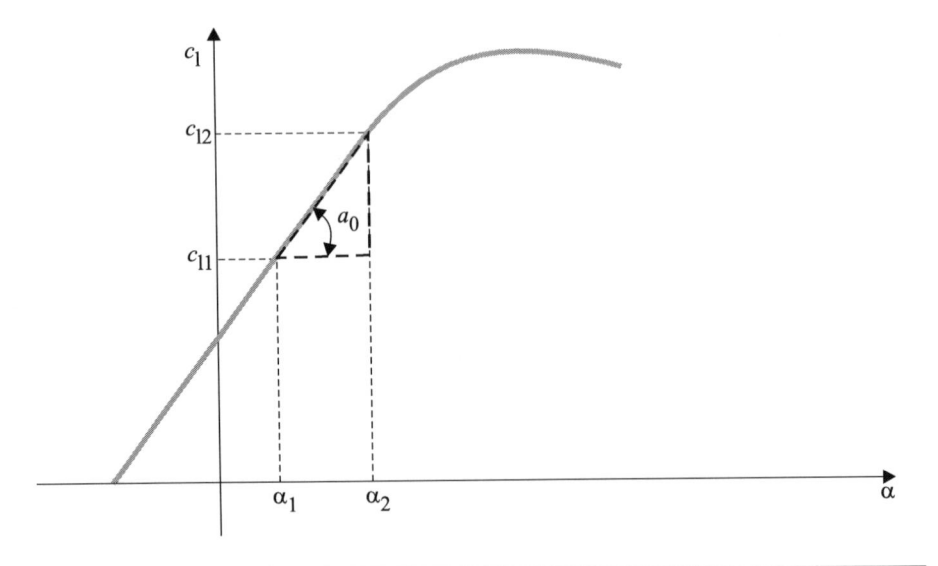

Figura 2.10 Determinação do coeficiente angular da curva c_l versus α para um perfil.

Nota-se que o coeficiente angular é calculado a partir da equação de uma reta e, portanto, escolhem-se dois pontos arbitrários dessa reta obtendo-se os valores de α_1 e α_2 com seus respectivos coeficientes de sustentação. Dessa forma, a Equação (2.3) pode ser reescrita da seguinte maneira:

$$a_0 = \frac{dc_l}{d\alpha} = \frac{c_{l2} - c_{l1}}{\alpha_2 - \alpha_1} \tag{2.3a}$$

Para a curva característica do perfil Naca 6412, pode-se notar que existe um valor finito de c_l quando o ângulo de ataque é α = 0°, e assim percebe-se que para se obter um coeficiente de sustentação nulo para esse perfil é necessário inclinar o perfil para algum ângulo de ataque negativo. Esse ângulo de ataque é conhecido por $\alpha_{cl=0}$. Uma característica importante a ser observada na teoria dos perfis é que para todo perfil com arqueamento positivo, o ângulo de ataque para sustentação nula é obtido com um ângulo negativo, ou seja, $\alpha_{cl\,=\,0}<0°$. Para o caso de perfis simétricos, o ângulo de ataque para sustentação nula é igual a zero, $\alpha_{cl\,=\,0}=0°$, e para perfis com arqueamento negativo $\alpha_{cl\,=\,0}>0°$, sendo este último caso utilizado em pouquíssimas aplicações aeronáuticas, uma vez que perfis com arqueamento negativo em geral possuem pouca capacidade de gerar sustentação.

Na outra extremidade da curva c_l versus α, ou seja, em uma condição de elevados ângulos de ataque, a variação do coeficiente de sustentação torna-se não linear atingindo um valor máximo denominado $c_{lmáx}$ e, então, repentinamente decai rapidamente conforme o ângulo de ataque aumenta. A razão dessa redução a partir do valor de $c_{lmáx}$ é devida à separação do escoamento que ocorre na superfície superior do perfil (extradorso). Nessa condição, diz-se que o perfil está estolado. As características aerodinâmicas envolvendo o estol e seus efeitos no desempenho da aeronave serão discutidas ainda neste capítulo.

Com relação à variação do coeficiente de arrasto, pode-se notar que o valor mínimo não ocorre necessariamente para um ângulo de ataque igual a zero, mas sim em um ângulo de ataque finito, porém pequeno. A curva característica do coeficiente de arrasto possui um platô mínimo que varia em uma faixa de ângulo de ataque compreendida entre $-2°$ e $+2°$. Nesse intervalo, o arrasto gerado é oriundo principalmente de um arrasto de atrito viscoso entre o ar e a superfície do perfil e o arrasto de pressão em menor escala. Já para elevados valores de ângulo de ataque, o coeficiente de arrasto do perfil aumenta rapidamente devido ao desprendimento do escoamento no extradorso do perfil, criando uma grande parcela de arrasto de pressão.

A variação do coeficiente de momento também pode ser observada na Figura 2.9 e pode-se notar que seu valor é praticamente constante para determinada faixa de ângulos de ataque, ou seja, o gráfico mostra a variação do coeficiente de momento ao redor do centro aerodinâmico do perfil, ponto que será comentado depois neste capítulo.

O coeficiente angular da curva c_m versus α também pode ser calculado de forma similar ao modelo utilizado para a curva c_l versus α, sendo matematicamente representado pelas Equações (2.4) e (2.4a).

$$m_0 = \frac{dc_m}{d\alpha} \quad (2.4)$$

$$m_0 = \frac{dc_m}{d\alpha} = \frac{c_{m2} - c_{m1}}{\alpha_2 - \alpha_1} \quad (2.4a)$$

Tanto o coeficiente angular da curva c_l versus α, como o da curva c_m versus α representam parâmetros de grande importância para a determinação do centro aerodinâmico do perfil, como será abordado posteriormente.

A curva da eficiência aerodinâmica do perfil também representa outro ponto de grande importância para o desempenho da aeronave. Nessa curva estão representadas todas as relações c_l/c_d do perfil em função do ângulo de ataque, onde se pode observar que a relação atinge um valor máximo em algum ângulo $\alpha > 0°$. Esse ângulo representa o ângulo de ataque no qual se obtém a maior eficiência aerodinâmica do perfil, ou seja, nesta condição, o perfil é capaz de gerar a maior sustentação com a menor penalização de arrasto possível.

Alguns fatores fundamentais afetam a produção de sustentação em um perfil aerodinâmico: a relação de espessura do perfil, o raio do bordo de ataque e o modelo do bordo de fuga, além do arqueamento e a posição da espessura máxima do perfil.

Relação de espessura: O valor do coeficiente de sustentação máximo para determinado aerofólio é afetado diretamente pela relação de espessura t/c. Modernos perfis de alta sustentação possuem valores de $c_{lmáx}$ consideravelmente maiores que os perfis mais tradicionais, como, por exemplo, os da série Naca. Para perfis da série Naca, uma relação de espessura da ordem de 13% produz os maiores valores de $c_{lmáx}$, já para os perfis de alta sustentação, o valor pode chegar até a ordem de 15%.

Raio do bordo de ataque: O efeito do raio do bordo de ataque do perfil na geração da sustentação é mais ou menos refletido por um parâmetro determinado por Z_5/t, onde Z_5 representa a espessura do perfil em um ponto localizado a 5% da corda e t representa a máxima espessura do perfil. Um alto valor da relação Z_5/t indica um perfil com alto valor do raio do bordo de ataque, o que em baixas velocidades pode ser benéfico para a geração de sustentação.

Efeitos do arqueamento e da localização da máxima espessura do perfil: Dados experimentais mostram que o máximo coeficiente de sustentação de um perfil arqueado não depende somente da quantidade de arqueamento ou do modelo da linha de arqueamento, mas também é influenciado pela espessura do perfil e pelo raio do bordo de ataque. Em geral, a adição de arqueamento no perfil é benéfica para a produção de sustentação; porém, o aumento do arqueamento deve ser realizado com a redução do raio do bordo de ataque e com uma diminuição da espessura do perfil com a finalidade de obter melhores resultados. Outro ponto importante é o deslocamento à frente do ponto de máximo arqueamento, ou seja, com o máximo arqueamento localizado mais próximo do bordo de ataque conseguem-se maiores coeficientes de sustentação para o perfil.

2.4.2 Forças aerodinâmicas e momentos em perfis

Como forma de avaliar quantitativamente as forças aerodinâmicas e os momentos atuantes em um perfil, esta seção mostra o equacionamento matemático necessário para se determinar a capacidade do perfil em gerar essas forças e momentos. A Figura 2.11 apresenta um perfil orientado em um certo ângulo de ataque e mostra as forças e momentos gerados sobre ele.

A velocidade do escoamento não perturbado é definida por v e está alinhada com a direção do

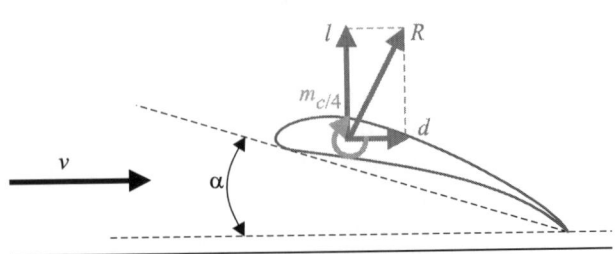

Figura 2.11 Forças aerodinâmicas e momento ao redor do centro aerodinâmico.

vento relativo. A força resultante R é inclinada para trás em relação ao eixo vertical e normalmente essa força não é perpendicular à linha da corda.

Por definição, assume-se que a componente de R perpendicular à direção do vento relativo é denominada força de sustentação, e a componente de R paralela à direção do vento relativo, força de arrasto. Também devido à diferença de pressão existente entre o intradorso e o extradorso do perfil, além das tensões de cisalhamento atuantes por toda a superfície dele, existe a presença de um momento que tende a rotacionar o perfil.

Geralmente os cálculos são realizados considerando-se que o momento atua em um ponto localizado a 1/4 da corda, medido a partir do bordo de ataque. Esse ponto é denominado na aerodinâmica como centro aerodinâmico do perfil e será definido em detalhes na seção a seguir.

Por convenção (regra da mão direita), um momento que tende a rotacionar o corpo no sentido horário é considerado positivo. Normalmente os perfis utilizados para a construção de asas na indústria aeronáutica possuem um arqueamento positivo, o que acarreta uma tendência de rotação no sentido anti-horário e consequentemente coeficientes de momento negativos, como pode ser observado na curva característica c_m em função de α mostrada para o perfil Naca 6412 na Figura 2.9.

A partir das considerações realizadas, percebe-se que existem três características aerodinâmicas muito importantes para a seleção adequada de um perfil. São elas:

a) Determinação da capacidade de geração de sustentação do perfil através do cálculo da força de sustentação.
b) Determinação da correspondente força de arrasto.
c) Determinação do momento resultante ao redor do centro aerodinâmico que influenciará decisivamente nos critérios de estabilidade longitudinal da aeronave.

A força de sustentação por unidade de envergadura gerada pela seção de um aerofólio pode ser calculada a partir da aplicação da Equação (2.5).

$$l = \frac{1}{2} \cdot \rho \cdot v^2 \cdot c \cdot cl \tag{2.5}$$

onde nesta equação, ρ representa a densidade do ar, v a velocidade do escoamento, c a corda do perfil e c_l representa o coeficiente de sustentação da seção obtido a partir da leitura da curva característica c_l versus α.

De forma similar, a força de arrasto é obtida com a aplicação da Equação (2.6).

$$d = \frac{1}{2} \cdot \rho \cdot v^2 \cdot c \cdot c_d \tag{2.6}$$

com o valor do coeficiente de arrasto obtido diretamente da leitura da curva característica c_d versus α do perfil.

O momento ao redor do centro aerodinâmico do perfil é determinado a partir da solução da Equação (2.7).

$$m_{c/4} = \frac{1}{2} \cdot \rho \cdot v^2 \cdot c^2 \cdot c_m \qquad (2.7)$$

com o valor do coeficiente de momento também obtido diretamente da leitura da curva característica c_m versus α do perfil.

2.4.3 Centro de pressão e centro aerodinâmico do perfil

Centro de pressão: A determinação da distribuição de pressão sobre a superfície de um perfil é geralmente obtida a partir de ensaios em túnel de vento ou com a solução analítica de modelos matemáticos fundamentados na geometria do perfil em estudo. Os ensaios realizados em túnel de vento permitem determinar a distribuição de pressão no intradorso e no extradorso dos perfis em diferentes ângulos de ataque, e é justamente a diferença de pressão existente que é responsável pela geração da força de sustentação. A Figura 2.12 mostra a distribuição de pressão ao longo de uma superfície sustentadora em três ângulos de ataque diferentes.

A força resultante é obtida a partir de um processo de integração da carga distribuída (pressão atuante) entre o bordo de ataque e o bordo de fuga do perfil para cada ângulo de ataque estudado. Essa força é denominada resultante aerodinâmica e o seu ponto de aplicação é chamado de centro de pressão (CP) como mostra a Figura 2.13.

Em geral, para elevados ângulos de ataque, o centro de pressão se desloca para a frente, enquanto para pequenos ângulos de ataque o centro de pressão se desloca para trás.

O passeio do centro de pressão é de extrema importância para o projeto de uma nova asa, uma vez que sua variação com o ângulo de ataque proporciona drásticas variações no carregamento total que atua sobre a asa, exigindo um cuidado especial quanto ao seu cálculo estrutural.

O balanceamento e a controlabilidade da aeronave são governados pela mudança da posição do centro de pressão, sendo esta posição determinada a partir de cálculos e validada com ensaios em túnel de vento.

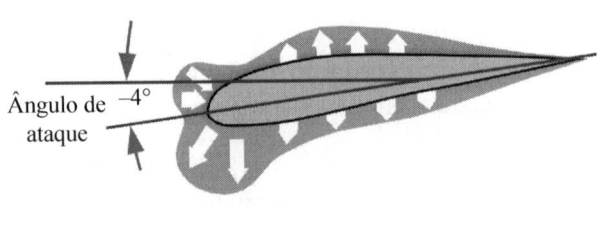

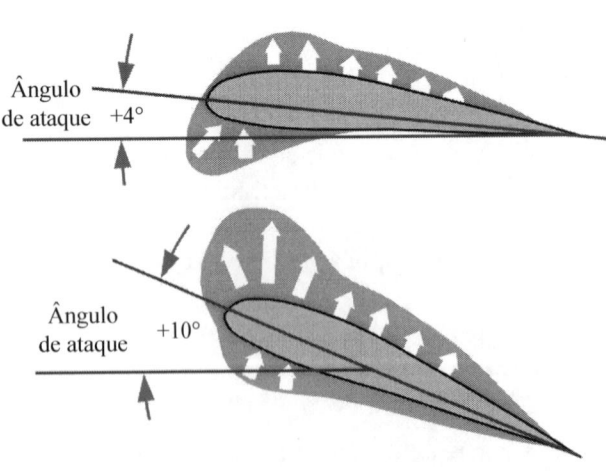

Figura 2.12 Distribuição de pressão em um perfil aerodinâmico.

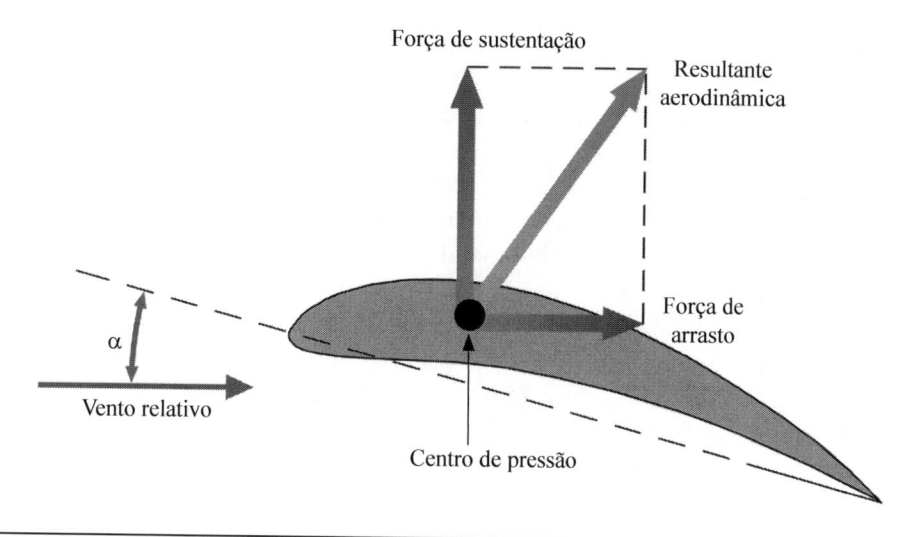

Figura 2.13 Resultante aerodinâmica e centro de pressão do perfil.

Em qualquer ângulo de ataque, o centro de pressão é definido como o ponto no qual a resultante aerodinâmica intercepta a linha de corda. Geralmente a posição do centro de pressão é expressa em termos de porcentagem da corda. Para um projetista, seria muito importante que a posição do centro de pressão coincidisse com a posição do centro de gravidade da aeronave, pois o avião estaria em perfeito balanceamento. Contudo existe uma dificuldade muito grande para que isso ocorra, pois como visto, a posição do CP varia com a mudança do ângulo de ataque como se pode observar na Figura 2.14.

Assim, para um avião em diferentes atitudes de voo, quando o ângulo de ataque é aumentado, o centro de pressão move-se para a frente; e quando é diminuído, o CP move-se para trás. Como a posição do centro de gravidade é fixa em determinado ponto, torna-se evidente que um aumento do ângulo de ataque leva o centro de pressão para uma posição à frente do centro de gravidade. E, assim, um momento desestabilizante é gerado ao redor do centro de gravidade afastando a aeronave de sua posição de

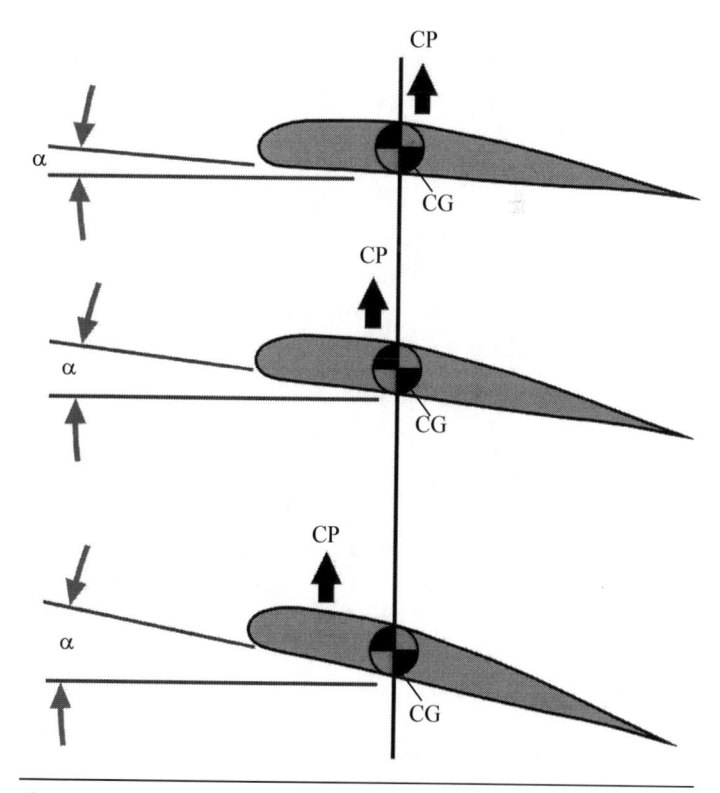

Figura 2.14 Variação da posição do centro de pressão com a mudança do ângulo de ataque.

equilíbrio. Do mesmo modo, uma redução do ângulo de ataque faz com que o centro de pressão se desloque para trás do centro de gravidade e, novamente, um momento desestabilizante é gerado ao redor do centro de gravidade afastando a aeronave de sua posição de equilíbrio. O passeio do centro de pressão pode ser observado na Figura 2.14. Nota-se, então, que uma asa por si só é uma superfície instável e que não proporciona uma condição balanceada de voo. Portanto, para garantir a estabilidade longitudinal de uma aeronave, o profundor é um elemento indispensável, pois é justamente essa superfície sustentadora que produzirá um momento efetivo ao redor do centro de gravidade para restaurar a condição de equilíbrio de uma aeronave após qualquer alteração ocorrida na atitude de voo. O balanceamento de uma aeronave em voo depende, consequentemente, da posição relativa do centro de gravidade (CG) e da localização do CP. Experiências mostram que um avião com o centro de gravidade localizado entre 20% e 35% da corda da asa possui um balanceamento satisfatório e pode voar com boas condições de estabilidade.

Centro aerodinâmico: Uma maneira mais confortável e muito utilizada hoje para se determinar a localização do CG de uma aeronave é o conceito do centro aerodinâmico do perfil, que pode ser definido como o ponto no qual o momento atuante independe do ângulo de ataque e, portanto, é praticamente constante. A curva característica c_m *versus* α de um perfil representa o coeficiente de momento ao redor do centro aerodinâmico. As seguintes perguntas são feitas em relação ao centro aerodinâmico de um perfil: Este ponto pode existir? Se existe, como é encontrado?

Para se encontrar as respostas a essas perguntas, considere o desenho do perfil da Figura 2.15 apresentada a seguir.

A primeira pergunta a ser respondida é se o centro aerodinâmico existe. Para tal resposta, considere sua existência e sua localização a partir da posição c/4, como pode ser observado na Figura 2.15. Uma vez definida sua existência, pode-se verificar que as forças aerodinâmicas tendem a gerar um momento ao redor do centro aerodinâmico. Como a força de arrasto está alinhada com o eixo longitudinal do centro aerodinâmico, o efeito do momento provocado por ela pode

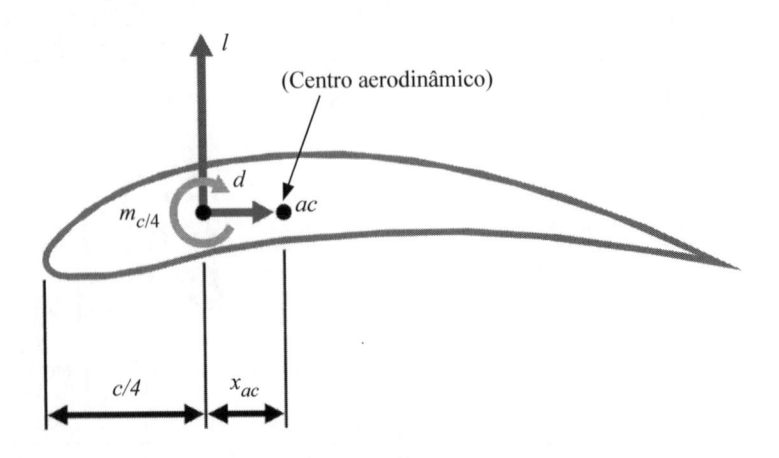

Figura 2.15 Localização do centro aerodinâmico do perfil.

ser desprezado durante o cálculo, e, dessa forma, o momento resultante ao redor do centro aerodinâmico do perfil pode ser determinado a partir da solução da Equação (2.8).

$$m_{ac} = l \cdot x_{ac} + m_{c/4} \qquad (2.8)$$

Neste ponto, é interessante colocar essa equação na forma de coeficientes aerodinâmicos. Isso pode ser feito com a adimensionalização da referida equação pelo termo $\frac{1}{2} \cdot \rho \cdot v^2 \cdot c^2$, assim:

$$\frac{m_{ac}}{\frac{1}{2} \cdot \rho \cdot v^2 \cdot c^2} = \frac{l}{\frac{1}{2} \cdot \rho \cdot v^2 \cdot c} \cdot \frac{x_{ac}}{c} + \frac{m_{c/4}}{\frac{1}{2} \cdot \rho \cdot v^2 \cdot c^2} \qquad (2.8a)$$

que resulta em:

$$c_{mac} = c_l \cdot \left(\frac{x_{ac}}{c}\right) + c_{mc/4} \qquad (2.9)$$

Como a definição proposta prediz que no centro aerodinâmico do perfil o momento independe do ângulo de ataque, pode ser utilizado um processo de diferenciação da Equação (2.9) em relação ao ângulo de ataque, com a finalidade de obter a posição do centro aerodinâmico:

$$\frac{dc_{mac}}{d\alpha} = \frac{dc_l}{d\alpha} \cdot \left(\frac{x_{ac}}{c}\right) + \frac{dc_{mc/4}}{d\alpha} \qquad (2.9a)$$

Analisando-se a Equação (2.9a), nota-se que o ponto que define o centro aerodinâmico existe e representa uma situação na qual o momento independe do ângulo de ataque. Portanto, a solução da equação é realizada partindo-se do pressuposto que o termo $\frac{dc_{mac}}{d\alpha}$ deve ser igual a zero, ou seja, o momento ao redor do centro aerodinâmico é constante e independe do ângulo de ataque:

$$0 = \frac{dc_l}{d\alpha} \cdot \left(\frac{x_{ac}}{c}\right) + \frac{dc_{mc/4}}{d\alpha} \qquad (2.9b)$$

E dessa forma pode-se escrever:

$$\frac{x_{ac}}{c} = \frac{-dc_{mc/4}/d\alpha}{dc_l/d\alpha} = \frac{-m_0}{a_0} \qquad (2.10)$$

ou seja, a posição do centro aerodinâmico do perfil depende do coeficiente angular da curva c_l versus α e do coeficiente angular da curva c_m versus α do perfil analisado.

EXEMPLO 2.2

Determinação da localização do centro aerodinâmico de um perfil

A partir das curvas c_l versus α e c_m versus α, do perfil Eppler 423, para um número de Reynolds de 3000000, mostradas na figura a seguir, determine a posição do centro aerodinâmico a partir da posição $c/4$.

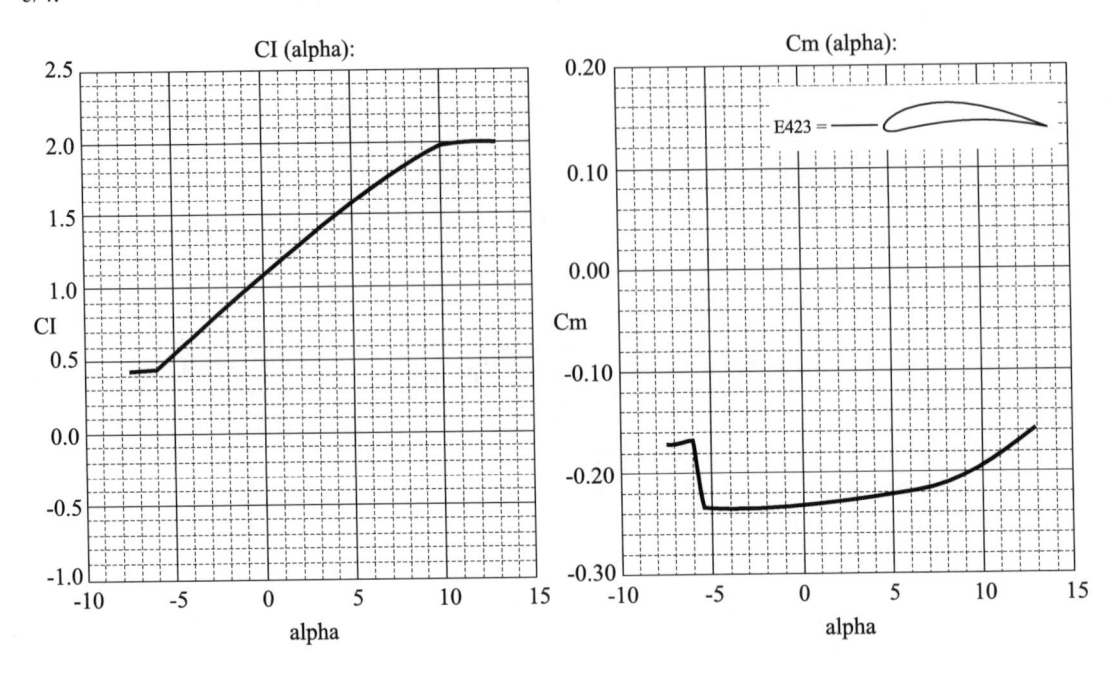

Solução: A posição do centro aerodinâmico do perfil pode ser calculada por meio da solução da Equação (2.10).

$$\frac{x_{ac}}{c} = \frac{-dc_{mc/4}/d\alpha}{dc_l/d\alpha} = \frac{-m_0}{a_0}$$

Assim, percebe-se que existe a necessidade de determinar os valores de a_0 e m_0 para esse perfil. Esses valores podem ser obtidos pela aplicação das Equações (2.3a) e (2.4a).

A determinação do coeficiente a_0 pode ser realizada a partir da aplicação da Equação (2.3a) com os valores obtidos na curva c_l versus α do perfil.

Para $\alpha = 5° = 8{,}72 \times 10^{-2}$ rad, tem-se $c_{l2} = 1{,}6$, e para $\alpha = 2° = 3{,}48 \times 10^{-2}$ rad, tem-se $c_{l1} = 1{,}3$, portanto:

$$a_0 = \frac{dc_l}{d\alpha} = \frac{c_{l2} - c_{l1}}{\alpha_2 - \alpha_1}$$

$$a_0 = \frac{dc_l}{d\alpha} = \frac{1{,}6 - 1{,}3}{8{,}72 \cdot 10^{-2} - 3{,}48 \cdot 10^{-2}}$$

$$a_0 = 5{,}725 \text{ /rad}$$

A determinação do coeficiente m_0 pode ser realizada a partir da aplicação da Equação (2.4a) com os valores obtidos na curva c_m *versus* α do perfil.

Para $\alpha = 5° = 8{,}72 \times 10^{-2}$ rad, tem-se $c_{m2} = -0{,}22$, e para $\alpha = 2° = 3{,}48 \times 10^{-2}$ rad, tem-se $c_{m1} = -0{,}23$, portanto:

$$m_0 = \frac{c_{m2} - c_{m1}}{\alpha_2 - \alpha_1}$$

$$m_0 = \frac{(-0{,}22) - (-0{,}23)}{8{,}72 \cdot 10^{-2} - 3{,}48 \cdot 10^{-2}}$$

$$m_0 = 0{,}190 \,/\text{rad}$$

Dessa forma, a posição do centro aerodinâmico do perfil Eppler 423 é dada por:

$$\frac{x_{ac}}{c} = \frac{-0{,}190}{5{,}725}$$

$$\frac{x_{ac}}{c} = -0{,}0331$$

Esse resultado indica que o centro aerodinâmico está localizado em uma posição 3,3% à frente do ponto c/4, ou seja, muito próximo do valor esperado pela aplicação da teoria proposta. O resultado encontrado é muito comum, pois para a grande maioria dos perfis existentes, a posição do centro aerodinâmico é muito próxima da posição c/4.

2.5 Asas de envergadura finita

A discussão apresentada nas seções anteriores mostrou os conceitos aerodinâmicos fundamentais para o projeto e análise de desempenho de um perfil aerodinâmico, no qual o escoamento é estudado apenas sob o aspecto de duas dimensões (2D), ou seja, não se leva em consideração a envergadura da asa.

Deste ponto em diante, a discussão aerodinâmica será realizada levando-se em consideração as dimensões finitas da asa. A Figura 2.16 mostra uma asa e suas principais características geométricas.

Na Figura 2.16, a variável b representa a envergadura da asa, c representa a corda e S, a área da asa.

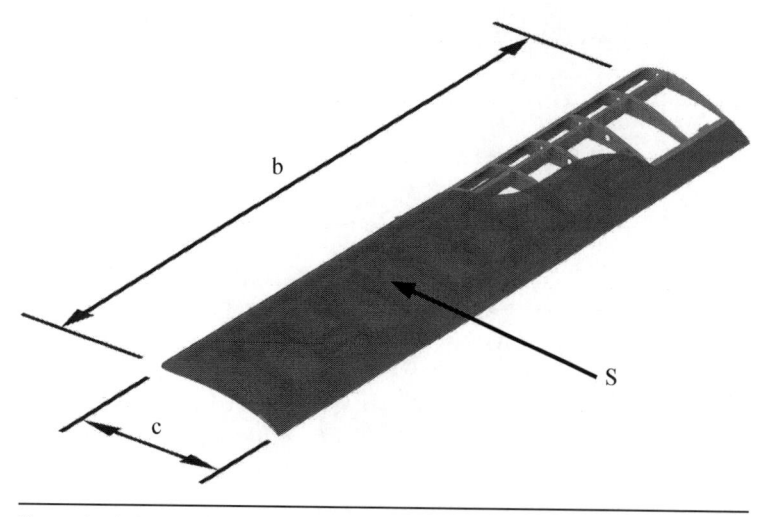

Figura 2.16 Características principais de uma asa finita.

2.5.1 Alongamento e relação de afilamento

Alguns outros fatores são de primordial importância para o bom projeto de uma asa, dentre eles o alongamento e o afilamento, detalhados a seguir.

Alongamento: Na nomenclatura aerodinâmica, o alongamento em asas de forma geométrica retangular representa a razão entre a envergadura e a corda do perfil como mostra a Equação (2.11).

$$AR = \frac{b}{c} \qquad (2.11)$$

Para asas com formas geométricas que diferem da retangular, o alongamento pode ser determinado relacionando-se o quadrado da envergadura com a área em planta da asa de acordo com a solução da Equação (2.12).

$$AR = \frac{b^2}{S} \qquad (2.12)$$

Informalmente, um alongamento elevado representa uma asa de grande envergadura com uma corda pequena, ao passo que um baixo alongamento representa uma asa de pequena envergadura e corda grande.

O alongamento na prática é uma poderosa ferramenta para se melhorar consideravelmente o desempenho da asa, pois com o seu aumento é possível reduzir de maneira satisfatória o arrasto induzido. Porém, é importante comentar que um aumento excessivo do alongamento é muito satisfatório do ponto de vista do projeto aerodinâmico, mas pode trazer outros problemas operacionais e construtivos da aeronave relacionados aos seguintes aspectos:

a) **Problemas de ordem estrutural:** A deflexão e o momento fletor em uma asa de alto alongamento tende a ser muito maior do que para uma asa de baixo alongamento. Dessa forma, o aumento do alongamento provoca um aumento das tensões atuantes na estrutura, necessitando de uma estrutura de maior resistência que acarreta diretamente o aumento de peso da aeronave.

b) **Manobrabilidade da aeronave:** Uma asa com alto alongamento possui razão de rolamento menor quando comparada a uma asa de baixo alongamento, devido ao seu maior braço de momento em relação ao eixo longitudinal da aeronave e ao seu maior momento de inércia.

A Figura 2.17 mostra as aeronaves Piper PA-28 Cherokee com baixo alongamento de asa e o bombardeiro USAF B52, com alto valor de alongamento.

Figura 2.17 Exemplos de asas com baixo e alto alongamento.

Relação de afilamento: Define-se relação de afilamento λ de uma asa como a razão entre a corda na ponta e a corda na raiz, de acordo com a Equação (2.13).

$$\lambda = \frac{c_t}{c_r} \quad (2.13)$$

A Figura 2.18 traz exemplos de uma asa sem afilamento e de uma asa com afilamento.

sem afilamento | com afilamento

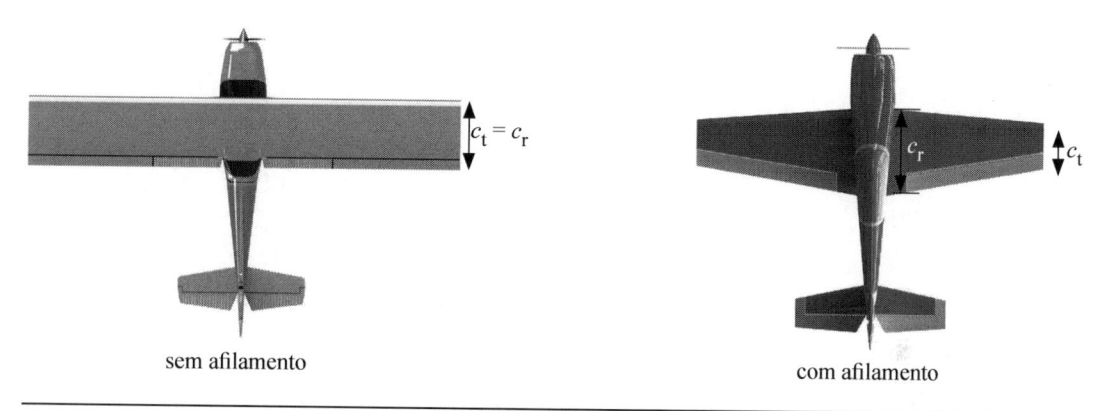

Figura 2.18 Exemplos de asa com afilamento e sem afilamento.

▶ EXEMPLO 2.3

Determinação do alongamento e da relação de afilamento de asas

Duas asas são propostas para o projeto de uma nova aeronave. A primeira possui uma forma geométrica retangular com envergadura $b_1 = 9{,}30$ m e corda $c = 1{,}40$ m. A segunda possui forma geométrica trapezoidal com envergadura $b_2 = 9{,}30$ m, corda na raiz $c_r = 1{,}40$ m e relação de afilamento $\lambda = 0{,}5$. Determine o alongamento para cada uma dessas asas.

Solução: Asa 1: como esta asa possui a forma geométrica retangular, o alongamento pode ser determinado pela Equação (2.11).

$$AR_1 = \frac{b}{c}$$

$$AR_1 = \frac{9{,}30}{1{,}40} = 6{,}64$$

Asa 2: esta asa, por possuir forma geométrica trapezoidal, tem seu alongamento determinado pela solução da Equação (2.12).

$$AR_2 = \frac{b^2}{S}$$

A área da asa é determinada a partir da área de um trapézio.

$$S = \frac{b \cdot (c_r + c_t)}{2}$$

com a corda na ponta da asa determinada pela solução da Equação (2.13).

$$\lambda = \frac{c_t}{c_r}$$

portanto:

$$c_t = \lambda \cdot c_r = 0,50 \cdot 1,40$$
$$c_t = 0,70 \text{ m}$$

assim, a área da asa é:

$$S = \frac{9,30 \cdot (1,40 + 0,70)}{2} = 9,765 \text{ m}^2$$

e o alongamento é:

$$AR_2 = \frac{9,30^2}{9,765} = 8,85$$

2.5.2 Corda média aerodinâmica

A corda média aerodinâmica é definida como o comprimento de corda que, quando multiplicada pela área da asa, pela pressão dinâmica e pelo coeficiente de momento ao redor do centro aerodinâmico da asa, fornece como resultado o valor do momento aerodinâmico ao redor do centro aerodinâmico do avião.

Uma construção geométrica para se obter a corda média aerodinâmica de uma asa é representada pela Figura 2.19.

A forma na Figura 2.19 para a determinação da corda média aerodinâmica é muito fácil de ser aplicada em asas afiladas com forma geométrica trapezoidal convencional, onde, a partir de uma representação em escala da asa, é possível obter a corda média aerodinâmica e o seu ponto de intersecção em relação ao eixo lateral da aeronave ao longo da envergadura da asa. Normalmente esse processo é realizado para a semiasa.

O valor da corda média aerodinâmica e sua localização ao longo da envergadura da asa tam-

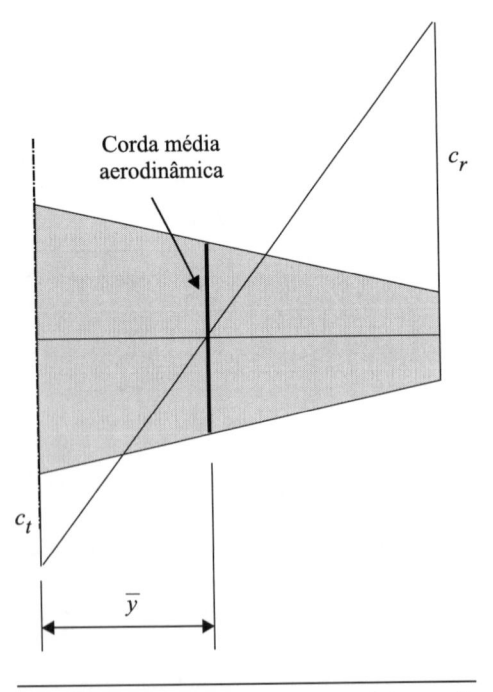

Figura 2.19 Determinação da corda média aerodinâmica da asa.

bém podem ser determinados a partir da solução matemática das Equações (2.14) e (2.15).

$$\bar{c} = \frac{2}{3}c_r\left(\frac{1+\lambda+\lambda^2}{1+\lambda}\right) \quad (2.14)$$

e

$$\bar{y} = \frac{b}{6}\left(\frac{1+(2\cdot\lambda)}{1+\lambda}\right) \quad (2.15)$$

onde b representa a envergadura da asa e λ, a relação de afilamento.

A determinação da corda média aerodinâmica possui uma importância fundamental para o dimensionamento das empenagens, como exemplificado anteriormente nas equações de volume de cauda.

2.5.3 Forças aerodinâmicas e momentos em asas finitas

Do mesmo modo que ocorre para o perfil, a asa finita também possui suas qualidades para geração de sustentação, arrasto e momento. A nomenclatura aeronáutica utiliza uma simbologia grafada em letras maiúsculas para diferenciar as características de uma asa em relação a um perfil, portanto os coeficientes aerodinâmicos de uma asa finita são representados por C_L, C_D e C_M.

Esses coeficientes são responsáveis pela capacidade da asa em gerar as forças de sustentação e arrasto, além do momento ao redor do centro aerodinâmico da asa. As forças e os momentos atuantes em uma asa podem ser calculados com a aplicação das Equações (2.16), (2.17) e (2.18):

$$L = \frac{1}{2}\cdot\rho\cdot v^2\cdot S\cdot C_L \quad (2.16)$$

$$D = \frac{1}{2}\cdot\rho\cdot v^2\cdot S\cdot C_D \quad (2.17)$$

$$M = \frac{1}{2}\cdot\rho\cdot v^2\cdot S\cdot \bar{c}\cdot C_M \quad (2.18)$$

Nessas equações, L representa a força de sustentação, D representa a força de arrasto, M representa o momento ao redor do centro aerodinâmico, S é a área da asa, e os coeficientes C_L e C_D são característicos para uma asa de dimensões finitas e diferem dos coeficientes c_l e c_d do perfil.

EXEMPLO 2.4

Determinação das forças aerodinâmicas e momento em uma asa

A asa mostrada na figura a seguir possui o perfil Naca 6412 e as características geométricas indicadas. Determine a força de sustentação, a força de arrasto e o momento ao redor do centro aerodinâmico considerando uma velocidade de 47,22 m/s (170km/h), $C_L = 1,2$, $C_D = 0,08$, $C_M = -0,15$ e $\rho = 1,225$ kg/m³.

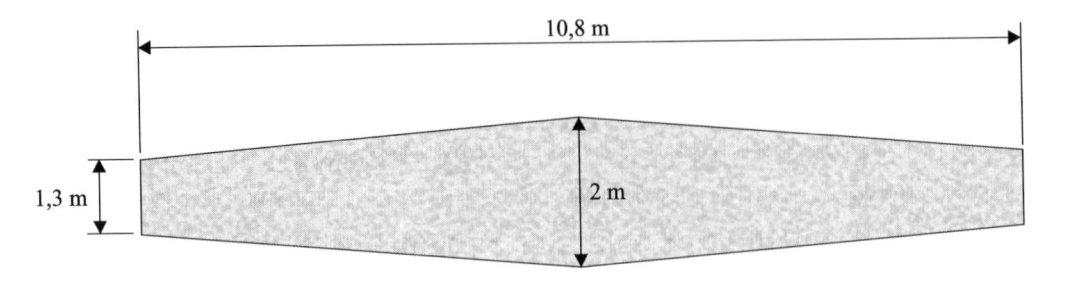

Solução: A área da asa pode ser calculada a partir da aplicação da Equação (1.2).

$$S = \frac{b \cdot (c_r + c_t)}{2}$$

$$S = \frac{10,8 \cdot (2,0 + 1,3)}{2}$$

$$S = 17,82 \text{ m}^2$$

A relação de afilamento é obtida pela aplicação da Equação (2.13).

$$\lambda = \frac{c_t}{c_r}$$

$$\lambda = \frac{1,3}{2,0}$$

$$\lambda = 0,65$$

Portanto, a corda média aerodinâmica é dada por:

$$\bar{c} = \frac{2}{3} c_r \cdot \left(\frac{1 + \lambda + \lambda^2}{1 + \lambda} \right)$$

$$\bar{c} = \frac{2}{3} \cdot 2,0 \left(\frac{1 + 0,65 + 0,65^2}{1 + 0,65} \right)$$

$$\bar{c} = 1,674 \text{ m}$$

As forças aerodinâmicas e o momento são calculados pelas Equações (2.16), (2.17) e (2.18).

Força de sustentação:

$$L = \frac{1}{2} \cdot \rho \cdot v^2 \cdot S \cdot C_L$$

$$L = \frac{1}{2} \cdot 1,225 \cdot 47,22^2 \cdot 17,82 \cdot 1,2$$

$$L = 29204,31 \, \text{N}$$

Força de arrasto:

$$D = \frac{1}{2} \cdot \rho \cdot v^2 \cdot S \cdot C_D$$

$$D = \frac{1}{2} \cdot 1,225 \cdot 47,22^2 \cdot 17,82 \cdot 0,08$$

$$D = 1946,95 \, \text{N}$$

Momento:

$$M = \frac{1}{2} \cdot \rho \cdot v^2 \cdot S \cdot \bar{c} \cdot C_M$$

$$M = \frac{1}{2} \cdot 1,225 \cdot 47,22^2 \cdot 17,82 \cdot 1,674 \cdot (-0,15)$$

$$M = -6111,00 \, \text{Nm}$$

2.5.4 Coeficiente de sustentação em asas finitas

A primeira pergunta intuitiva que se faz quando da realização do projeto de uma nova asa é: o coeficiente de sustentação dessa asa é o mesmo do perfil aerodinâmico?

A resposta a essa pergunta é não. A razão para existir uma diferença entre o coeficiente de sustentação da asa e do perfil está associada aos vórtices produzidos na ponta da asa, que induzem mudanças na velocidade e no campo de pressões do escoamento ao redor dela.

Esses vórtices induzem uma componente de velocidade direcionada para baixo denominada *downwash* (w). Essa componente induzida é somada vetorialmente à velocidade do vento relativo V_∞ para produzir uma componente resultante de velocidade chamada de vento relativo local, como pode ser observado na Figura 2.20.

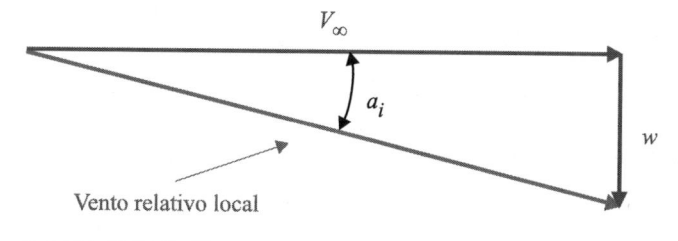

Figura 2.20 Representação da velocidade induzida.

O vento relativo local é inclinado para baixo em relação a sua direção original, e o ângulo formado é denominado de ângulo de ataque induzido α_i. Portanto, pode-se notar que a presença da velocidade induzida provoca na asa uma redução do ângulo de ataque e, consequentemente, uma redução do coeficiente de sustentação local da asa quando comparado ao perfil aerodinâmico. Em outras palavras,

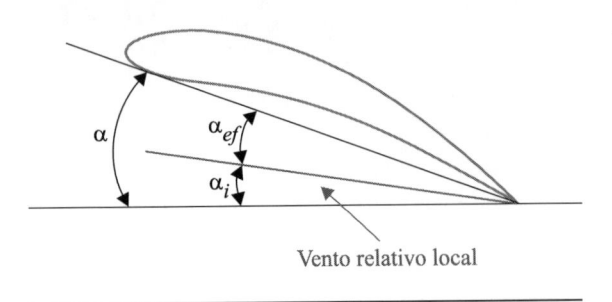

Figura 2.21 Influência do ângulo de ataque induzido na seção local da asa.

uma asa possui uma menor capacidade de gerar sustentação quando comparada a um perfil. A representação do efeito do ângulo de ataque induzido na seção local da asa pode ser observada na Figura 2.21 apresentada a seguir.

A análise da Figura 2.21 permite observar que o ângulo de ataque de uma asa finita na presença do escoamento induzido é menor que o ângulo de ataque do perfil. O ângulo de ataque da asa na presença do *downwash* é chamado de ângulo de ataque efetivo e pode ser calculado a partir da Equação (2.19).

$$\alpha_{ef} = \alpha - \alpha_i \quad (2.19)$$

O ângulo de ataque induzido pode ser calculado pela relação trigonométrica obtida na Figura 2.20, onde:

$$tg\alpha_i = \frac{w}{V_\infty} \quad (2.20)$$

Como esse ângulo geralmente é muito pequeno, a aproximação $tg\alpha_i \cong \alpha_i$ é válida:

$$\alpha_i = \frac{w}{V_\infty} \quad (2.20a)$$

A determinação do ângulo de ataque induzido α_i é geralmente complexa devido a sua dependência com relação à velocidade induzida ao longo da envergadura da asa. Um modelo teórico para a determinação da velocidade induzida pode ser obtido a partir do estudo da teoria da linha sustentadora de Prandtl, que prediz que para uma asa com distribuição elíptica de sustentação, como mostra a Figura 2.22, o ângulo de ataque induzido pode ser calculado pela Equação (2.21).

$$\alpha_i = \frac{C_L}{\pi \cdot AR} \quad (2.21)$$

A partir das considerações realizadas, pode-se verificar que o coeficiente de sustentação obtido em uma asa é menor que o coeficiente de sustentação obtido pelo perfil, e assim, a questão agora é: quanto menor?

A resposta a essa questão depende da forma geométrica e do modelo da asa. Na Equação (2.21), claramente nota-se que um aumento no alongamento é benéfico para a capacidade de geração de sustentação na asa, uma vez que proporciona uma redução do ângulo de ataque induzido e aproxima as características da asa em relação ao perfil.

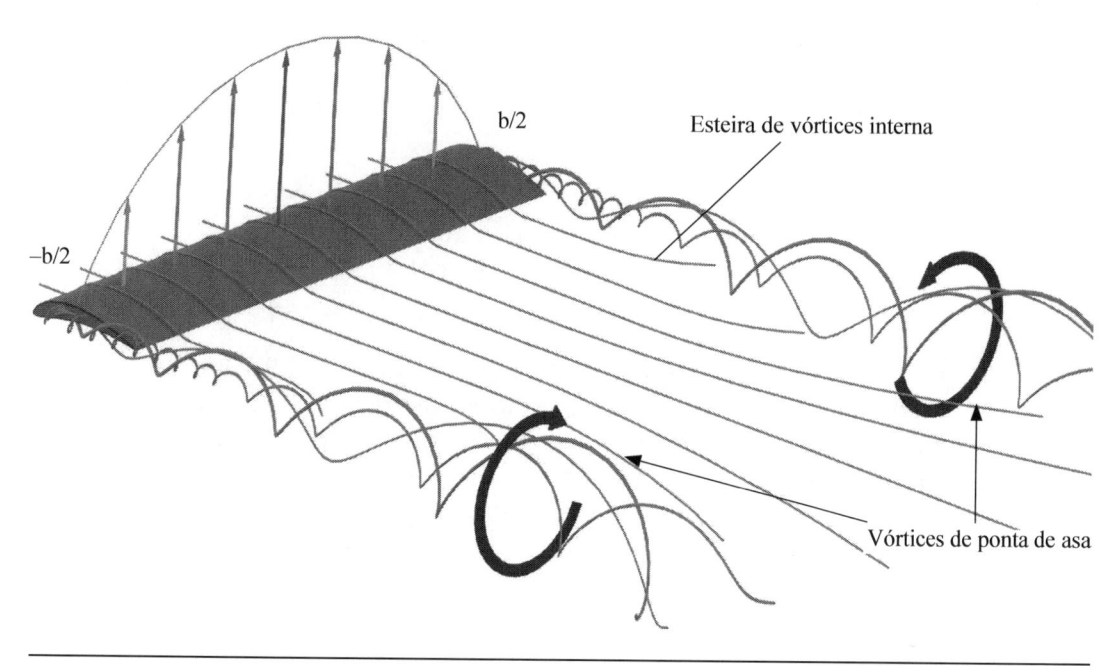

Figura 2.22 Distribuição elíptica de sustentação.

Asas com alto alongamento: Normalmente asas com grande alongamento ($AR>4$), representam uma escolha mais adequada para o projeto de aeronaves subsônicas. A teoria da linha sustentadora de Prandtl permite, entre outras propriedades, estimar o coeficiente angular da curva C_L versus α da asa finita em função do coeficiente angular da curva c_l versus α do perfil. Como visto anteriormente, o coeficiente angular da curva do perfil é calculado pela Equação (2.3a) e o coeficiente angular da curva da asa pode ser calculado a partir da Equação (2.22) apresentada a seguir.

$$a = \frac{a_0}{1 + (a_0 / \pi \cdot e \cdot AR)} \quad (2.22)$$

Essa equação somente é válida para asas de alto alongamento operando em regime subsônico incompressível, onde a e a_0 representam os coeficientes angulares das curvas da asa e do perfil, respectivamente. O resultado obtido é dado em rad^{-1}. O fator e, denominado fator de eficiência de envergadura da asa, representa um parâmetro que depende do modelo geométrico da asa e é muito influenciado pelo alongamento e pela relação de afilamento da asa. A Equação (2.23) permite uma estimativa do fator e.

$$e = \frac{1}{1 + \delta} \quad (2.23)$$

O parâmetro δ presente na Equação (2.23) é denominado fator de arrasto induzido, sendo uma função do alongamento da asa e da relação de afilamento λ. O valor de δ em geral varia entre 0 e 0,16.

Asas com baixo alongamento: Para asas com alongamento inferior a 4, uma relação aproximada para o cálculo do coeficiente angular da curva C_L versus α foi obtida com base na teoria da superfície sustentadora, sendo esta equação representada por:

$$a = \frac{a_0}{\sqrt{1 + \left(\frac{a_0}{\pi \cdot AR}\right)^2} + \frac{a_0}{\pi \cdot AR}} \quad (2.24)$$

Asas enflechadas: A função principal de uma asa com enflechamento é reduzir a influência do arrasto de onda existente em velocidades transônicas e supersônicas. Geralmente uma asa enflechada possui um coeficiente de sustentação menor quando comparada a uma asa não enflechada. O fato está diretamente associado à diferença de pressão entre o intradorso e o extradorso da asa.

Como forma de visualizar a situação comentada, considere duas asas: uma não enflechada e uma enflechada, como mostra a Figura 2.23.

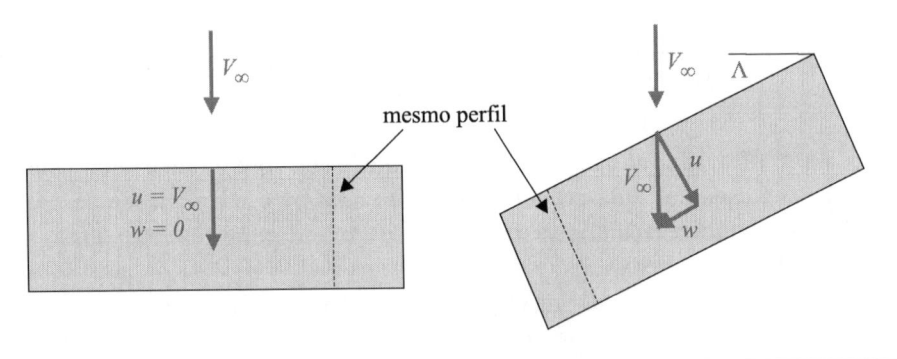

Figura 2.23 Efeito do escoamento sobre uma asa enflechada.

Admitindo-se um elevado valor de alongamento para as duas asas e desprezando-se os efeitos dos vórtices de ponta de asa, a análise da Figura 2.23 permite observar que, para a asa não enflechada, a componente da velocidade do escoamento incidente na direção da corda da asa é $u = V_\infty$. Já para o caso da asa enflechada, percebe-se que $u < V_\infty$, ou seja, $u = V_\infty \cos \Lambda$, onde Λ é o ângulo de enflechamento da asa.

A distribuição de pressão sobre a seção de um aerofólio orientada perpendicularmente ao bordo de ataque da asa é principalmente governada pela componente de velocidade u atuante ao longo da corda e, considerando que a componente de velocidade w paralela ao bordo de ataque da asa provoca um efeito mínimo na distribuição de pressão, é possível identificar que se o valor de u para uma asa enflechada é menor que o valor de u para uma asa não enflechada, a diferença de pressão entre o intradorso e o extradorso da asa enflechada será menor que a de uma asa não enflechada, pois a diferença de pressão depende diretamente da velocidade incidente, e, portanto, pode-se concluir que o coeficiente de sustentação gerado na asa enflechada tende a ser menor que o coeficiente de sustentação gerado na asa não enflechada.

O modelo de uma asa enflechada pode ser observado na Figura 2.24.

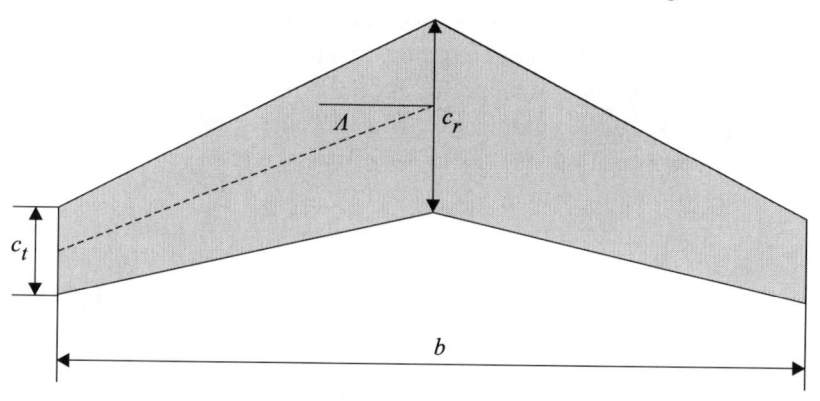

Figura 2.24 Geometria de uma asa enflechada.

Normalmente, o ângulo de enflechamento da asa é referenciado a partir da linha de corda média, e o coeficiente angular da curva C_L versus α para uma asa enflechada pode ser determinado de forma aproximada pela Equação (2.25).

$$a = \frac{a_0 \cdot \cos\Lambda}{\sqrt{1 + [(a_0 \cdot \cos\Lambda)/(\pi \cdot AR)^2]} + (a_0 \cdot \cos\Lambda)/(\pi \cdot AR)} \quad (2.25)$$

Essa equação é válida para uma asa enflechada em regime de voo incompressível. Nessa equação é importante observar que o coeficiente angular da curva c_l versus α do perfil também foi corrigido para uma asa enflechada pelo termo $a_0 \cos\Lambda$.

Para cada um dos três casos citados, o coeficiente angular da curva C_L versus α da asa finita sempre será menor que o do perfil. A Figura 2.25 mostra a comparação entre curvas genéricas para um perfil e para uma asa de envergadura finita.

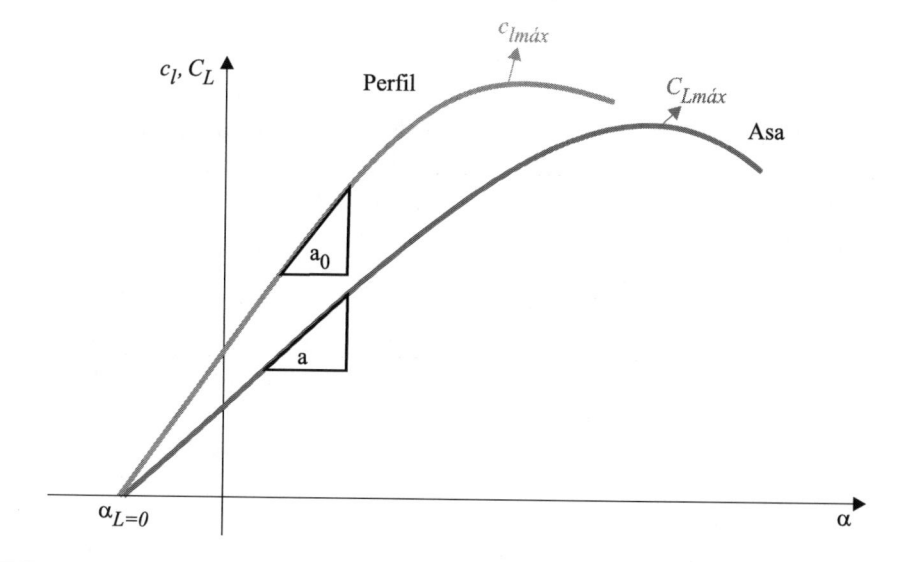

Figura 2.25 Comparação entre as curvas do perfil e da asa finita.

Nesse gráfico é importante observar que o ângulo de ataque para sustentação nula $\alpha_{L=0}$ é o mesmo tanto para o perfil como para a asa; porém, com a redução do coeficiente angular, percebe-se claramente a menor capacidade de geração de sustentação da asa em relação ao perfil, onde $C_{Lmáx} < c_{lmáx}$. Um benefício da asa finita em relação ao perfil está relacionado ao ângulo de estol da asa que é maior que o do perfil, proporcionando melhores características de estol como será apresentado na seção destinada ao estudo do estol.

A região linear da curva C_L versus α da asa pode ser calculada multiplicando-se o coeficiente angular da curva da asa com a diferença entre o ângulo de ataque e o ângulo de ataque para sustentação nula, como mostra a Equação (2.26).

$$C_L = a \cdot (\alpha - \alpha_{L=0}) \tag{2.26}$$

2.5.5 O estol em asas finitas e suas características

Como citado anteriormente, é possível observar na curva característica C_L versus α de uma asa finita que um aumento do ângulo de ataque proporciona um aumento do coeficiente de sustentação; porém esse aumento de C_L não ocorre indefinidamente, ou seja, existe um limite máximo para o valor do coeficiente de sustentação de uma asa. O limite máximo é designado na indústria aeronáutica por ponto de estol.

Muitos são os parâmetros que contribuem para o estol. Dentre eles, o principal é justamente a variação do ângulo de ataque, em que a análise da curva C_L versus α permite observar que a partir de um determinado valor de α, o coeficiente de sustentação decresce rapidamente. Este ângulo de ataque é denominado ângulo de estol.

O estudo do estol representa um elemento de extrema importância para o projeto de um avião, uma vez que proporciona a determinação de parâmetros importantes de desempenho, como por exemplo, a mínima velocidade da aeronave e a determinação dos comprimentos de pista necessários ao pouso e decolagem.

O estol é provocado pelo descolamento do escoamento na superfície superior da asa. Esse descolamento é devido a um gradiente adverso de pressão que possui a tendência de fazer com que a camada limite se desprenda no extradorso da asa. Conforme o ângulo de ataque aumenta, o gradiente de pressão adverso também aumenta, e para um determinado valor de α ocorre a separação do escoamento no extradorso da asa de maneira repentina. Quando o descolamento acontece, o coeficiente de sustentação decresce drasticamente e o coeficiente de arrasto aumenta rapidamente. A Figura 2.26 mostra a curva característica C_L versus α para uma asa qualquer, em que são apresentados dois pontos principais. No ponto **A** verifica-se o escoamento completamente colado ao perfil e, no ponto **B**, nota-se o escoamento separado, indicando uma condição de estol.

Na curva apresentada, observa-se que toda asa possui um coeficiente de sustentação máximo representado por $C_{Lmáx}$ e um correspondente ângulo de ataque denominado ângulo de estol.

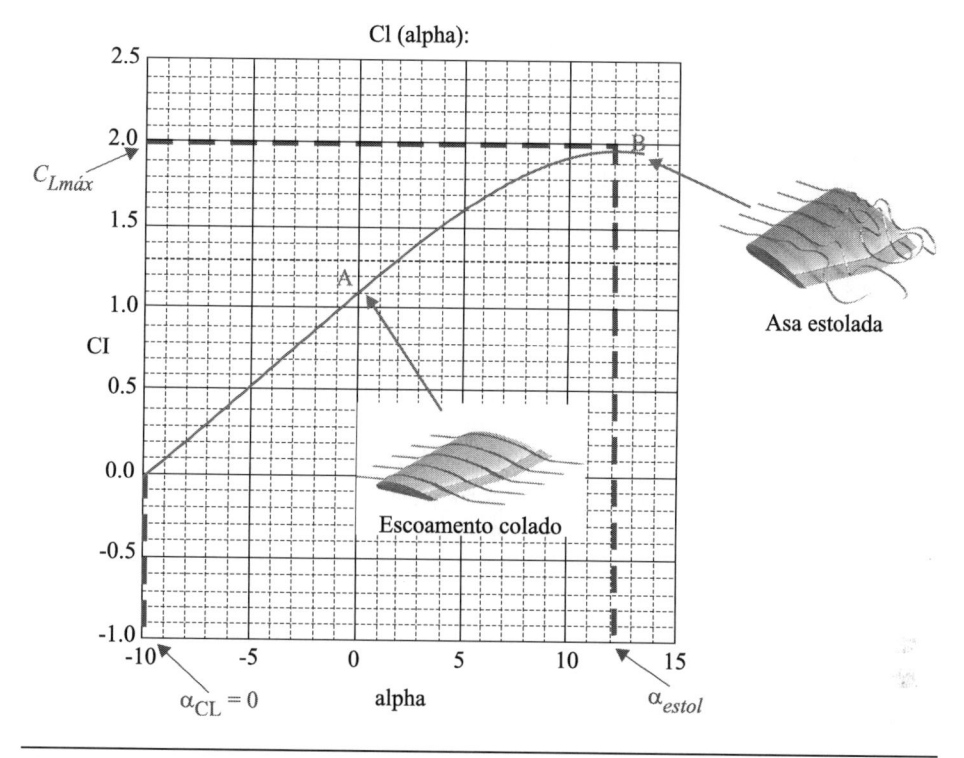

Figura 2.26 Representação do estol.

Como citado, o estol é um parâmetro importante para se definir certas qualidades de desempenho da aeronave. A primeira qualidade a ser observada e definida é a determinação da velocidade de estol, que representa a mínima velocidade com a qual é possível se manter o voo reto e nivelado da aeronave. Essa velocidade pode ser calculada por meio da equação fundamental da sustentação e escrita da seguinte forma.

$$v_{estol} = \sqrt{\frac{2 \cdot L}{\rho \cdot S \cdot C_{Lmáx}}} \qquad (2.27)$$

Como será definido no capítulo destinado à análise de desempenho da aeronave, para se manter o voo reto e nivelado de uma aeronave, a força de sustentação (L) deve ser igual ao peso (W). Portanto, a Equação (2.27) pode ser escrita da seguinte maneira.

$$v_{estol} = \sqrt{\frac{2 \cdot W}{\rho \cdot S \cdot C_{Lmáx}}} \qquad (2.27a)$$

Para boas qualidades de desempenho de uma aeronave, é desejável que se obtenha o menor valor possível para a velocidade de estol, pois dessa forma, o avião conseguirá se sustentar no ar com uma velocidade baixa, além de necessitar de um menor comprimento de pista tanto para decolar como para pousar.

Avaliando-se as variáveis presentes na Equação (2.27a), nota-se que um aumento do peso contribui de maneira negativa para a redução da velocidade de estol. Como o peso contribui de forma negativa para a redução da velocidade de estol, um meio de otimizar o resultado da Equação (2.30a) é trabalhar com as variáveis que se encontram no denominador da função.

Dentre essas variáveis, a densidade do ar também contribui de forma negativa, pois seu valor torna-se cada vez menor conforme a altitude aumenta, e, assim, a minimização da velocidade de estol passa a ser dependente apenas dos aumentos da área da asa e do coeficiente de sustentação máximo.

O aumento excessivo da área da asa pode piorar em muito o desempenho da aeronave, pois ao mesmo tempo em que aumenta o valor da força de sustentação gerada, também proporciona um aumento na força de arrasto. Portanto, conclui-se que o parâmetro mais eficiente para se reduzir a velocidade de estol é utilizar um valor de $C_{Lmáx}$ tão grande quanto possível. E isso recai na escolha adequada do perfil aerodinâmico da asa. Geralmente a forma geométrica da asa deve possuir um alongamento que proporcione um coeficiente angular da curva C_L versus α para a asa bem próximo do coeficiente angular da curva c_l versus α para o perfil. A Figura 2.27 mostra um modelo de ensaio em voo para análise do estol realizado com fios de lã presos ao extradorso da asa.

Essa imagem mostra uma situação em que se pode observar claramente o descolamento da camada limite próximo ao bordo de fuga da asa, indicando uma situação de estol.

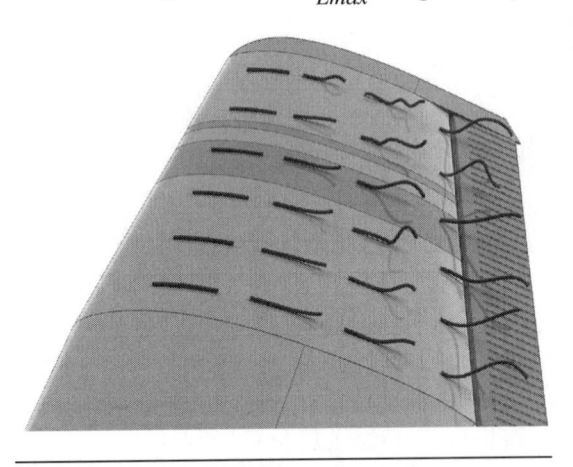

Figura 2.27 Ensaio em voo para verificação do estol.

2.5.5.1 Influência da forma geométrica da asa na propagação do estol

A forma como o estol se propaga ao longo da envergadura de uma asa depende da forma geométrica escolhida e representa um elemento importante para a determinação da localização das superfícies de controle (ailerons) e dispositivos hipersustentadores (flapes).

Em uma asa trapezoidal, o ponto do primeiro estol ocorre em uma região localizada entre o centro e a ponta da asa, e sua propagação ocorre no sentido da ponta da asa. Essa situação é muito indesejada, pois a perda de sustentação nessa região é extremamente prejudicial para a capacidade de rolamento da aeronave, uma vez que os ailerons geralmente se encontram localizados na ponta da asa. Em particular, essa situação é muito indesejada em baixas alturas de voo, pois uma ocorrência de estol com perda de comando dos ailerons na proximidade do solo praticamente inviabiliza a recuperação do voo estável da aeronave.

Para o caso de uma asa com forma geométrica retangular, a região do primeiro estol ocorre bem próximo à raiz da asa, e a região mais próxima da ponta continua em uma situação livre do estol, permitindo a recuperação do voo da aeronave fazendo-se uso dos ailerons que se encontram em uma situação de operação normal. Uma asa com forma geométrica elíptica também proporciona uma propagação da região de estol da raiz para a ponta da asa. A Figura 2.28 exibe as formas mais tradicionais citadas e suas respectivas propagações do estol.

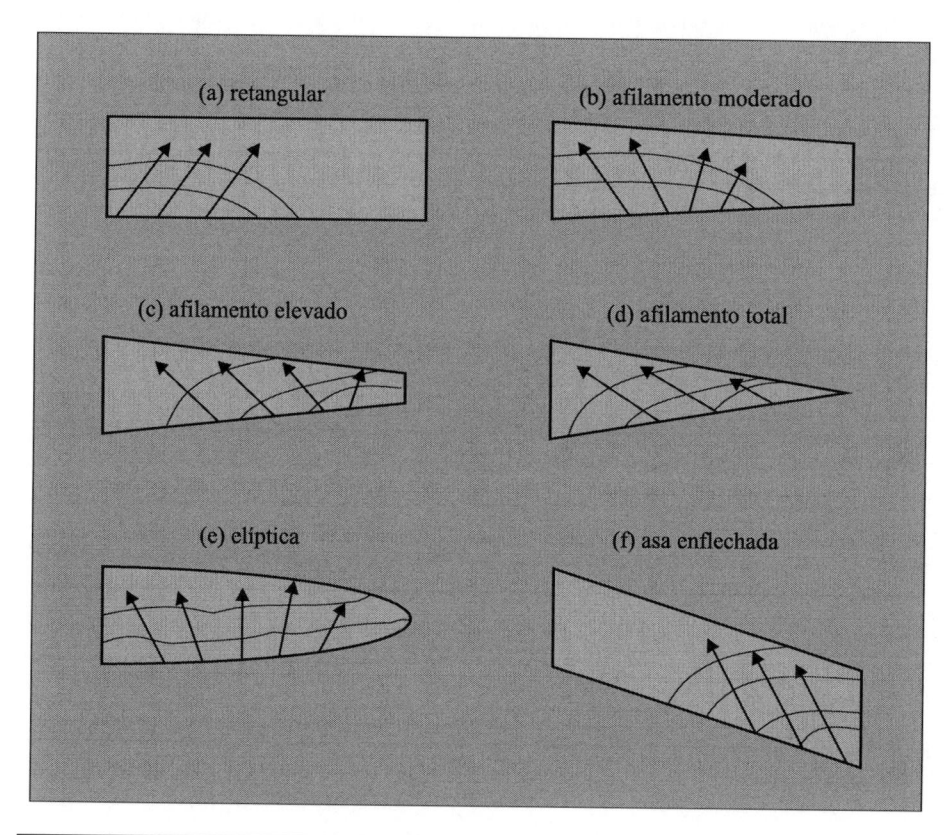

Figura 2.28 Direção da propagação do estol.

A grande maioria das aeronaves possui asa afilada, e uma das soluções utilizadas para se evitar o estol de ponta de asa é a aplicação da torção geométrica, ou seja, as seções mais próximas à ponta da asa possuem um ângulo de incidência menor quando comparadas às seções mais internas. A torção geométrica é conhecida na nomenclatura aeronáutica por *washout*. A Figura 2.29 dá um exemplo de torção geométrica em asas.

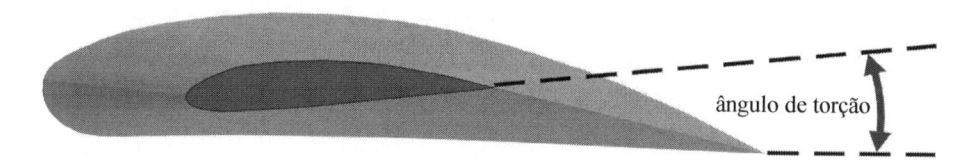

Figura 2.29 Exemplo de torção geométrica.

► EXEMPLO 2.5

Cálculo da velocidade de estol

O P-51 Mustang foi um caça norte-americano bem-sucedido, com um longo alcance, que colocou novos padrões de excelente desempenho ao entrar em serviço no meio da Segunda Guerra Mundial, e continua a ser referido como o melhor caça com motor a pistão já projetado. Determine a velocidade de estol do P-51 ao nível do mar ($\rho = 1{,}225$ kg/m³), sabendo que a área da asa é igual a 21,80 m² e que a aeronave mostrada está com um peso total de 44145 N e o $C_{Lmáx}$ é igual a 1,6.

Solução esperada: A velocidade de estol da aeronave pode ser determinada da seguinte maneira:

$$v_{estol} = \sqrt{\frac{2 \cdot W}{\rho \cdot S \cdot C_{Lmáx}}}$$

Substituindo-se os valores fornecidos, tem-se:

$$v_{estol} = \sqrt{\frac{2 \cdot 44145}{1{,}225 \cdot 21{,}80 \cdot 1{,}60}} = 45{,}45 \text{ m/s}$$

$$v_{estol} = 163{,}64 \text{ km/h}$$

2.5.6 Aerodinâmica da utilização de flapes na aeronave

Os flapes são dispositivos hipersustentadores que consistem em abas ou superfícies articuladas existentes nos bordos de fuga das asas de um avião. Quando estendidos, aumentam a sustentação e o arrasto de uma asa pela mudança da curvatura do seu perfil e do aumento de sua área.

Geralmente, os flapes podem ser utilizados em dois momentos críticos do voo:

a) Durante a aproximação para o pouso, em deflexão máxima, permitindo que a aeronave reduza a velocidade de aproximação, evitando o estol. Com isso, ela pode tocar o solo na velocidade mais baixa possível para obter o melhor desempenho de frenagem no solo e reduzir consideravelmente o comprimento de pista para pouso.

b) Durante a decolagem, em ajuste adequado para produzir a melhor combinação de sustentação (máxima) e arrasto (mínimo), permitindo que a aeronave percorra a menor distância no solo antes de atingir a velocidade de decolagem.

CAPÍTULO 2

Fundamentos de aerodinâmica

Os flapes normalmente estão localizados no bordo de fuga próximos à raiz da asa, como pode ser observado na Figura 2.30.

Basicamente os flapes podem ser utilizados em uma aeronave para se obter os maiores valores de $C_{Lmáx}$ durante os procedimentos de pouso e decolagem, sem penalizar o desempenho de cruzeiro da aeronave. Os flapes podem ser definidos como artifícios mecânicos que alteram temporariamente a geometria do perfil e, consequentemente, da asa. A Figura 2.31 mostra os principais tipos de flapes utilizados nas aeronaves.

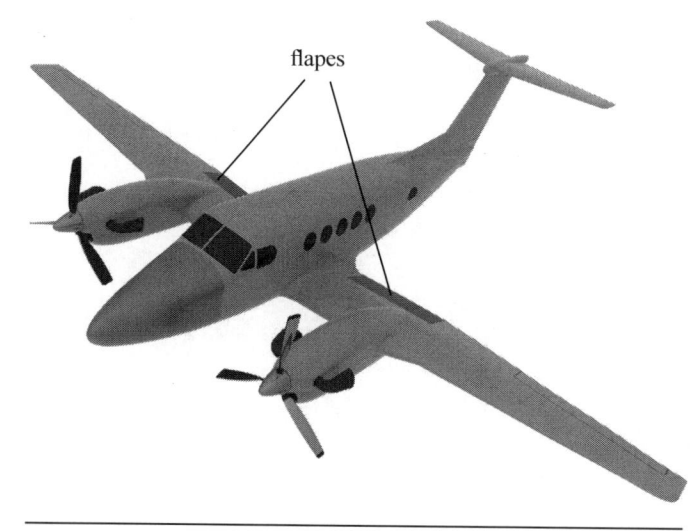

Figura 2.30 Localização dos flapes.

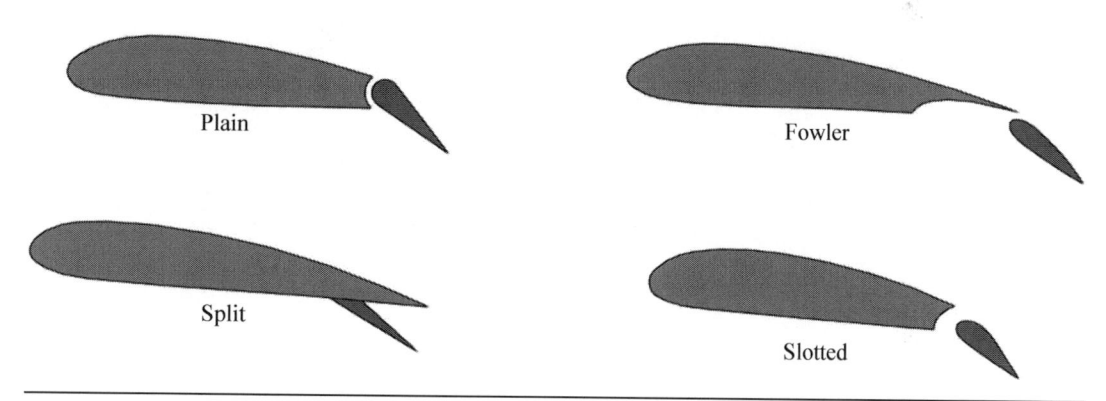

Figura 2.31 Principais tipos de flapes.

O efeito provocado pela aplicação dos flapes pode ser visualizado na Figura 2.32, na qual, pode-se notar um considerável aumento no valor do $C_{Lmáx}$ sem que ocorra nenhuma mudança do coeficiente angular da curva C_L versus α.

Porém, como a aplicação dos flapes proporciona um aumento no arqueamento do perfil, percebe-se que a curva C_L versus α sofre um deslocamento para a esquerda acarretando uma diferença de ângulo de ataque para se obter a sustentação nula e também um menor ângulo de estol quando comparado a uma situação sem flape.

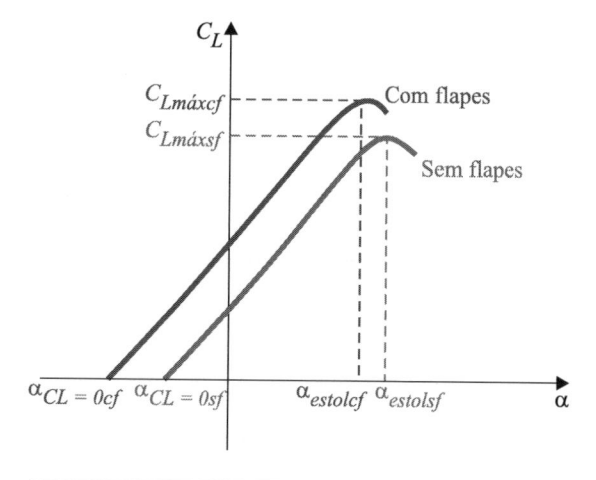

Figura 2.32 Efeito da aplicação dos flapes.

O coeficiente de sustentação máximo obtido pela aplicação dos flapes pode ser estimado de acordo com a aplicação da Equação (2.28).

$$C_{Lmáxcf} = (1 + x) \cdot C_{Lmáxsf} \qquad (2.28)$$

onde a variável x representa a fração de aumento na corda do perfil originada pela aplicação dos flapes.

▶ EXEMPLO 2.6

Cálculo do $C_{Lmáx}$ devido à utilização de flapes na aeronave

Considere um perfil em que o máximo coeficiente de sustentação é 2,0, sabendo-se que, com a utilização de flape tipo *plain*, a corda do perfil sofre um aumento percentual $x = 5\%$. Determine o máximo coeficiente de sustentação desse perfil com a utilização desse tipo de flape.

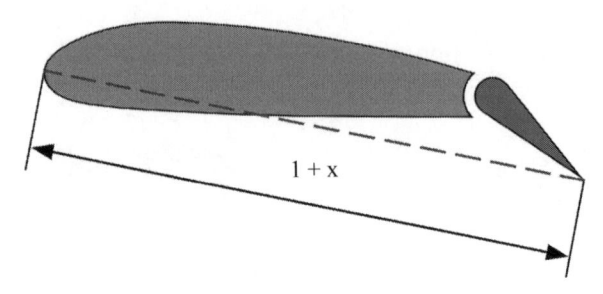

Solução: Aplicando-se a Equação (2.28), tem-se:

$$C_{Lmáxcf} = (1 + x) \cdot C_{Lmáxsf}$$

$$C_{Lmáxcf} = (1 + 0,05) \cdot 2$$

$$C_{Lmáxcf} = 2,1$$

2.5.7 Distribuição de sustentação

A determinação da distribuição de sustentação ao longo da envergadura de uma asa representa um fator de grande importância para o seu dimensionamento estrutural e envolve importantes conceitos relativos à aerodinâmica da aeronave. O modelo apresentado a seguir é oriundo da teoria da linha sustentadora de Prandtl e representa um caso particular aplicado a asas com forma elíptica denominado distribuição elíptica de sustentação. Essa situação é de grande importância prática, pois por meio dessa distribuição de sustentação torna-se possível encontrar de forma aproximada qual será a distribuição de sustentação em uma asa com forma geométrica diferente da elíptica. A Figura 2.33 exibe a distribuição elíptica de sustentação sobre a asa de uma aeronave.

CAPÍTULO 2

Fundamentos de aerodinâmica

Figura 2.33 Distribuição elíptica de sustentação.

A aplicação desse modelo teórico permite estimar a distribuição de circulação $\Gamma(y)$ ao longo da envergadura da asa e, pela aplicação do teorema de Kutta-Joukowski, é possível determinar também qual será a força de sustentação atuante em cada seção ao longo da envergadura.

Assume-se que a distribuição da circulação ao longo da envergadura da asa pode ser calculada diretamente pela aplicação da Equação (2.29).

$$\Gamma(y) = \Gamma_0 \cdot \sqrt{1 - \left(\frac{2 \cdot y}{b}\right)^2} \qquad (2.29)$$

onde a variável Γ_0 é uma constante e representa a circulação no ponto médio da asa em estudo e b representa a envergadura da asa. A curva que representa a distribuição de circulação $\Gamma(y)$ dada pela Equação (2.29) é a parcela superior da elipse mostrada na Figura 2.34 e a equação dessa elipse é:

$$\left(\frac{\Gamma}{\Gamma_0}\right)^2 + \left(\frac{2 \cdot y}{b}\right)^2 = 1 \qquad (2.30)$$

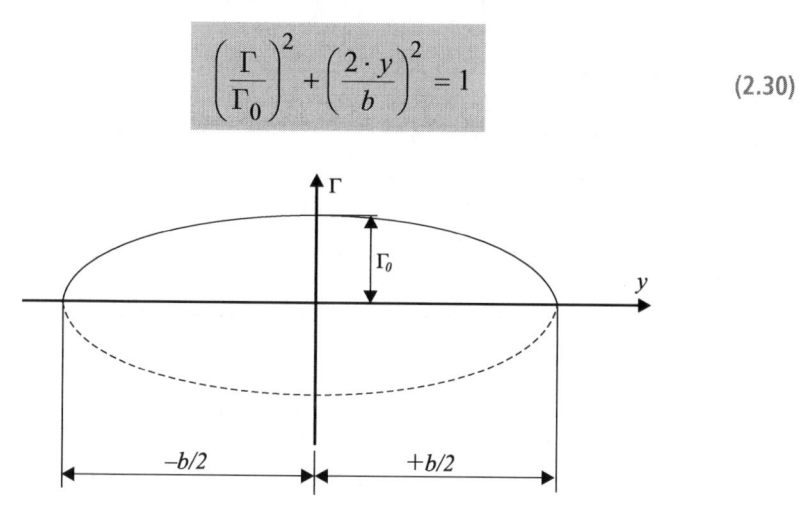

Figura 2.34 Representação gráfica da Equação (2.29).

A análise da Equação (2.29) permite observar que Γ atinge o seu máximo valor Γ_0 no ponto médio da asa no qual a coordenada de posição dessa seção é $y = 0$ e decai a zero nas extremidades da asa, onde $y = \pm\, b/2$.

Como forma de obter a circulação no ponto médio da asa, a teoria da linha sustentadora de Prandtl prediz que:

$$\Gamma_0 = \frac{4 \cdot L}{\rho \cdot v \cdot b \cdot \pi} \qquad (2.31)$$

Geralmente, o valor de Γ_0 é determinado para o estudo estrutural da asa e, portanto, calculado para a velocidade de manobra e a força de sustentação equivalente, obtidas para o ponto de manobra da aeronave através do estudo do diagrama (v-n). Esse diagrama será comentado em detalhes mais adiante neste livro. E a força de sustentação a partir da análise do diagrama (v-n) pode ser obtida do seguinte modo:

$$L = n_{máx} \cdot W \qquad (2.32)$$

onde $n_{máx}$ representa o fator de carga máximo a que a aeronave está sujeita e W representa o peso total da aeronave.

Uma vez determinado o valor de Γ_0 em (m^2/s), a distribuição de circulação pode ser calculada ao longo de toda a envergadura da asa. Considerando-se uma variação da posição de y desde $-b/2$ até $+b/2$, a força de sustentação atuante para cada seção pode ser obtida pela aplicação do teorema de Kutta-Joukowski:

$$L(y) = \rho \cdot v \cdot \Gamma(y) \qquad (2.33)$$

A aplicação dessa metodologia permite obter rapidamente a distribuição de sustentação ao longo da envergadura de uma asa. Porém é importante ressaltar que esse método é apenas aplicado a asas com forma geométrica elíptica.

A determinação das cargas aerodinâmicas na asa de uma aeronave em regime de voo subsônico envolve uma série de cálculos e processos complexos para se predizer com exatidão este carregamento. Muitas vezes, a solução só é possível através de experimentos em túnel de vento, aplicação teórica do método dos painéis ou mesmo programas de CFD.

Porém para o projeto preliminar de uma aeronave, a teoria clássica da linha sustentadora é valida e a distribuição de sustentação ao longo da envergadura de uma asa com uma forma geométrica qualquer pode ser obtida por meio de um modelo simplificado, denominado aproximação de Schrenk.

Normalmente esse método é aplicado durante o projeto preliminar de uma nova aeronave com asas de baixo enflechamento e de moderado a alto alongamento. O método basicamente representa uma média aritmética entre a distribuição de carga originada pelo modelo de asa em questão e uma distribuição elíptica para uma asa de mesma área e mesma envergadura.

Para a aplicação desse método, considere a asa trapezoidal da Figura 2.35, cuja distribuição hipotética de sustentação ao longo da envergadura da semiasa está representada na Figura 2.36.

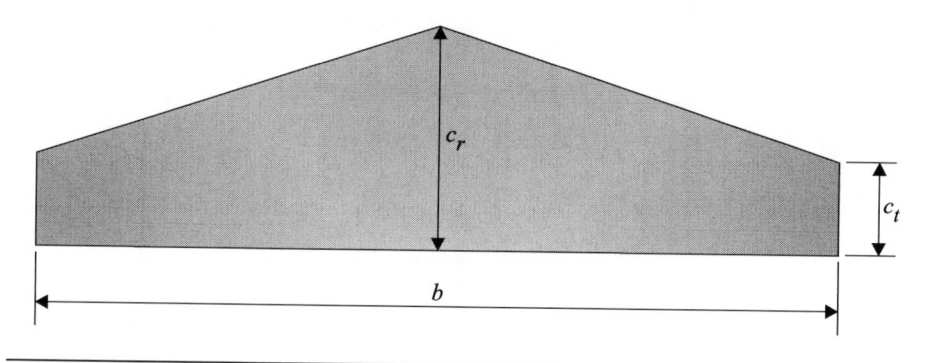

Figura 2.35 Modelo de asa trapezoidal para utilização da aproximação de Schrenk.

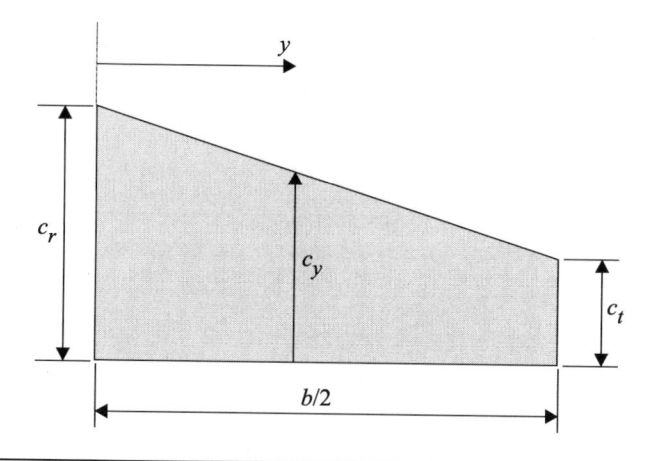

Figura 2.36 Distribuição trapezoidal ao longo da semienvergadura.

A área da semiasa pode ser calculada com base na Equação (1.2) resultando em:

$$\frac{S}{2} = \frac{(c_r + c_t) \cdot b}{4} \qquad (2.34)$$

Considerando a relação de afilamento dada pela Equação (2.13), a corda na ponta pode ser expressa:

$$c_t = \lambda \cdot c_r \qquad (2.35)$$

A Equação (2.34) pode ser reescrita da seguinte maneira:

$$\frac{S}{2} = \frac{(\lambda \cdot c_r + c_r) \cdot b}{4} \qquad (2.36)$$

$$\frac{S}{2} = \frac{c_r \cdot (1 + \lambda) \cdot b}{4} \qquad (2.36a)$$

Isolando-se c_r tem-se:

$$c_r = \frac{4 \cdot S}{2 \cdot (1 + \lambda) \cdot b} \quad (2.37)$$

$$c_r = \frac{2 \cdot S}{(1 + \lambda) \cdot b} \quad (2.37a)$$

Para a asa em estudo, a variação da corda ao longo da envergadura pode ser representada pela seguinte dedução algébrica:

$$c_y = c_r - \left\{ \left[\frac{y}{b/2} \right] \cdot (c_r - c_t) \right\} \quad (2.38)$$

$$c_y = c_r - \left\{ \left[\frac{y}{b/2} \right] \cdot (c_r - \lambda \cdot c_r) \right\} \quad (2.38a)$$

$$c_y = c_r - \left\{ \left[\frac{y}{b/2} \right] \cdot (c_r(1 - \lambda)) \right\} \quad (2.38b)$$

$$c_y = c_r - \left[\frac{2 \cdot y}{b} \cdot (c_r(1 - \lambda)) \right] \quad (2.38c)$$

$$c_y = c_r - \frac{2 \cdot y \cdot c_r}{b} + \frac{2 \cdot y \cdot c_r \cdot \lambda}{b} \quad (2.38d)$$

$$c_y = c_r \cdot \left(1 - \frac{2 \cdot y}{b} + \frac{2 \cdot y \cdot \lambda}{b} \right) \quad (2.38e)$$

$$c_y = c_r \cdot \left(1 + \left(-\frac{2 \cdot y}{b} + \frac{2 \cdot y \cdot \lambda}{b} \right) \right) \quad (2.38f)$$

$$c_y = c_r \cdot \left[1 + \left(\frac{2 \cdot y}{b} \cdot (\lambda - 1) \right) \right] \quad (2.38g)$$

Substituindo a Equação (2.37a) na Equação (2.38g), tem-se:

$$c_y = \frac{2 \cdot S}{(1 + \lambda) \cdot b} \cdot \left[1 + \left(\frac{2 \cdot y}{b} \cdot (\lambda - 1) \right) \right] \quad (2.39)$$

Essa equação permite obter a variação da corda ao longo da envergadura da asa trapezoidal. Por analogia, a variação do carregamento atuante também segue a Equação (2.39). Portanto, substituindo S por L e c_y por $L(y)_T$, é possível determinar uma distribuição trapezoidal de carregamento ao longo da envergadura da asa pela aplicação da Equação (2.40).

$$L(y)_T = \frac{2 \cdot L}{(1+\lambda) \cdot b} \cdot \left[1 + \left(\frac{2 \cdot y}{b} \cdot (\lambda - 1)\right)\right] \quad (2.40)$$

Porém esse carregamento não representa a realidade, pois, como visto, a distribuição de carregamento ao longo da envergadura de uma asa se aproxima de uma elipse. A aproximação de Schrenk é utilizada para se determinar uma distribuição média entre a forma elíptica e trapezoidal. Para uma asa elíptica, a Equação (2.29) mostra:

$$\Gamma(y) = \Gamma_0 \cdot \sqrt{1 - \left(\frac{2 \cdot y}{b}\right)^2} \quad (2.29)$$

Considerando que:

$$\Gamma_0 = \frac{4 \cdot L}{\rho \cdot v \cdot b \cdot \pi} \quad (2.31)$$

e,

$$L(y) = \rho \cdot v \cdot \Gamma(y) \quad (2.33)$$

Pode-se escrever:

$$\frac{L(y)_E}{\rho \cdot v} = \frac{4 \cdot L}{\rho \cdot v \cdot b \cdot \pi} \cdot \sqrt{1 - \left(\frac{2 \cdot y}{b}\right)^2} \quad (2.41)$$

E, assim, para uma distribuição elíptica de sustentação tem-se:

$$L(y)_E = \frac{4 \cdot L}{b \cdot \pi} \cdot \sqrt{1 - \left(\frac{2 \cdot y}{b}\right)^2} \quad (2.42)$$

Para um valor intermediário dado pela aproximação de Schrenk, deve-se realizar a média aritmética entre todos os valores obtidos pela solução das Equações (2.40) e (2.42) para cada estação avaliada ao longo da envergadura da asa do seguinte modo:

$$L(y)_{TS} = \frac{L(Y)_T + L(Y)_E}{2} \quad (2.43)$$

O subscrito TS indica que a análise foi realizada para uma asa trapezoidal seguindo a aproximação de Schrenk.

EXEMPLO 2.7

Cálculo da distribuição de sustentação pela aproximação de Schrenk

Considere uma aeronave que possui uma asa trapezoidal com as seguintes características geométricas: $b = 10$ m, $c_r = 1,6$ m e $c_t = 1,0$ m. Sabendo-se que a aeronave foi projetada para alçar voo com um peso total $W = 7000$ N e que em condições de atmosfera padrão ao nível do mar ($\rho = 1,225$ kg/m^3) voando na velocidade do ponto de manobra, o máximo fator de carga obtido no diagrama (v-n) é $n_{máx} = 2,3$. Determine a partir da aproximação de Schrenk a distribuição de sustentação ao longo da envergadura dessa asa, mostrando uma tabela de resultados e um gráfico comparativo da distribuição da força de sustentação ao longo da envergadura.

Solução: A força de sustentação atuante no ponto de manobra da aeronave pode ser calculada pela solução da Equação (2.32):

$$L = n_{máx} \cdot W$$
$$L = 2,3 \cdot 7000$$
$$L = 16100 \text{ N}$$

A relação de afilamento dessa asa é dada por:

$$\lambda = \frac{c_t}{c_r}$$
$$\lambda = \frac{1,0}{1,6}$$
$$\lambda = 0,625$$

Considerando $y = 5$ m
Para uma distribuição elíptica, tem-se, a partir da aplicação da Equação (2.42):

$$L(y)_E = \frac{4 \cdot L}{b \cdot \pi} \cdot \sqrt{1 - \left(\frac{2 \cdot y}{b}\right)^2}$$

$$L(y)_E = \frac{4 \cdot 16100}{10 \cdot \pi} \cdot \sqrt{1 - \left(\frac{2 \cdot 5}{10}\right)^2}$$

$$L(y)_E = 0$$

Para a asa trapezoidal em estudo a partir da aplicação da Equação (2.40), tem-se:

$$L(y)_T = \frac{2 \cdot L}{(1 + \lambda) \cdot b} \cdot \left[1 + \left(\frac{2 \cdot y}{b} \cdot (\lambda - 1)\right)\right]$$

$$L(y)_T = \frac{2 \cdot 16100}{(1 + 0,625) \cdot 10} \cdot \left[1 + \left(\frac{2 \cdot 5}{10} \cdot (0,625 - 1)\right)\right]$$

$$L(y)_T = 1238,462 \text{ N}$$

Pela aproximação de Schrenk, a força de sustentação nessa estação da asa é:

$$L(y)_{TS} = \frac{L(Y)_T + L(Y)_E}{2}$$

$$L(y)_{TS} = \frac{1238,462 + 0}{2}$$

$$L(y)_{TS} = 619,23 \, \text{N/m}$$

O processo apresentado foi aplicado sucessivas vezes com incrementos de 1,0 m nos valores de y, resultando na tabela de dados apresentada a seguir.

	Tabela 2.1	Distribuição de sustentação na asa		
Estação	y(m)	$L(y)_E$ (N/m)	$L(y)_T$ (N/m)	$L(y)_{TS}$ (N/m)
1	−5	0	1238,462	619,2308
2	−4	1229,949	1387,077	1308,513
3	−3	1639,933	1535,692	1587,812
4	−2	1878,779	1684,308	1781,543
5	−1	2008,499	1832,923	1920,711
6	0	2049,916	1981,538	2015,727
7	1	2008,499	1832,923	1920,711
8	2	1878,779	1684,308	1781,543
9	3	1639,933	1535,692	1587,812
10	4	1229,949	1387,077	1308,513
11	5	0	1238,462	619,2308

O gráfico comparativo dos resultados está representado na figura a seguir.

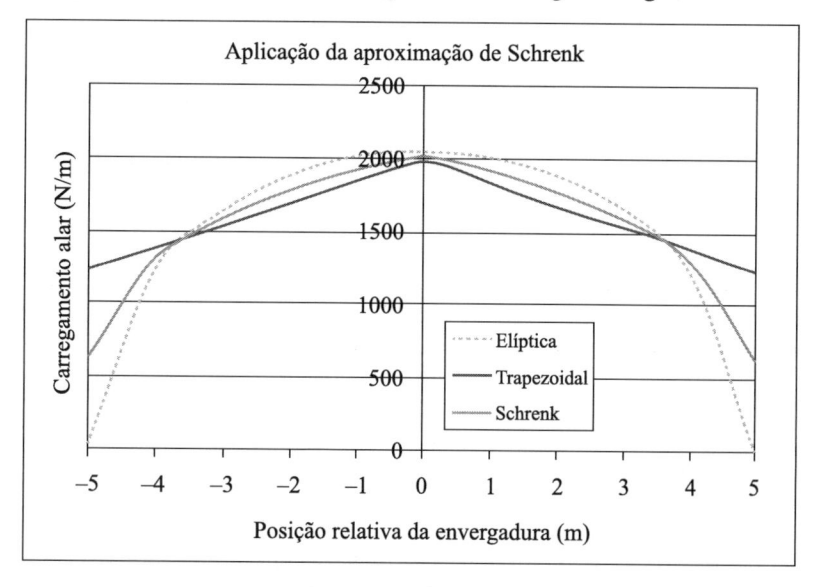

2.6 Considerações sobre a aerodinâmica de biplanos

Reconhecidamente aeronaves do tipo biplano não são extensivamente utilizadas na atualidade como eram no passado, porém existe uma grande quantidade delas ainda em operação. Esta seção apresenta as principais características aerodinâmicas pertinentes a configurações de biplanos, bem como mostra algumas expressões matemáticas que podem ser utilizadas como forma de simplificação de uma aeronave com essa configuração para um monoplano equivalente, a partir do qual todas as características aerodinâmicas podem ser obtidas. A Figura 2.37 mostra aeronaves com configuração de biplano.

Figura 2.37 Configuração de biplanos.

2.6.1 *Gap* - Distância vertical entre as asas

O *gap* representa a distância vertical entre as asas de um biplano e deve ser medido perpendicularmente ao eixo longitudinal da aeronave. Algumas vezes também é definido como a distância que separa duas asas adjacentes de um multiplano. Geralmente o *gap* de um biplano é representado pela relação *gap*/corda. Ou seja, se essa relação é igual a 1, significa que a distância vertical entre as duas asas é igual ao comprimento da corda aerodinâmica da asa.

Na prática, a relação *gap*/corda é muito próxima de 1. O principal fator a ser avaliado para a determinação da relação *gap*/corda é a interferência do escoamento gerado em cada uma das asas. Deve-se prever na análise que a esteira do escoamento gerada na asa superior não sofra interferência da esteira do escoamento gerada na asa inferior da aeronave. As duas asas da aeronave devem estar tão distantes quanto possível para minimizar os efeitos de interferência, mas, por motivos estruturais, ao mesmo tempo é necessário que a asa superior esteja o mais próximo possível da asa inferior. Assim, existe uma solução de compromisso entre a aerodinâmica e a estrutura da aeronave para se obter uma boa relação *gap*/corda. A Figura 2.38 mostra o *gap* entre duas asas.

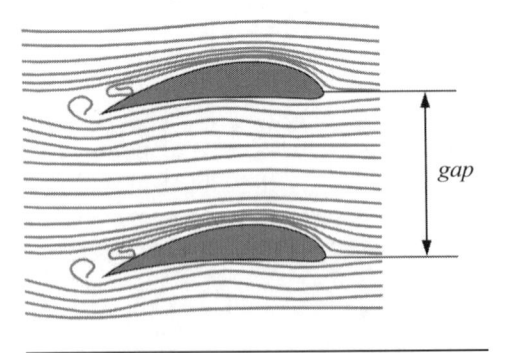

Figura 2.38 Representação do *gap*.

2.6.2 Stagger

O termo *stagger* é definido como a diferença de posição entre o bordo de ataque das duas asas. O *stagger* representa quanto o bordo de ataque de uma asa está deslocado em relação ao bordo de ataque da outra asa. O *stagger* geralmente é representado pelo ângulo de *stagger* expresso em graus, como mostra a Figura 2.39.

O *stagger* é considerado positivo quando o bordo de ataque da asa superior estiver à frente do bordo de ataque da asa inferior, e considerado negativo quando o bordo de ataque da asa superior estiver posicionado atrás do bordo de ataque da asa inferior, como pode ser observado na Figura 2.40. As vantagens aerodinâmicas do *stagger* são muito pequenas. Um biplano pode possuir ângulo de *stagger* simplesmente para facilitar a visão do piloto ou para fornecer acesso à cabine de comandos ou ao compartimento de carga.

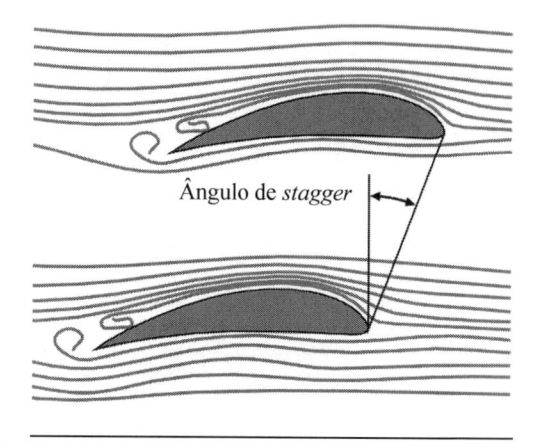

Figura 2.39 Representação do ângulo de *stagger*.

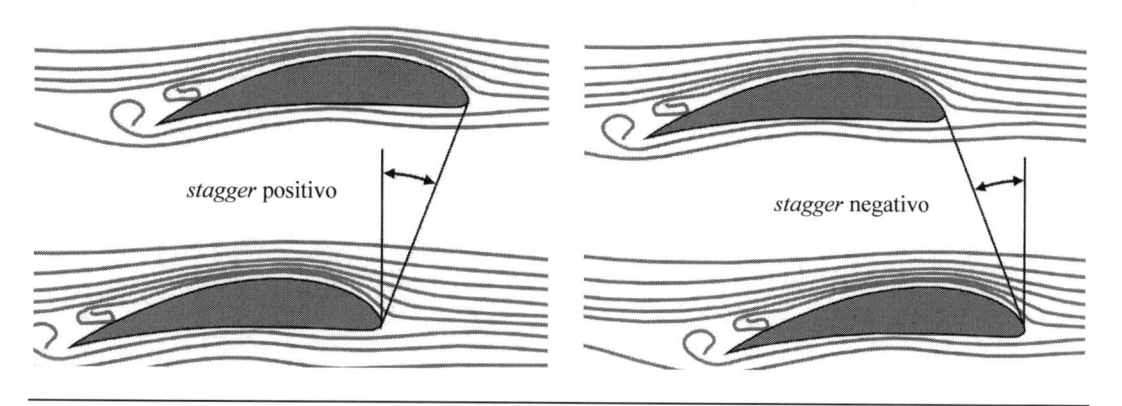

Figura 2.40 Representação do *stagger* positivo e negativo.

2.6.3 Decalagem

O termo decalagem representa a diferença entre os ângulos de incidência das asas de um biplano. A decalagem é considerada positiva quando o ângulo de incidência da asa superior for maior que o ângulo de incidência da asa inferior da aeronave.

Geralmente o ângulo de decalagem é muito pequeno e possui como finalidade principal melhorar as características de estol da aeronave. Com uma decalagem positiva, a asa superior da aeronave tenderá a estolar antes da asa inferior, uma vez que seu ângulo de incidência é maior. Se os ailerons estiverem posicionados na asa inferior, estes ainda possuirão comando para recuperar a aeronave de uma possível situação de estol, pois a asa inferior ainda estará em condições normais de voo. O ângulo de decalagem normalmente é da ordem de 1° ou 2°, a Figura 2.41 mostra um exemplo do ângulo de decalagem.

ângulo de
decalagem positivo

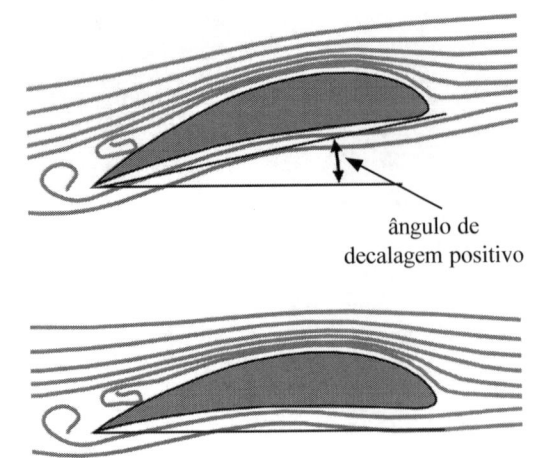

Figura 2.41 Representação do ângulo de decalagem.

2.6.4 Determinação de um monoplano equivalente

A formulação matemática para a determinação das características aerodinâmicas de um biplano envolve uma extensa série de cálculos e aproximações que requerem muitas horas de estudo e dedicação para a correta análise desse tipo de aeronave. Como o escopo deste livro não possui a finalidade de avaliar em detalhes a aerodinâmica de biplanos, a formulação matemática apresentada é um modelo simplificado que permite converter o biplano em um monoplano equivalente, que possua a mesma forma em planta da asa com os mesmos valores de corda e proporcione o mesmo desempenho final do biplano em questão.

A análise é realizada por meio do cálculo da envergadura do monoplano equivalente. As duas asas do biplano podem ser substituídas por uma única asa de um monoplano desde que as características esperadas para o desempenho da aeronave sejam mantidas. O cálculo da envergadura do monoplano equivalente pode ser realizado a partir da aplicação da Equação (2.44).

$$b_{EQ} = k \cdot b \qquad (2.44)$$

onde b representa a envergadura original das asas do biplano e o parâmetro k depende diretamente do valor do *gap* e da envergadura original das asas do biplano, como se pode observar na Equação (2.45).

$$k = \sqrt{\left(1{,}8 \cdot \frac{G}{b}\right) + 1} \qquad (2.45)$$

Como citado, o valor do *gap* deve ser próximo de uma corda para se evitar a interferência dos vórtices, bem como propiciar um certo conforto durante o dimensionamento estrutural dos elementos de ligação entre as asas.

Uma vez determinado o valor da envergadura equivalente, o alongamento do monoplano também pode ser determinado pela aplicação das Equações (2.46) e (2.47).

$$AR_{EQ} = \frac{b_{EQ}}{c} \qquad (2.46)$$

$$AR_{EQ} = \frac{b_{EQ}^{2}}{S_{EQ}} \qquad (2.47)$$

A Equação (2.46) é utilizada para o caso de uma asa retangular com o valor de corda idêntico à corda do biplano original; e a Equação (2.47), para uma asa não retangular com a área equivalente dessa asa calculada, utilizando-se a envergadura obtida e os respectivos valores de corda das asas do biplano.

Muitas vezes a impressão inicial que se tem é que o simples fato da existência de duas asas na aeronave irá contribuir para gerar o dobro de força de sustentação. Isso não é verdade, pois uma série de interferências entre vórtices, o aumento do arrasto e o aumento do peso estrutural proporcionam um aumento efetivo bem menor do que o inicialmente esperado. Dessa forma, a envergadura do monoplano equivalente indica que as duas asas do biplano podem ser substituídas por uma única com essa envergadura, para propiciar o mesmo desempenho para a aeronave. A partir da determinação do alongamento do monoplano equivalente, todos os outros cálculos da aerodinâmica da aeronave podem ser realizados de acordo com os modelos apresentados no decorrer deste capítulo.

EXERCÍCIOS PROPOSTOS

2.1 Qual é a definição de aerodinâmica?

2.2 Explique a geração da força de sustentação em um perfil aerodinâmico por meio da aplicação do princípio de Bernoulli.

2.3 Determine o número de Reynolds para uma aeronave monomotora, sabendo-se que ela está em uma condição de voo reto e nivelado, em condições de atmosfera padrão ao nível do mar ($\rho = 1,225$ kg/m^3), e com uma velocidade $v = 70$ m/s (252 km/h). Considere $\bar{c} = 1,6$ m e $\mu = 1,7894 \times 10^{-5}$ kg/ms.

2.4 Qual a diferença entre ângulo de ataque e ângulo de incidência?

2.5 A partir das curvas c_l versus α e c_m versus α do perfil simétrico Naca 0012 para um número de Reynolds de 3300000, mostradas na figura a seguir, determine a posição do centro aerodinâmico a partir da posição $c/4$.

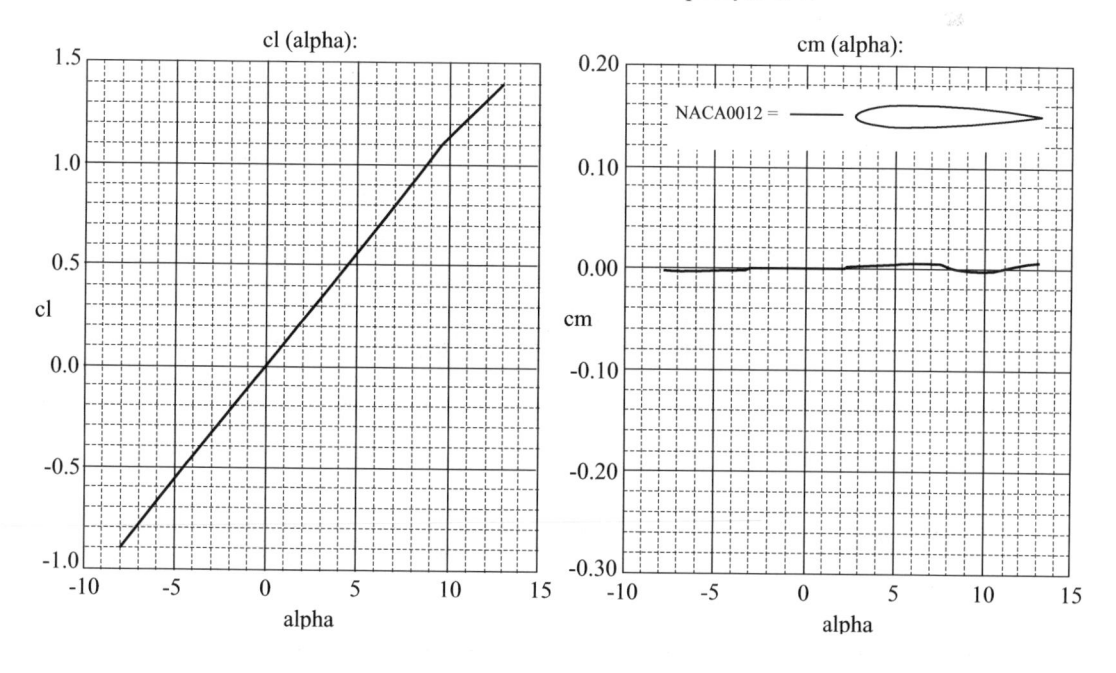

2.6 A partir das curvas c_l versus α e c_m versus α do perfil GOE 182 (MVA H-27) para um número de Reynolds de 3600000, mostradas na figura a seguir, determine a posição do centro aerodinâmico a partir da posição $c/4$.

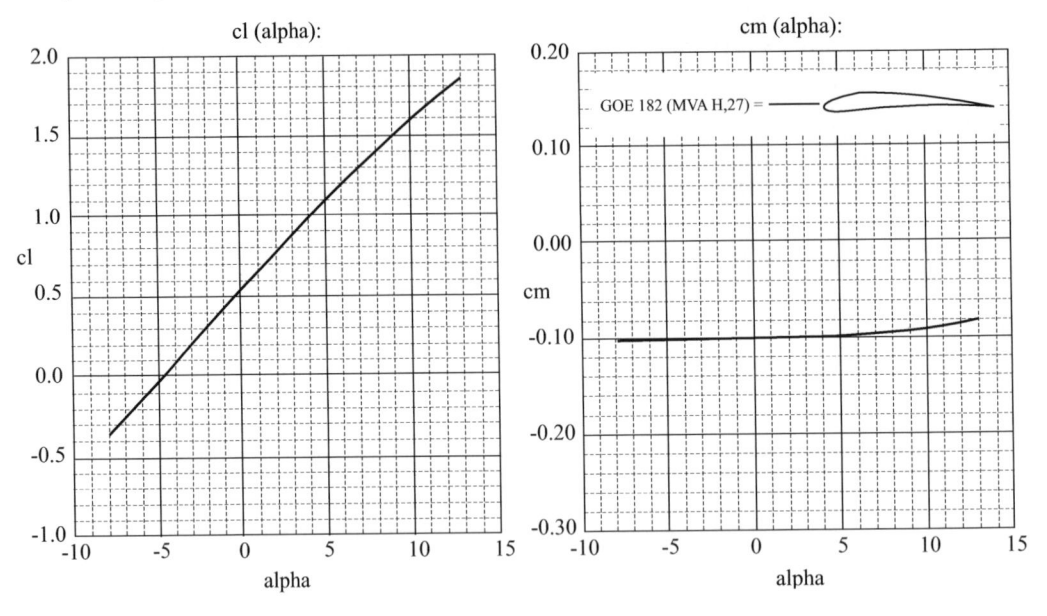

2.7 A asa de uma aeronave possui a forma geométrica em planta mostrada na figura a seguir. Para essa configuração determine analiticamente a corda média aerodinâmica e sua localização a partir da raiz da asa.

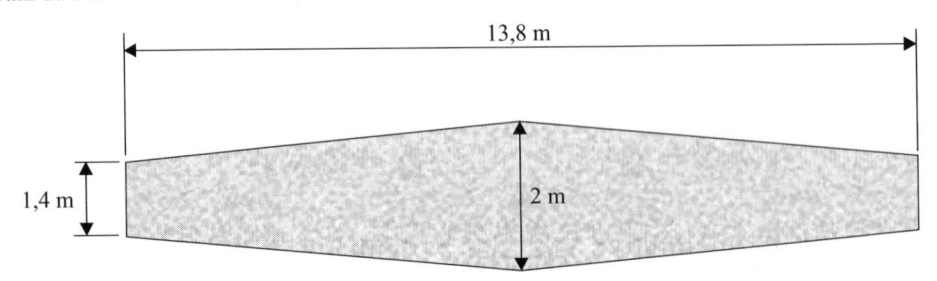

2.8 Uma aeronave possui massa de 17000 kg e uma área de asa de 105 m². Sabendo-se que o máximo coeficiente de sustentação é $C_L = 1,7$, determine a velocidade de estol para altitudes variando do nível do mar até 7000 m com incrementos de 1000 m. Trace um gráfico que mostre a variação da velocidade de estol em função da altitude de voo. Considere g = 9,81 m/s².

h (m)	ro (kg/m³)
0	1,225
1000	1,111
2000	1,0066
3000	0,90926
4000	0,81935
5000	0,73643
6000	0,66011
7000	0,59002

2.9 Qual a velocidade de estol ao nível do mar (ρ = 1,225 kg/m^3) da aeronave Douglas DC-3 sabendo-se que possui carga alar de 1167,39 N/m^2 e um $C_{Lmáx}$ = 1,55. (Carga alar representa a relação entre o peso e a área da asa.)

2.10 Considere uma aeronave que possui uma asa trapezoidal com as seguintes características geométricas: b = 12 m, c_r =1,8 m e c_t = 1,2 m. Sabendo-se que esta aeronave foi projetada para alçar voo com um peso total W = 9000 N e que em condições de atmosfera padrão ao nível do mar (ρ = 1,225 kg/m^3), voando na velocidade do ponto de manobra, o máximo fator de carga obtido no diagrama (v-n) é $n_{máx}$ = 2,5. Determine a partir da aproximação de Schrenk a distribuição de sustentação ao longo da envergadura dessa asa, mostrando uma tabela de resultados e um gráfico comparativo da distribuição da força de sustentação ao longo da envergadura.

3 CAPÍTULO

Arrasto em aeronaves

3.1 Introdução

Na análise de desempenho de um avião e durante todas as fases de projeto, o arrasto gerado representa a mais importante quantidade aerodinâmica. Estimar a força de arrasto total de uma aeronave é uma tarefa difícil de realizar, e a proposta deste capítulo é mostrar os principais tipos de arrasto que afetam o projeto de uma aeronave e fornecer alguns métodos analíticos para estimar esses valores.

Para se estimar o arrasto de uma aeronave, é importante citar que existem apenas duas fontes de geração das forças aerodinâmicas em um corpo que se desloca através de um fluido. Essas fontes são: a distribuição de pressão e as tensões de cisalhamento, que atuam sobre a superfície do corpo. Assim, há apenas dois tipos característicos de arrasto: o arrasto de pressão, que ocorre devido ao desbalanceamento de pressão existente sobre a superfície da aeronave, e o arrasto de atrito proveniente das tensões de cisalhamento que atuam sobre a superfície da aeronave. Todo e qualquer outro tipo de arrasto citado na literatura aeronáutica é decorrente de uma dessas duas formas comentadas.

A seguir é apresentada uma lista com os principais tipos de arrasto e a definição de cada um deles.

Arrasto de atrito: Como citado, representa o arrasto devido às tensões de cisalhamento atuantes sobre a superfície do corpo.

Arrasto de pressão ou arrasto de forma: Representa o arrasto gerado devido ao desbalanceamento de pressão causado pela separação do escoamento.

Arrasto de perfil: É a soma do arrasto de atrito com o arrasto de pressão. Este termo é comumente utilizado quando se trata do escoamento em duas dimensões, ou seja, é empregado quando se realiza a análise de um aerofólio.

Arrasto de interferência: Representa um arrasto de pressão causado pela interação do campo dos escoamentos ao redor de cada componente da aeronave. Em geral o arrasto total da combinação asa-fuselagem é maior que a soma individual do arrasto gerado pela asa e pela fuselagem isoladamente.

Arrasto induzido: É o arrasto dependente da geração de sustentação. É caracterizado por um arrasto de pressão causado pelo escoamento induzido *downwash* associado aos vórtices criados nas pontas de uma asa de envergadura finita.

Arrasto parasita: Representa o arrasto total do avião menos o arrasto induzido. É a parcela de arrasto que não está associada diretamente com a geração de sustentação. Este é o termo utilizado para descrever o arrasto de perfil para um avião completo. Representa a parcela do arrasto total associada com o atrito viscoso e o arrasto de pressão provenientes da separação do escoamento ao redor de toda a superfície do avião.

3.1.1 Arrasto induzido

Para uma asa de dimensões finitas, o coeficiente de arrasto total em regime de escoamento subsônico é obtido por meio da soma do coeficiente de arrasto do perfil com o coeficiente de arrasto induzido gerado pelos vórtices de ponta de asa.

O arrasto induzido é caracterizado como um arrasto de pressão. Ele é gerado pelos vórtices de ponta de asa que produzem um campo de escoamento perturbado sobre a asa e interferem na distribuição de pressão sobre sua superfície, ocasionando uma componente extra de arrasto com relação ao perfil aerodinâmico. A Figura 3.1 mostra os vórtices gerados na ponta da asa de uma aeronave.

Matematicamente para uma asa com alongamento ($AR \geq 4$), a teoria da linha sustentadora de Prandtl mostra que o coeficiente de arrasto induzido é definido a partir da Equação (3.1) apresentada a seguir.

$$C_{Di} = \frac{C_L^2}{\pi \cdot e \cdot AR} \quad (3.1)$$

Analisando-se a Equação (3.1), é possível observar a relação existente entre o coeficiente de arrasto induzido e o coeficiente de sustentação (onde C_{Di} é uma função que varia com C_L^2). Essa relação é associada à elevada pres-

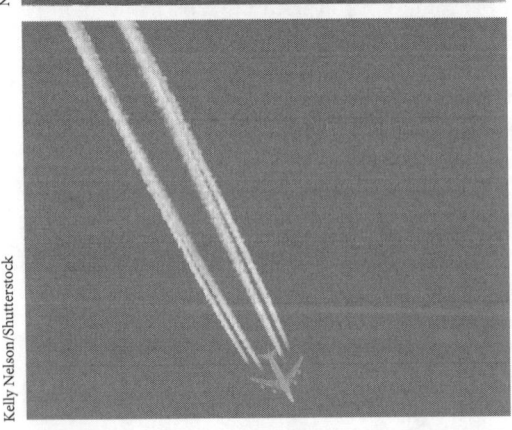

Figura 3.1 Exemplo de vórtices gerados na ponta das asas.

são estática existente no intradorso da asa e à menor pressão estática existente no extradorso, responsável pela geração dos vórtices de ponta de asa no qual o escoamento contorna a ponta da asa do intradorso para o extradorso. A diferença de pressão tem mecanismo semelhante ao responsável pela criação da força de sustentação. Portanto conclui-se que o arrasto induzido está intimamente relacionado com a geração de sustentação da asa, ou seja, representa o *preço que deve ser pago* para produzir a força de sustentação necessária ao voo da aeronave.

O coeficiente de arrasto total da asa é obtido a partir da soma do coeficiente de arrasto do perfil com o coeficiente de arrasto induzido como mostra Equação (3.2).

$$C_D = c_d + C_{Di} \qquad (3.2)$$

3.1.1.1 Técnicas utilizadas para a redução do arrasto induzido

Com base na análise da Equação (3.1), pode-se observar que para determinado valor do coeficiente de sustentação e alongamento da asa, o coeficiente de arrasto induzido pode ser reduzido a partir da aproximação do fator de eficiência de envergadura para a unidade, ou seja ($e \cong 1$). O valor de (e) sempre é um número menor do que 1, a não ser para uma asa elíptica (asa ideal $e = 1$).

Na Equação (2.23) nota-se que o valor de (e) depende do fator de arrasto induzido δ. Em geral, o valor de δ é da ordem de 0,05 ou menor para a maioria das asas, isso significa dizer que o valor de (e) estará variando entre 0,95 e 1,0. Dessa forma, pode-se concluir que o primeiro ponto ou técnica que pode ser utilizada para a redução do arrasto induzido é aplicar o projeto de uma asa elíptica ou muito próxima dela. Como visto anteriormente, embora a asa elíptica seja ideal, seu processo construtivo é difícil e o custo de produção também é alto.

Uma segunda variável que modifica consideravelmente a Equação (3.1) é a variação do alongamento da asa, onde se pode notar que um aumento do alongamento é benéfico para a redução do arrasto induzido. A Figura 3.2 mostra os vórtices de ponta de asa responsáveis pelo arrasto induzido para uma aeronave com baixo alongamento e para uma aeronave com alto alongamento de asa.

Baixo alongamento — Alto alongamento

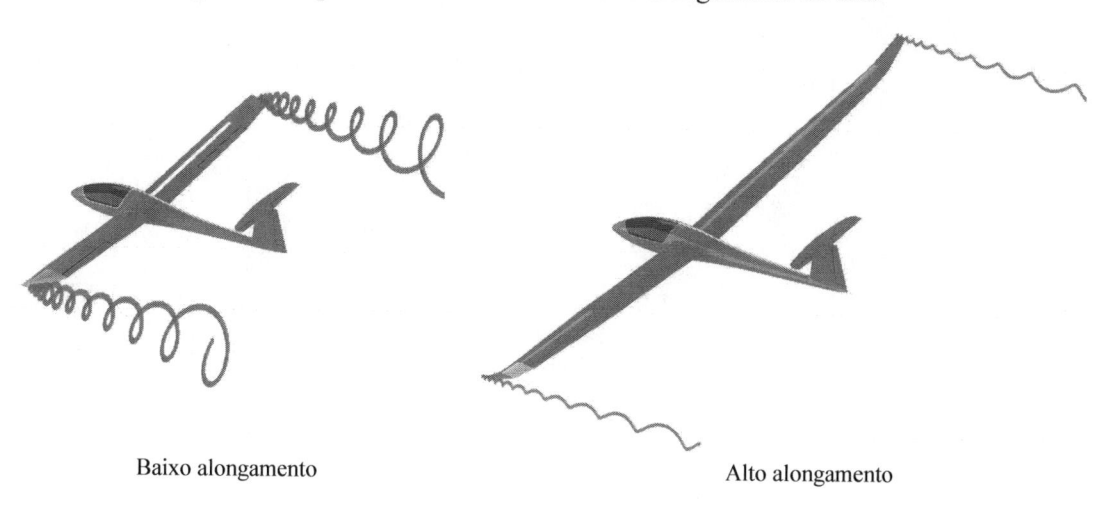

Figura 3.2 Variação do arrasto induzido devido à influência do alongamento da asa.

É importante observar que um aumento do alongamento representa um fator predominante para a redução do arrasto induzido. Durante as fases de projeto de um avião, se fossem levados em consideração apenas os efeitos aerodinâmicos, toda aeronave operando em regime subsônico deveria possuir asas com alongamento extremamente grande, como forma de reduzir o arrasto induzido. Como não existe apenas ganho na natureza, aumentar em demasia o arrasto induzido traz problemas estruturais na aeronave, principalmente relacionados ao momento fletor na raiz da asa e ao seu peso estrutural da mesma. Desse modo, existe uma relação de compromisso a ser fixada entre a aerodinâmica e a resistência estrutural da aeronave.

▶ EXEMPLO 3.1

Efeito do aumento do alongamento no arrasto induzido

Considere duas aeronaves com asas retangulares e mesma área em planta como mostra a figura a seguir.

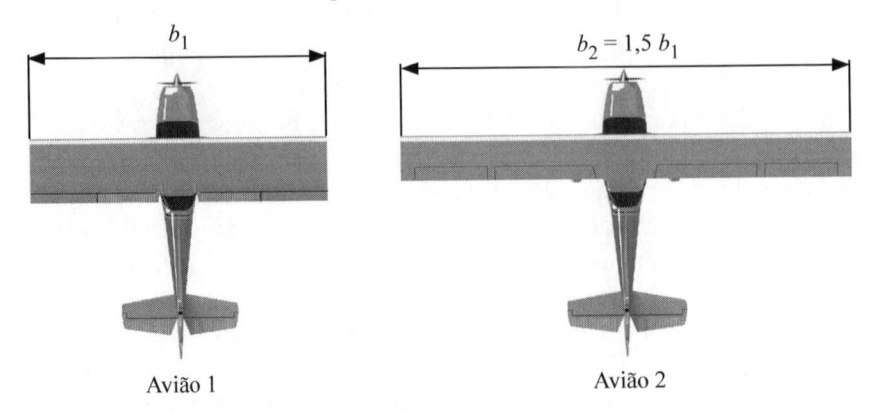

Avião 1   Avião 2

Sabendo-se que ambas as aeronaves se encontram em uma situação de voo na qual o coeficiente de sustentação é o mesmo e que a aeronave 2 possui uma envergadura $b_2 = 1,5\,b_1$, determine a relação entre os alongamentos das aeronaves 2 e 1 e calcule a porcentagem de redução do arrasto induzido da aeronave 2 em relação a aeronave 1.

Solução: O alongamento de cada asa pode ser calculado pela Equação (2.12):

$$AR_1 = \frac{b_1^2}{S}, \text{ e}$$

$$AR_2 = \frac{(1,5b_1)^2}{S} = \frac{2,25 b_1^2}{S}$$

Assim, verifica-se:

$$\frac{AR_2}{AR_1} = \frac{\dfrac{2,25 \cdot b_1^2}{S}}{\dfrac{b_1^2}{S}}$$

$$\frac{AR_2}{AR_1} = 2,25$$

Pode-se observar que um aumento de envergadura para uma mesma área de asa proporciona também um aumento no alongamento proporcional ao quadrado da envergadura da asa.

O coeficiente de arrasto induzido para cada uma das aeronaves pode ser escrito da seguinte forma:

$$C_{Di1} = \frac{C_L^2}{\pi \cdot e_1 \cdot AR_1}, \text{ e}$$

$$C_{Di2} = \frac{C_L^2}{\pi \cdot e_2 \cdot (2,25 \cdot AR_1)}$$

Assim pode-se escrever:

$$\frac{C_{Di2}}{C_{Di1}} = \frac{\dfrac{C_L^2}{\pi \cdot e_2 \cdot (2,25 \cdot AR_1)}}{\dfrac{C_L^2}{\pi \cdot e_1 \cdot AR_1}}$$

$$\frac{C_{Di2}}{C_{Di1}} = \frac{C_L^2}{\pi \cdot e_2 \cdot (2,25 \cdot AR_1)} \cdot \frac{\pi \cdot e_1 \cdot AR_1}{C_L^2}$$

$$\frac{C_{Di2}}{C_{Di1}} = \frac{1}{2,25} = 0,444$$

Considerando-se $e_1 \cong e_2$, pode-se perceber que um aumento do alongamento em 2,25 vezes proporciona a redução do arrasto induzido na aeronave 2 em relação à aeronave 1 correspondente a 55,6%.

3.2 Efeito solo

O efeito solo representa um fenômeno que resulta em uma alteração do arrasto quando a aeronave realiza um voo próximo ao solo. Este efeito é provocado por uma redução do escoamento induzido *downwash* nas proximidades do solo. Como comentado, o escoamento induzido é provocado pela geração dos vórtices de ponta de asa que possuem uma magnitude elevada em altos ângulos de ataque. Também é importante lembrar que altos ângulos de ataque estão associados com baixas velocidades de voo à frente. Nas operações de pousos e decolagens, a aeronave em geral opera com baixa velocidade e elevado ângulo de ataque, e, dessa forma, a vorticidade aumenta na ponta da asa e, consequentemente, também aumenta o escoamento induzido. Com o avião voando nas proximidades do solo, cria-se uma barreira que destrói a ação dos vórtices. Dessa forma, na presença do solo uma parcela do vórtice é eliminada fazendo com que ocorra uma redução do escoamento induzido e, consequentemente, também uma redução do arrasto induzido, permitindo que nas proximidades do solo a aeronave possa voar com a necessidade de uma menor tração.

A Figura 3.3 mostra os efeitos da proximidade do solo em relação a uma aeronave.

O efeito solo geralmente se faz presente a uma altura inferior a uma envergadura da asa, ou seja, acima dessa altura a aeronave não sente a presença do solo. A uma altura de 30% da envergadura em relação ao solo, pode-se conseguir uma redução de até 20% no arrasto induzido e a uma altura em relação ao solo de 10% da envergadura da asa consegue-se até 50% de redução do arrasto induzido. Assim, percebe-se que quanto mais próxima do solo a asa

Sistema de vórtices formados em altitude

Sistema de vórtices na proximidade do solo

Bloqueio de vórtices na presença do solo

Figura 3.3 Aeronave sob o efeito solo.

estiver, mais significativa é a presença do efeito solo. Uma considerável diferença na presença do efeito solo pode ser sentida quando da escolha entre uma asa alta e uma asa baixa.

O efeito solo é uma importante quantidade que pode ser aproveitada para conseguir uma decolagem com menor comprimento de pista, pois em sua presença a aeronave terá a tendência de decolar com uma certa antecipação. Com a redução do escoamento induzido, a asa possuirá um maior ângulo de ataque fazendo com que mais sustentação seja gerada e um menor arrasto seja obtido durante a corrida de decolagem.

Uma expressão que prediz o fator de efeito solo ϕ pode ser calculada pela solução da Equação (3.3):

$$\phi = \frac{(16 \cdot h/b)^2}{1 + (16 \cdot h/b)^2} \quad (3.3)$$

Nessa equação, o fator ϕ é um número menor que 1, h representa a altura da asa em relação ao solo e b representa a envergadura da asa. Pode-se perceber que quando $h = b$, o fator de efeito solo ϕ será bem próximo de 1. Para qualquer outro valor $h < b$, o fator de efeito solo será um número menor que 1, ou seja, uma quantidade que representa a porcentagem de redução do arrasto induzido pela presença do solo.

Portanto, na presença do efeito solo, o coeficiente de arrasto induzido para uma aeronave pode ser calculado a partir da Equação (3.4):

$$C_{Di} = \phi \cdot \frac{C_L^2}{\pi \cdot e_0 \cdot AR} \quad (3.4)$$

onde e_0 representa o fator de eficiência de Oswald e será discutido com mais detalhes quando da determinação da polar de arrasto da aeronave.

É importante ressaltar que essa equação somente deve ser utilizada para a determinação das características de decolagem e pouso da aeronave quando o efeito solo se faz presente. Para o voo em altitude, o fator de efeito solo deixa de atuar, e, dessa forma, não altera em nada a determinação do arrasto induzido.

CAPÍTULO 3
Arrasto em aeronaves

► EXEMPLO 3.2

Determinação da influência do efeito solo no arrasto induzido

Determine o fator de efeito solo e o respectivo coeficiente de arrasto induzido para uma asa de envergadura 12,5 m com alongamento 7,15 e que durante a corrida de decolagem está fixada em um ângulo de incidência que proporcione um $C_L = 0,7$. Considere $e_0 = 0,75$ e uma altura da asa em relação ao solo de 1,35 m.

Solução: O fator de efeito solo é obtido pela solução da Equação (3.3):

$$\phi = \frac{(16 \cdot h/b)^2}{1 + (16 \cdot h/b)^2}$$

$$\phi = \frac{(16 \cdot 1,35/12,5)^2}{1 + (16 \cdot 1,35/12,5)^2}$$

$$\phi = 0,749$$

O respectivo coeficiente de arrasto induzido para essa situação é calculado pela Equação (3.4):

$$C_{Di} = \phi \cdot \frac{C_L^2}{\pi \cdot e_0 \cdot AR}$$

$$C_{Di} = 0,749 \cdot \frac{0,7^2}{\pi \cdot 0,75 \cdot 7,15}$$

$$C_{Di} = 0,0217$$

Para a situação apresentada, o efeito solo está contribuindo com uma redução de 25,1% no coeficiente de arrasto induzido da aeronave.

◄

3.3 Arrasto parasita

O arrasto parasita de uma aeronave pode ser estimado por meio do cálculo individual da força de arrasto parasita em cada componente da aeronave. É importante citar que em regiões onde o arrasto de interferência se faz presente, este deve ser utilizado como estimativa individual dos componentes da aeronave que se encontram sob o efeito da interferência.

Considerando que C_{Dn} e S_n representam, respectivamente, o coeficiente de arrasto parasita e a área de referência para o n-ésimo componente da aeronave, uma expressão que pode ser utilizada para o cálculo do arrasto parasita de uma aeronave pode ser representada por,

$$D_0 = \frac{1}{2} \cdot \rho \cdot v^2 \cdot C_{D1} \cdot S_1 + \frac{1}{2} \cdot \rho \cdot v^2 \cdot C_{D2} \cdot S_2 + \ldots\ldots\ldots + \frac{1}{2} \cdot \rho \cdot v^2 \cdot C_{Dn} \cdot S_n$$

(3.5)

$$D_0 = \frac{1}{2} \cdot \rho \cdot v^2 \cdot (C_{D1} \cdot S_1 + C_{D2} \cdot S_2 + \ldots\ldots\ldots + C_{Dn} \cdot S_n) \quad (3.5a)$$

Na Equação (3.5), é importante observar que os coeficientes de arrasto de cada componente não podem ser diretamente somados, pois cada um possui uma área de referência diferente. A forma correta de realizar o cálculo é através da soma dos produtos $C_{Dn}S_n$. Esse produto é denominado na literatura aeronáutica com *área equivalente de placa plana* e representado na notação pela letra f.

Considerando que o termo $1/2\ \rho v^2$ representa a pressão dinâmica q, a Equação (3.5a) pode ser reescrita da seguinte forma,

$$\frac{D_0}{q} = (C_{D1} \cdot S_1 + C_{D2} \cdot S_2 + \ldots\ldots\ldots + C_{Dn} \cdot S_n) \quad (3.6)$$

Como o produto $C_{Dn}S_n$ representa a *área equivalente de placa plana f*, é óbvio e intuitivo que o quociente D/q também representa f, portanto a Equação (3.6) pode ser expressa do seguinte modo,

$$\frac{D_0}{q} = f = (C_{D1} \cdot S_1 + C_{D2} \cdot S_2 + \ldots\ldots\ldots + C_{Dn} \cdot S_n) \quad (3.6a)$$

ou,

$$f = \sum_{n=1}^{m} C_{Dn} \cdot S_n = \sum_{n=1}^{m} f_n \quad (3.6b)$$

Essa notação indica que as áreas equivalentes de placa plana são somadas para suas n-ésimas componentes desde $n = 1$ até $n = m$, onde m representa o número total de componentes.

Em geral os componentes que devem ser somados em uma aeronave são:

a) Asa.
b) Fuselagem.
c) Componente horizontal da cauda (profundor).
d) Componente vertical da cauda (leme).
e) Trem de pouso principal.
f) Trem de pouso do nariz.
g) Rodas.
h) Interferência asa-fuselagem.
i) Lincagem*.
j) Motor*.

> * Esses componentes devem ser estimados através de experimentos. Os componentes de lincagem e motor geralmente acrescem cerca de 20% no total encontrado.

Normalmente existem muitas incertezas ao se tentar estimar com exatidão o coeficiente de arrasto parasita de uma aeronave a partir do modelo apresentado. Essas incertezas ocorrem devido principalmente às componentes da aeronave que se encontram sob o efeito de arrasto de interferência, além das irregularidades das superfícies que dificultam muito o processo de cálculo. Em face dessas dificuldades, muitas vezes a melhor maneira de estimar o arrasto parasita é a partir do conhecimento prévio dos coeficientes de arrasto parasita dos componentes de aeronaves já existentes e que possuem uma aparência similar à da aeronave que se encontra em fase de projeto.

Dessa forma, um modo mais simples e eficaz de estimar o coeficiente de arrasto parasita é por meio da área molhada da aeronave S_{wet} e do coeficiente de atrito equivalente C_F. Assim, a Equação (3.5a) pode ser expressa do seguinte modo.

$$D_0 = \frac{1}{2} \cdot \rho \cdot v^2 \cdot S_{wet} \cdot C_F \quad (3.7)$$

ou,

$$D_0 = q \cdot S_{wet} \cdot C_F \quad (3.7a)$$

Nessa equação, a área molhada da aeronave pode ser calculada pela integral de toda a área que compõe a superfície da aeronave e que está imersa no escoamento.

O valor do C_F depende diretamente do número de Reynolds e da corda média aerodinâmica. Para uma placa plana submetida a um escoamento laminar incompressível, a teoria prediz que o coeficiente C_F pode ser calculado da seguinte forma:

$$C_F = \frac{1,328}{\sqrt{R_e}} \quad (3.8)$$

Para o caso da mesma placa plana submetida a um escoamento turbulento, o valor de C_F pode ser obtido pela seguinte equação,

$$C_F = \frac{0,42}{\ln^2(0,056 R_e)} \quad (3.9)$$

A Equação (3.9) fornece um resultado com uma variação da ordem de ±4% para uma faixa de números de Reynolds, variando entre 10^5 e 10^9.

Um ponto importante relacionado às Equações (3.8) e (3.9) é saber quando aplicá-las. A Equação (3.8) somente é válida para um escoamento completamente laminar e a Equação (3.9), para um escoamento completamente turbulento. Porém para a maioria das aeronaves convencionais em regime de voo subsônico, o escoamento inicia laminar próximo ao bordo de ataque da asa, mas, para elevados números de Reynolds normalmente encontrados em voo, a extensão do fluxo laminar em geral é muito pequena e a transição ocorre muito próxima ao bordo de ataque.

A aplicação de qualquer uma das duas equações citadas está sujeita a erros, pois o resultado obtido é para uma placa plana e não para um perfil aerodinâmico. Baseado em aeronaves existentes, a Tabela 3.1 para se obter os valores de C_F pode ser utilizada.

Tabela 3.1 Coeficiente de atrito de superfície	
Aeronave	C_F (subsônico)
Transporte civil	0,0030
Cargueiro militar	0,0035
Aeronave leve – monomotor	0,0055
Aeronave leve – bimotor	0,0045
Aeronave anfíbio	0,0065

A partir das considerações feitas, e sabendo-se que

$$\frac{D_0}{q} = f \qquad (3.10)$$

a Equação (3.7a) pode ser expressa da seguinte forma:

$$f = S_{wet} \cdot C_F \qquad (3.11)$$

Portanto, com a definição matemática de f, a força de arrasto parasita da aeronave em relação à área molhada pode ser calculada da seguinte maneira:

$$D_0 = q \cdot f \qquad (3.12)$$

Neste ponto é importante citar que a conotação *área equivalente de placa plana* representa a área de referência de um modelo fictício que possui a mesma força de arrasto do modelo em estudo. Desse modo, se o modelo em estudo passa a ter a área da asa como referência, o coeficiente de arrasto parasita da aeronave pode ser determinado por meio da força de arrasto parasita da asa.

$$D_0 = \frac{1}{2} \cdot \rho \cdot v^2 \cdot S \cdot C_{D0} \qquad (3.13)$$

$$D_0 = q \cdot S \cdot C_{D0} \qquad (3.13a)$$

$$C_{D0} = \frac{D_0}{q \cdot S} \qquad (3.13b)$$

Substituindo a Equação (3.12) na Equação (3.13b), tem-se,

$$C_{D0} = \frac{q \cdot f}{q \cdot S} \qquad (3.14)$$

ou ainda,

$$C_{D0} = \frac{q \cdot S_{wet} \cdot C_F}{q \cdot S} \quad (3.14a)$$

que resulta em,

$$C_{D0} = \frac{S_{wet}}{S} \cdot C_F \quad (3.14b)$$

A Equação (3.14b) permite estimar de forma rápida o coeficiente de arrasto parasita de uma aeronave para uma condição de voo de velocidade de cruzeiro. Como citado anteriormente, certas incertezas estão presentes no modelo apresentado, pois é baseado em métodos empíricos e em dados históricos de aeronaves existentes.

▶ **EXEMPLO 3.3**

Determinação do coeficiente de arrasto parasita de uma aeronave

Estime o coeficiente de arrasto parasita para o Piper PA-28 Cherokee mostrado na figura a seguir. Sabe-se que para esta aeronave a relação S_{wet}/S é igual a 3,88 e $C_F = 0{,}0055$.

Solução: O coeficiente de arrasto parasita da aeronave será:

$$C_{D0} = \frac{S_{wet}}{S} \cdot C_F$$

$$C_{D0} = 3{,}88 \cdot 0{,}0055$$

$$C_{D0} = 0{,}02134$$

3.4 Polar de arrasto da aeronave

Nesta seção será apresentada a aerodinâmica completa da aeronave por meio do estudo da curva polar de arrasto. Basicamente toda a relação existente entre a força de sustentação e a força de arrasto, bem como importantes detalhes sobre o desempenho da aeronave, pode ser obtida por meio da leitura direta da curva polar de arrasto. Questões fundamentais como "O que é uma polar de arrasto?" e "Qual sua importância?" serão discutidas em detalhes a seguir.

Uma obtenção precisa da curva que define a polar de arrasto de uma aeronave é essencial para um ótimo projeto. Durante as fases iniciais do projeto de uma nova aeronave, muitas vezes há a necessidade da realização de uma série de iterações e refinamentos até se chegar a uma equação ideal que defina a polar de arrasto para o propósito do projeto em questão.

3.4.1 O que é uma polar de arrasto e como pode ser obtida?

A polar de arrasto representa uma curva que mostra a relação entre o coeficiente de arrasto e o coeficiente de sustentação de uma aeronave completa. Essa relação é expressa através de uma equação que pode ser representada por um gráfico denominado polar de arrasto.

Para todo corpo com forma aerodinâmica em movimento através do ar existe uma relação entre o coeficiente de sustentação (C_L) e o coeficiente de arrasto (C_D) que pode ser expressa por uma equação ou representada por um gráfico. Tanto a equação como o gráfico que representam a relação entre (C_L) e (C_D) são chamados de polar de arrasto.

A polar de arrasto mostra toda a informação aerodinâmica necessária para uma análise de desempenho da aeronave. A equação que define a polar de arrasto de uma aeronave pode ser obtida por meio da força de arrasto total gerada nela. O arrasto total é conseguido a partir da soma do arrasto parasita com o arrasto de onda e com o arrasto devido à geração de sustentação na aeronave. A equação que define o arrasto total de uma aeronave na forma de coeficientes aerodinâmicos pode ser escrita da seguinte forma:

$$C_D = C_{D0} + C_{Dw} + C_{Di} \qquad (3.15)$$

Na presente equação, o termo referente ao arrasto de onda pode ser desprezado durante os cálculos do projeto de uma aeronave em regime de voo subsônico, uma vez que esta parcela de arrasto somente se faz presente em velocidades transônicas ou supersônicas. Dessa forma, a Equação (3.15) pode ser reescrita da seguinte maneira:

$$C_D = C_{D0} + \frac{C_L^2}{\pi \cdot e_0 \cdot AR} \qquad (3.16)$$

O primeiro termo do lado direito da Equação (3.16) representa o arrasto parasita da aeronave e o segundo representa o arrasto devido à produção de sustentação. Para simplificar a presente equação, o arrasto de sustentação pode ser escrito na forma de um coeficiente de proporcionalidade como mostra a Equação (3.17):

$$C_D = C_{D0} + K \cdot C_L^2 \qquad (3.17)$$

O coeficiente de proporcionalidade K é calculado por:

$$K = \frac{1}{\pi \cdot e_0 \cdot AR} \qquad (3.18)$$

Sendo e_0 denominado fator de eficiência de Oswald. Geralmente para uma aeronave completa, e_0 é um número que se encontra entre 0,6 e 0,9. Isso ocorre devido aos efeitos de interferência entre a asa e a fuselagem, bem como devido aos efeitos da contribuição da cauda e outros componentes do avião. Assim, tem-se:

$$0,6 \leq e_0 \leq 0,9 \qquad (3.19)$$

A Equação (3.17) representa a polar de arrasto de uma aeronave, e, nesta equação, C_D representa o coeficiente total de arrasto da aeronave, C_{D0} o coeficiente de arrasto parasita e o termo KC_L^2 representa o arrasto oriundo da produção de sustentação na aeronave.

Um gráfico genérico da polar de arrasto de uma aeronave é apresentado na Figura 3.4.

A curva apresentada na Figura 3.4 assume essa forma genérica para qualquer aeronave em regime de voo subsônico. Tal origem pode ser facilmente visualizada por meio das forças aerodinâmicas que atuam em uma aeronave em voo como mostra a Figura 3.5.

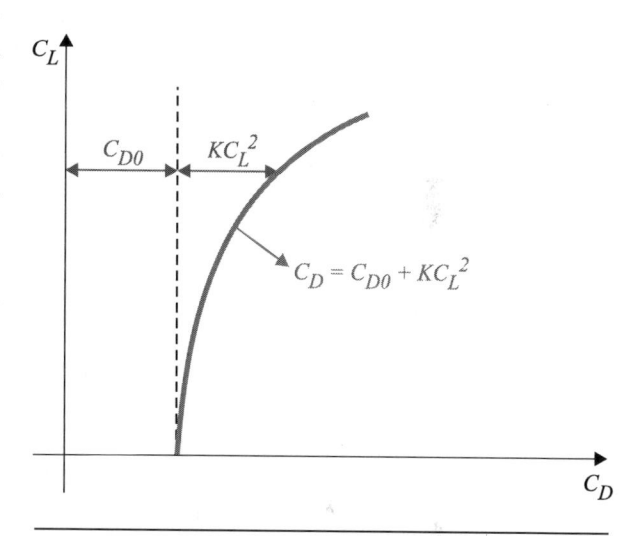

Figura 3.4 Curva genérica da polar de arrasto de uma aeronave.

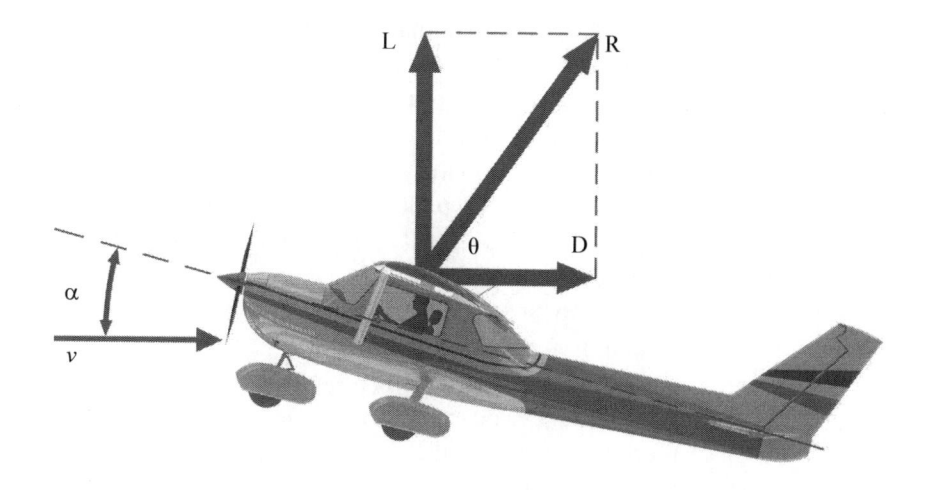

Figura 3.5 Forças aerodinâmicas atuantes durante o voo.

A partir da análise da Figura 3.5, pode-se perceber que para determinado ângulo de ataque α, a força resultante aerodinâmica R forma um ângulo θ em relação ao vento relativo. Assim, se R e θ forem desenhados em uma escala conveniente num gráfico, é possível traçar a polar de arrasto de uma aeronave como um todo, pois é certo que para cada ângulo de ataque avaliado, um novo valor de R e um novo valor de θ serão obtidos. A Figura 3.6 mostra o desenho da polar de arrasto para diversos valores de R e θ.

Portanto, a polar de arrasto nada mais é que a representação da força resultante aerodinâmica desenhada em coordenadas polares. É importante observar que cada ponto da polar de arrasto corresponde a um ângulo de ataque diferente. Também é importante notar que o gráfico apresentado na Figura 3.6 possui seus valores dados em relação às forças aerodinâmicas de sustentação e arrasto, porém normalmente a curva polar de arrasto de uma aeronave é apresentada em termos dos coeficientes aerodinâmicos C_D e C_L. Em ambas as situações, a curva obtida será exatamente a mesma.

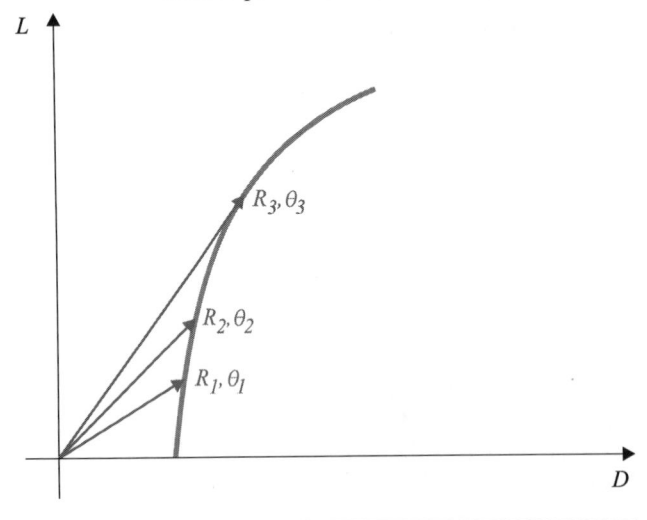

Figura 3.6 Representação da resultante aerodinâmica na polar de arrasto.

Para uma maior eficiência aerodinâmica da aeronave, pode-se perceber que quanto maior for o valor do ângulo θ, maior será a relação entre a força de sustentação e a força de arrasto e, consequentemente, menor será a parcela referente ao arrasto parasita, fazendo dessa forma com que a curva polar se aproxime muito do eixo vertical. A situação ideal para o projeto aerodinâmico seria um ângulo θ igual a 90°, pois dessa forma, todo o arrasto seria eliminado da aeronave. Porém isso é uma situação impossível na prática, e, portanto, uma maneira muito eficaz de melhorar a polar de arrasto de uma aeronave é tentar reduzir ao máximo o arrasto parasita e também o arrasto induzido da aeronave.

Para toda polar de arrasto existe um ponto no qual a relação entre C_L e C_D assume o seu máximo valor, esse ponto é denominado na aerodinâmica ponto de projeto e representado na nomenclatura por $(L/D)_{máx}$ ou eficiência máxima $E_{máx}$.

É importante ressaltar que esse ponto representa na aerodinâmica da aeronave um ângulo de ataque no qual é possível manter o voo da aeronave com a máxima força de sustentação e a menor penalização de arrasto, acarretando importantes características de desempenho da aeronave que serão discutidas posteriormente em um capítulo deste livro.

Como forma de determinar o ponto de projeto de uma aeronave a partir da sua polar de arrasto, a Figura 3.7 mostra a localização desse ponto e as Equações de (3.20) a (3.20i) fornecem um subsídio matemático para a determinação do coeficiente de sustentação de projeto denominado C_L^*, com o qual é possível obter a máxima eficiência aerodinâmica da aeronave.

Pode-se observar na Figura 3.7 que o máximo valor de θ e, consequentemente, a máxima relação C_L/C_D ocorrerão a partir de uma linha tangente à curva polar de arrasto partindo da origem do sistema de coordenadas (linha 0,2). Para qualquer outra posição do gráfico que não seja essa, a eficiência aerodinâmica da aeronave será menor.

Com base em definições fundamentais do cálculo diferencial e integral, pode-se chegar a uma equação que permite obter o coeficiente de sustentação de projeto, o correspondente coeficiente de arrasto e a eficiência máxima da aeronave. Assim, a partir da análise da Figura 3.7 observa-se:

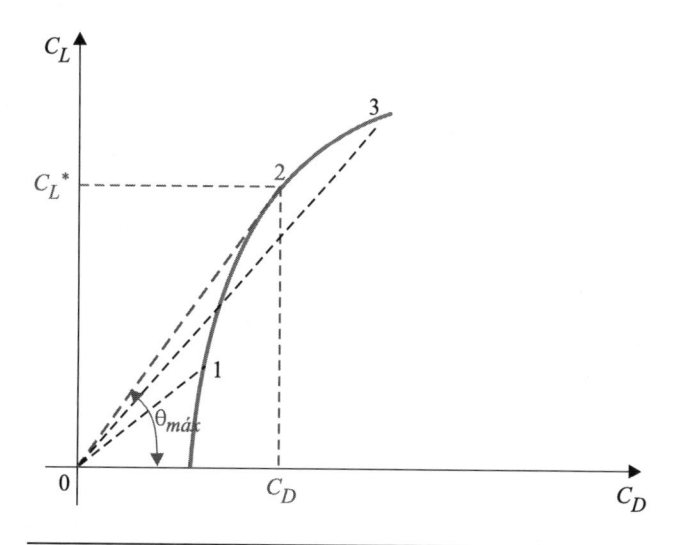

Figura 3.7 Determinação da relação $(L/D)_{máx}$

$$tg\theta_{máx} = \frac{C_L^*}{C_D} = E_{máx} \quad (3.20)$$

Daí, pode-se escrever:

$$\frac{1}{tg\theta_{máx}} = \frac{C_D}{C_L^*} = \frac{1}{E_{máx}} \quad (3.20a)$$

ou,

$$\frac{1}{tg\theta_{máx}} = \frac{C_{D0} + K \cdot C_L^{*2}}{C_L^*} = \frac{1}{E_{máx}} \quad (3.20b)$$

Para obter o máximo valor de eficiência para a aeronave, segundo a definição fundamental do cálculo diferencial e integral, a primeira derivada da função deve ser igual a zero (problemas de máximos e mínimos), e, assim, o coeficiente de sustentação de projeto C_L^* pode ser obtido da seguinte forma:

$$\frac{C_{D0} + K \cdot C_L^{*2}}{C_L^*} \frac{d}{dC_L^*} = 0 \quad (3.20c)$$

Essa equação reduz o sistema a um único ponto no qual a tangente de θ assume o seu máximo valor e, consequentemente, a eficiência aerodinâmica da aeronave também será máxima, portanto, rearranjando os termos da equação tem-se,

$$C_L^{*-1} \cdot (C_{D0} + K \cdot C_L^{*2}) \frac{d}{dC_L^*} = 0 \quad (3.20d)$$

$$C_L^{*-1} \cdot C_{D0} + K \cdot C_L^* \frac{d}{dC_L^*} = 0 \quad (3.20e)$$

Derivando a equação tem-se,

$$-C_{D0} \cdot C_L^{*-2} + K = 0 \quad (3.20f)$$

$$K = C_{D0} \cdot C_L^{*-2} \quad (3.20g)$$

$$K = \frac{C_{D0}}{C_L^{*2}} \quad (3.20h)$$

E, assim, o coeficiente de sustentação que maximiza a eficiência aerodinâmica da aeronave pode ser escrito da seguinte maneira,

$$C_L^* = \sqrt{\frac{C_{D0}}{K}} \quad (3.20i)$$

o correspondente coeficiente de arrasto dado por,

$$C_D^* = C_{D0} + K \cdot C_L^{*2} \quad (3.21)$$

e a eficiência aerodinâmica máxima da aeronave calculada para o ponto de projeto é dada por,

$$E_{máx} = \frac{C_L^*}{C_D^*} \quad (3.22)$$

Durante a análise realizada aqui se considerou que o arrasto parasita da aeronave coincide com o mínimo arrasto, ou seja, o vértice da parábola coincide com o valor de C_{D0} para uma condição de $C_L = 0$. Porém, essa situação é utilizada para aeronaves que possuem asas com perfil simétrico. Para o caso de asas arqueadas quando a aeronave se encontra no ângulo de ataque para sustentação nula $\alpha_{L=0}$, o arrasto parasita tende a ser maior que o mínimo arrasto da aeronave que, geralmente, neste caso ocorre para um ângulo de ataque maior que $\alpha_{L=0}$. Desse modo, a polar de arrasto característica assume uma forma similar à da Figura 3.8, e a Equação (3.23) é utilizada para o cálculo da polar de arrasto da aeronave.

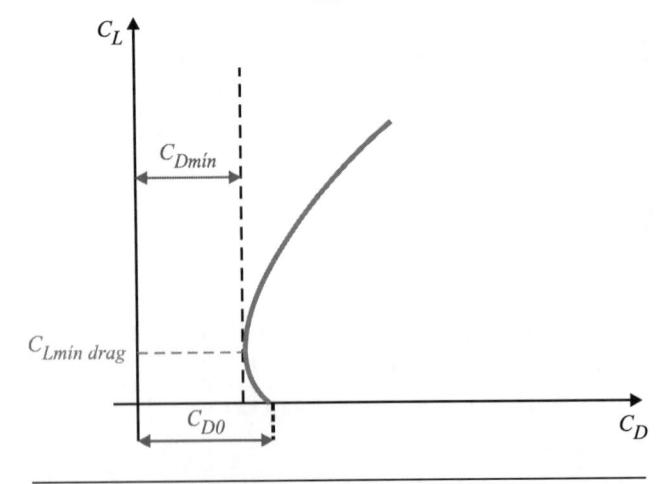

Figura 3.8 Polar de arrasto não simétrica.

CAPÍTULO 3 — Arrasto em aeronaves

$$C_D = C_{Dmín} + K(C_L - C_{L\,mín\,drag})^2 \qquad (3.23)$$

Normalmente na prática a diferença entre os valores de C_{D0} e $C_{Dmín}$ é muito pequena e pode ser desprezada durante os cálculos sem acarretar interferências importantes no desempenho da aeronave.

► EXEMPLO 3.4

Traçado da polar de arrasto

A aeronave Beechcraft Queen Air mostrada na figura a seguir é um bimotor utilizado na aviação executiva. Considere a aeronave com um peso de 38300 N, área de asa de 27,3 m², alongamento de 7,5, fator de eficiência de Oswald igual a 0,9, $C_{Lmáx} = 1,6$ e $C_{D0} = 0,03$. Determine a equação da polar de arrasto, monte uma tabela com o C_L variando de 0 até 1,6 em incrementos de 0,2 e represente os resultados no gráfico da polar de arrasto. Calcule o coeficiente de sustentação de projeto e seu respectivo coeficiente de arrasto e determine a eficiência máxima da aeronave. Trace também um gráfico que mostre a eficiência aerodinâmica da aeronave em função do coeficiente de sustentação.

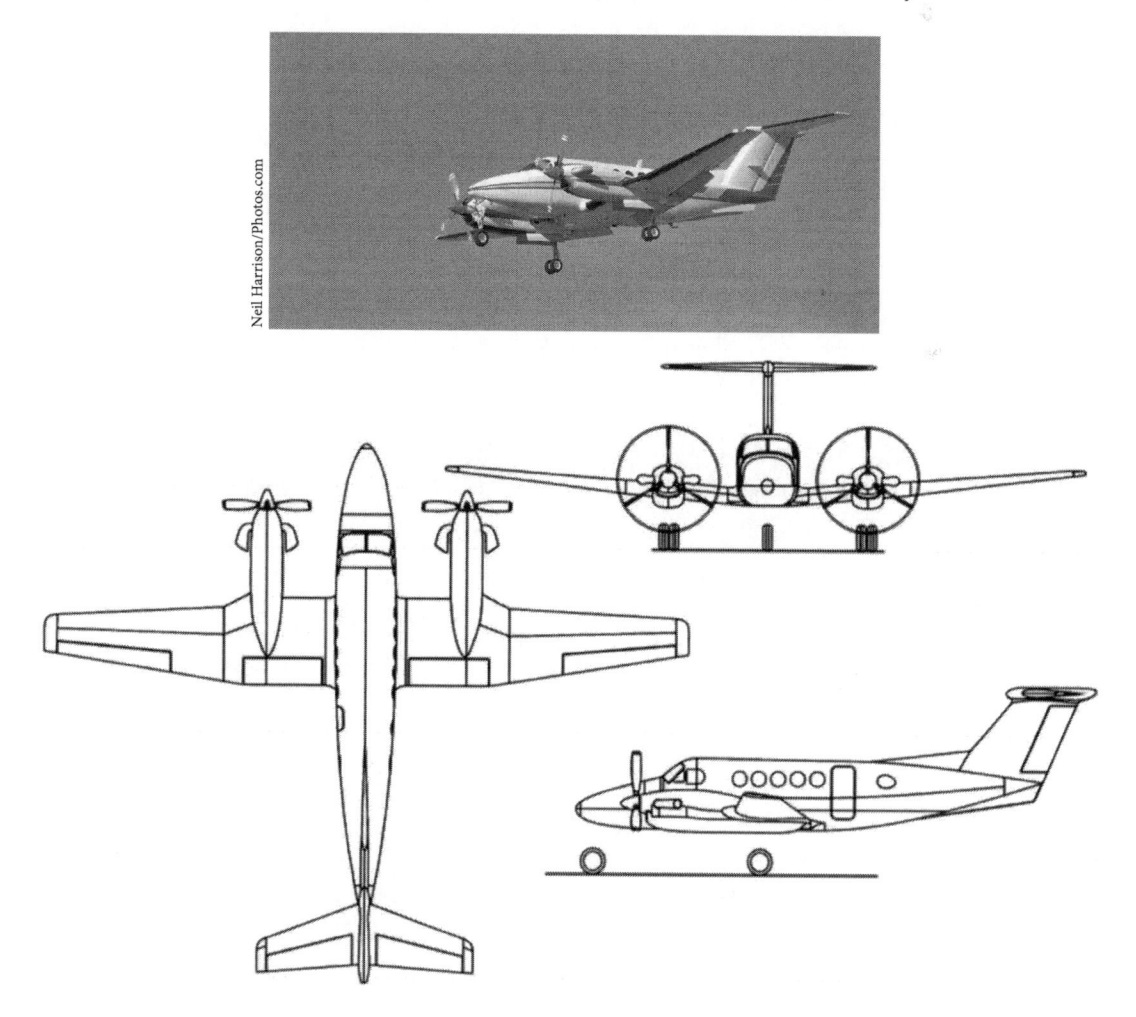

Solução: Com a solução da Equação (3.18), determina-se o valor da constante de proporcionalidade K.

$$K = \frac{1}{\pi \cdot e_0 \cdot AR}$$

$$K = \frac{1}{\pi \cdot 0,9 \cdot 7,5}$$

$$K = 0,047157$$

Portanto, a equação que define a polar de arrasto dessa aeronave pode ser escrita da seguinte maneira:

$$C_D = 0,030 + 0,047157 \cdot C_L^2$$

Para o traçado do gráfico, é necessário inicialmente montar uma tabela de dados com o C_L variando de 0 até $C_{Lmáx}$. No problema proposto, a tabela será montada considerando um incremento de 0,2 nos valores do C_L, porém é importante citar que quanto maior o número de pontos avaliados mais precisa será a curva obtida.

Antes de apresentar a tabela resultante da análise, será mostrado o cálculo realizado para a obtenção dos dois primeiros pontos da curva:

para $C_L = 0$

$C_D = 0,030 + 0,047157 \cdot 0$

$C_D = 0,030$

para $C_L = 0,2$

$C_D = 0,030 + 0,047157 \cdot 0,2^2$

$C_D = 0,031886$

Este procedimento deve ser repetido para cada ponto a ser avaliado durante a construção do gráfico. A Tabela 3.2 resultante da análise é apresentada a seguir juntamente com os respectivos gráficos da polar de arrasto dessa aeronave e da eficiência aerodinâmica em função do coeficiente de sustentação.

		Tabela 3.2	Polar de arrasto da aeronave Beechcraft Queen Air			
C_L	C_{D0}	AR	e_0	k	C_D	C_L/C_D
0	0,03	7,5	0,9	0,047157	0,03	0
0,2	0,03	7,5	0,9	0,047157	0,031886	6,27229
0,4	0,03	7,5	0,9	0,047157	0,037545	10,65385
0,6	0,03	7,5	0,9	0,047157	0,046977	12,77234
0,8	0,03	7,5	0,9	0,047157	0,06018	13,29334
1	0,03	7,5	0,9	0,047157	0,077157	12,96058
1,2	0,03	7,5	0,9	0,047157	0,097906	12,25664
1,4	0,03	7,5	0,9	0,047157	0,122428	11,43532
1,6	0,03	7,5	0,9	0,047157	0,150722	10,61557

CAPÍTULO 3 — Arrasto em aeronaves

Polar de arrasto da aeronave Beechcraft Queen Air

Eficiência aerodinâmica em função do CL

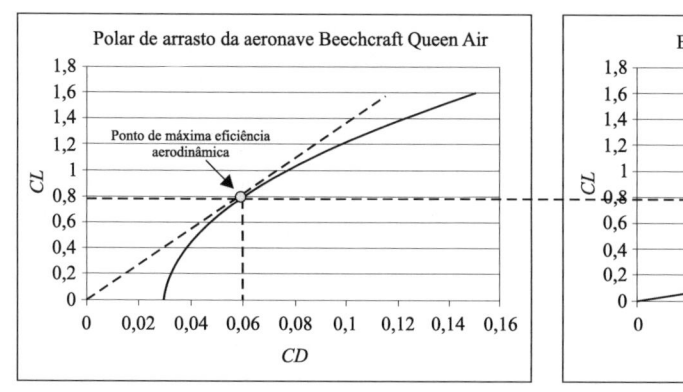

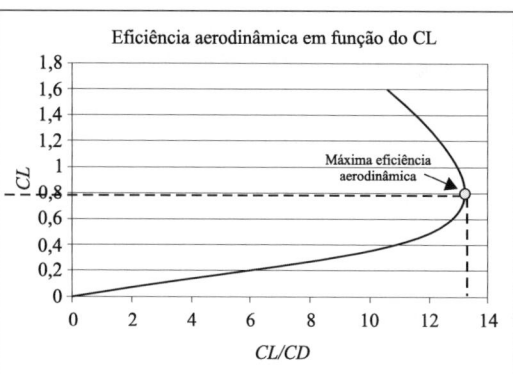

O coeficiente de sustentação de projeto é obtido pelo cálculo da Equação (3.20i):

$$C_L^* = \sqrt{\frac{C_{D0}}{K}}$$

$$C_L^* = \sqrt{\frac{0,030}{0,047157}}$$

$$C_L^* = 0,7976$$

O correspondente coeficiente de arrasto é:

$$C_D^* = C_{D0} + K \cdot C_L^2$$

$$C_D^* = 0,030 + 0,047157 \cdot 0,7976^2$$

$$C_D^* = 0,060$$

E, por fim, a eficiência máxima da aeronave é dada por:

$$E_{máx} = \frac{C_L^*}{C_D^*}$$

$$E_{máx} = \frac{0,7976}{0,060}$$

$$E_{máx} = 13,2934$$

Esse resultado indica que, para essa condição de voo, a aeronave é capaz de gerar 13,2934 vezes mais sustentação do que arrasto.

Esta seção procurou mostrar de modo claro e objetivo como estimar a polar de arrasto de uma aeronave, porém outros métodos podem ser encontrados na literatura aeronáutica. É importante citar que o modelo apresentado é valido apenas para escoamento subsônico e que os resultados obtidos são muito satisfatórios para essa condição de voo.

EXERCÍCIOS PROPOSTOS

3.1 Qual a diferença entre arrasto induzido e arrasto parasita?

3.2 Descreva o que representa o efeito solo.

3.3 Descreva o que é uma polar de arrasto e qual sua importância no desempenho de uma aeronave.

3.4 Determine o fator de efeito solo e o respectivo coeficiente de arrasto induzido para uma asa de envergadura 9,5 m, com alongamento 7,00, e que durante a corrida de decolagem está fixada em um ângulo de incidência que proporcione um $C_L = 0,55$. Considere $e_0 = 0,8$ e uma altura da asa em relação ao solo de 1,2 m.

3.5 Uma aeronave possui uma carga alar de 3000 N/m² e sua polar de arrasto é dada por $C_D = 0,025 + 0,043 C_L^2$. Determine a máxima eficiência aerodinâmica dessa aeronave e calcule a velocidade de voo correspondente a essa situação para o nível do mar ($\rho = 1,225$ kg/m³).

3.6 Uma aeronave com peso total de 20000 N mantém uma condição de voo reto e nivelado a 1000 m de altitude ($\rho = 1,111$ kg/m³), com uma velocidade 260 km/h. Para essa velocidade, sabe-se que a relação L/D é máxima. Considerando uma área de asa igual a 19,22 m², um alongamento de 8,5 e um fator de eficiência de Oswald de 0,73, determine a força de arrasto total na aeronave para essa situação.

3.7 Considere uma aeronave com um coeficiente de arrasto parasita de 0,025. Sabendo-se que o alongamento é 6,72 e o fator de eficiência de Oswald é 0,73, determine a máxima eficiência aerodinâmica dessa aeronave.

3.8 A aeronave Beechcraft Bonanza mostrada na figura a seguir é um monomotor utilizado na aviação de pequeno porte. Considere a área de asa de 17,4 m², alongamento de 6,2, fator de eficiência de Oswald igual a 0,71, $C_{Lmáx} = 1,8$ e $C_{D0} = 0,027$. Determine a equação da polar de arrasto, monte uma tabela com o C_L variando de 0 até 1,8 em incrementos de 0,2 e represente os resultados no gráfico da polar de arrasto. Calcule o coeficiente de sustentação de projeto e seu respectivo coeficiente de arrasto e determine a eficiência máxima da aeronave. Trace também um gráfico que mostre a eficiência aerodinâmica da aeronave em função do coeficiente de sustentação.

3.9 A aeronave Cessna Skylane mostrada na figura abaixo é um monomotor utilizado na aviação de pequeno porte. Considere a área de asa de 16,72 m², envergadura de 11,00 m, fator de eficiência de Oswald igual a 0,8, $C_{Lmáx} = 1,6$ e $C_{D0} = 0,025$. Determine a equação da polar de arrasto, monte uma tabela com o C_L variando de 0 até 1,6 em incrementos de 0,2 e represente os resultados no gráfico da polar de arrasto. Calcule o coeficiente de sustentação de projeto e seu respectivo coeficiente de arrasto e determine a eficiência máxima da aeronave. Trace também um gráfico que mostre a eficiência aerodinâmica da aeronave em função do coeficiente de sustentação.

3.10 A aeronave Sopwith Camel mostrada na figura a seguir foi utilizada na Primeira Guerra Mundial e se caracterizava por um biplano com alongamento de asa igual 4,11, fator de eficiência de Oswald 0,7, área de asa de 22,19 m² e peso de total 30000 N. Considere que para a velocidade de 221 km/h a relação L/D é máxima. Determine a equação que define a polar de arrasto dessa aeronave. (Utilize $\rho = 1{,}225$ kg/m³, nível do mar.)

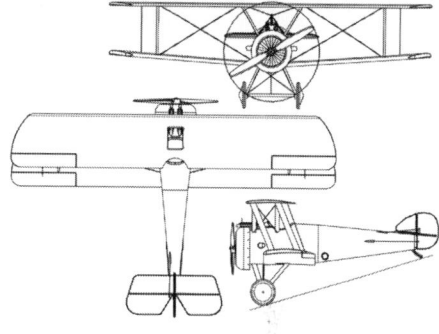

4 CAPÍTULO

Desempenho de voo em condição de equilíbrio estático

4.1 Introdução

Este capítulo tem como objetivo apresentar ao leitor os principais fundamentos para uma análise dos parâmetros fundamentais de desempenho de uma aeronave em regime de voo subsônico. Entre importantes características de voo, são abordadas a avaliação das curvas de tração disponível e requerida, as curvas de potência disponível e requerida, velocidades de máximo alcance e máxima autonomia e desempenho de subida e planeio.

4.2 Forças que atuam em uma aeronave em voo reto e nivelado

Antes de iniciar qualquer estudo relativo ao desempenho de uma aeronave é essencial que o leitor conheça as forças que atuam nessa aeronave em uma condição de voo reto e nivelado com velocidade constante. É justamente a partir das condições de equilíbrio da estática que será possível uma análise mais completa e aprimorada das verdadeiras condições de desempenho do avião em projeto.

Para uma condição de voo reto e nivelado de uma aeronave, quatro são as forças atuantes: a força de sustentação, a força de arrasto, a força de tração originada pela hélice e o peso da aeronave. A Figura 4.1 mostra uma aeronave em condição de voo reto e nivelado com velocidade constante e as forças que atuam sobre ela.

A força de sustentação (L) representa a maior qualidade da aeronave e é a responsável por garantir o voo. Ela é originada pela diferença de pressão existente entre o intradorso e o extradorso da asa, e sua direção é perpendicular à

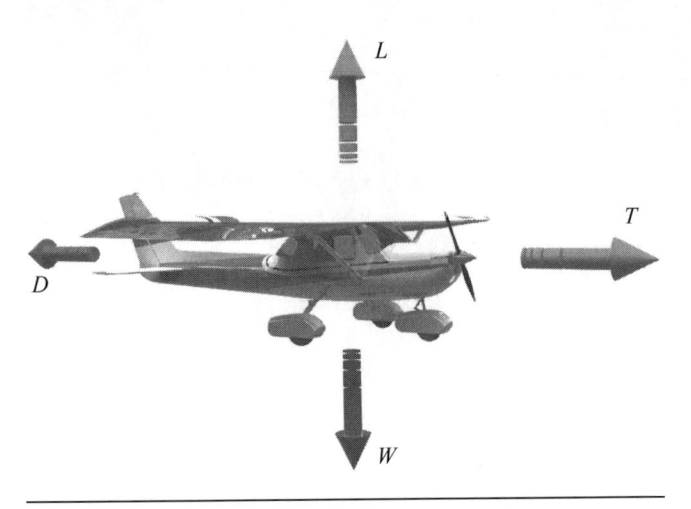

Figura 4.1 Forças atuantes em uma aeronave na condição de voo reto e nivelado com velocidade constante.

direção do vento relativo como foi comentado no Capítulo 2. Basicamente a força de sustentação deve ser grande o suficiente para equilibrar o peso da aeronave e desse modo permitir um voo seguro.

A força de arrasto (D) se opõe ao movimento da aeronave e sua direção é paralela à direção do vento relativo. O ideal seria que essa força não existisse, porém em uma situação real é impossível eliminá-la. Dessa forma, o maior desafio do projetista é reduzir o quanto possível essa força para melhorar a eficiência aerodinâmica da aeronave.

A força de tração (T) é oriunda da conversão do torque fornecido pelo motor em empuxo através da hélice e está direcionada na direção de voo da aeronave. É a responsável por impulsionar a aeronave durante o voo, e uma escolha adequada para a hélice pode propiciar um aumento significativo da tração disponível. A finalidade principal da força de tração é vencer a força de arrasto e propiciar subsídios aerodinâmicos para a geração da força de sustentação necessária para vencer o peso da aeronave.

O peso (W) representa uma força gravitacional direcionada verticalmente para baixo, existente em qualquer corpo nas proximidades da Terra. No caso de uma aeronave, a única forma de obter o voo é garantir uma força de sustentação igual ou maior que o peso.

Como está especificado que para essa condição de voo a velocidade da aeronave é constante, a formulação matemática para relacionar as quatro forças existentes pode ser obtida por meio das equações de equilíbrio da estática. Para uma condição de equilíbrio, a análise da Figura 4.1 permite observar que:

$$T = D \tag{4.1}$$

$$L = W \tag{4.2}$$

As Equações (4.1) e (4.2) representam a condição de equilíbrio para uma aeronave em voo reto e nivelado com velocidade constante. Para se manter um voo nessas condições, a força de arrasto é balanceada pela tração e a força de sustentação é balanceada pelo peso.

Essas equações podem ser utilizadas para se avaliar as qualidades de desempenho estático (velocidade constante) de uma nova aeronave, e serão exaustivamente utilizadas nas próximas seções deste capítulo.

4.3 Tração disponível e requerida para o voo reto e nivelado com velocidade constante

Este tema representa um ponto fundamental para a definição da capacidade de voo da aeronave em projeto. O modelo matemático utilizado segue as equações de equilíbrio da estática e as equações fundamentais das forças de sustentação e arrasto, estudadas no Capítulo 2, além de utilizar amplamente a equação da polar de arrasto apresentada Capítulo 3. A partir deste ponto, é apresentado o estreito relacionamento entre a aerodinâmica e seu respectivo desdobramento nas qualidades de desempenho.

Tração disponível: A tração disponível representa o quanto de empuxo a hélice em uso é capaz de fornecer para a aeronave. As curvas de tração disponível podem ser obtidas mediante a aplicação de conceitos que vão desde uma modelagem teórica, até uma análise prática com a utilização de dinamômetros, softwares específicos ou ainda ensaios em campo ou túnel de vento. Este último torna-se mais complicado, pois existem poucos túneis de vento instalados no Brasil, localizados em centros de pesquisa avançada, com acesso restrito e muitas vezes com um custo operacional muito elevado.

Tração requerida: Para a realização do cálculo da tração requerida pela aeronave, considere um avião em voo reto e nivelado com velocidade constante, em que o valor da tração requerida depende diretamente das quatro forças que atuam na aeronave. A partir das Equações (4.1), (4.2), (2.16) e (2.17) tem-se:

$$T_R = D = \frac{1}{2} \cdot \rho \cdot v^2 \cdot S \cdot C_D \qquad (4.3)$$

e

$$W = L = \frac{1}{2} \cdot \rho \cdot v^2 \cdot S \cdot C_L \qquad (4.4)$$

Dividindo-se a Equação (4.3) pela Equação (4.4), tem-se:

$$\frac{T_R}{W} = \frac{D}{L} = \frac{1/2 \cdot \rho \cdot v^2 \cdot S \cdot C_D}{1/2 \cdot \rho \cdot v^2 \cdot S \cdot C_L} \qquad (4.5)$$

Que resulta:

$$\frac{T_R}{W} = \frac{C_D}{C_L} \qquad (4.5a)$$

Portanto, a tração requerida para se manter o voo da aeronave em uma determinada velocidade é:

$$T_R = \frac{W}{C_L/C_D} \qquad (4.6)$$

A análise da Equação (4.6) permite observar que a tração requerida de uma aeronave é inversamente proporcional à sua eficiência aerodinâmica e diretamente proporcional ao peso. Ou seja, quanto maior o valor do peso da aeronave maior deve ser a tração requerida para se manter o voo, ao passo que quanto maior a eficiência aerodinâmica para um determinado peso menor será a tração requerida. Aqui já se faz presente uma primeira relação entre a aerodinâmica e a análise de desempenho. Para melhorar o desempenho com a redução da tração requerida para uma certa condição de voo, é necessário o aumento da eficiência aerodinâmica da aeronave que pode ser obtida a partir da seleção ótima do perfil aerodinâmico, da forma geométrica da asa e com a minimização do arrasto total, recaindo em uma análise muito confiável da polar de arrasto da aeronave em estudo.

A tração requerida para uma aeronave voando em determinada altitude varia com a velocidade de voo e, como visto na Equação (4.3), é representada pelo arrasto total. Por meio da equação da polar de arrasto obtida no Capítulo 3, tem-se:

$$C_D = C_{D0} + K \cdot C_L^2 \qquad (4.7)$$

$$C_D = C_{D0} + \frac{C_L^2}{\pi \cdot e_0 \cdot AR} \qquad (4.7a)$$

O primeiro termo do lado direito da Equação (4.7a) representa o coeficiente de arrasto parasita, enquanto o segundo termo representa o coeficiente de arrasto induzido. O coeficiente de arrasto total é igual à soma do coeficiente de arrasto parasita com o coeficiente de arrasto induzido, e, assim, a força de arrasto total da aeronave pode ser escrita da seguinte maneira:

$$D = T_R = \frac{1}{2} \cdot \rho \cdot v^2 \cdot S \cdot C_{D0} + \frac{1}{2} \cdot \rho \cdot v^2 \cdot S \cdot \frac{C_L^2}{\pi \cdot e_0 \cdot AR} \qquad (4.8)$$

$$D = T_R = \frac{1}{2} \cdot \rho \cdot v^2 \cdot S \cdot \left(C_{D0} + \frac{C_L^2}{\pi \cdot e_0 \cdot AR} \right) \qquad (4.8a)$$

A Equação (4.8a) representa um meio alternativo à Equação (4.6) e fornece numericamente o mesmo resultado, porém de forma mais direta. Conhecendo-se a altitude de voo, a área da asa e os parâmetros característicos da polar de arrasto, é possível, pela variação da velocidade de voo, obter qual será o valor da tração requerida pela aeronave, para cada ponto avaliado. O coeficiente de sustentação na Equação (4.8a) pode ser determinado pela equação fundamental da força de sustentação do seguinte modo:

$$L = \frac{1}{2} \cdot \rho \cdot v^2 \cdot S \cdot C_L \qquad (4.9)$$

$$C_L = \frac{2 \cdot L}{\rho \cdot v^2 \cdot S} \quad (4.9a)$$

Pelas equações de equilíbrio da estática em uma condição de voo reto e nivelado, com velocidade constante, a força de sustentação deve ser igual ao peso. Assim, a Equação (4.9a) pode ser reescrita:

$$C_L = \frac{2 \cdot W}{\rho \cdot v^2 \cdot S} \quad (4.9b)$$

Portanto, uma vez conhecido o peso, a área da asa e a altitude de voo, é possível, com a aplicação da Equação (4.9b), determinar o coeficiente de sustentação requerido para se manter o voo da aeronave em qualquer velocidade avaliada. Pode-se perceber que uma mudança mínima na velocidade de voo, mantidas as condições de peso, área de asa e altitude de voo, proporciona imediata mudança no valor da tração requerida pela aeronave.

Geralmente a variação da tração requerida em função da velocidade e da altitude de voo é representada em um gráfico para se obter um melhor retrato do desempenho em diferentes condições de voo. Este gráfico possui uma forma genérica para qualquer tipo de aeronave atingindo um valor mínimo para uma determinada velocidade de voo. Para baixas velocidades, a tração requerida possui um valor elevado, devido principalmente aos efeitos do arrasto induzido que, como será mostrado ainda neste capítulo, diminui conforme a velocidade de voo aumenta. Para o caso de elevadas velocidades, a tração requerida também é alta, porém agora influenciada diretamente pelo arrasto parasita que aumenta para maiores velocidades de voo.

A Figura 4.2 mostra um modelo genérico para a curva de tração requerida de uma aeronave.

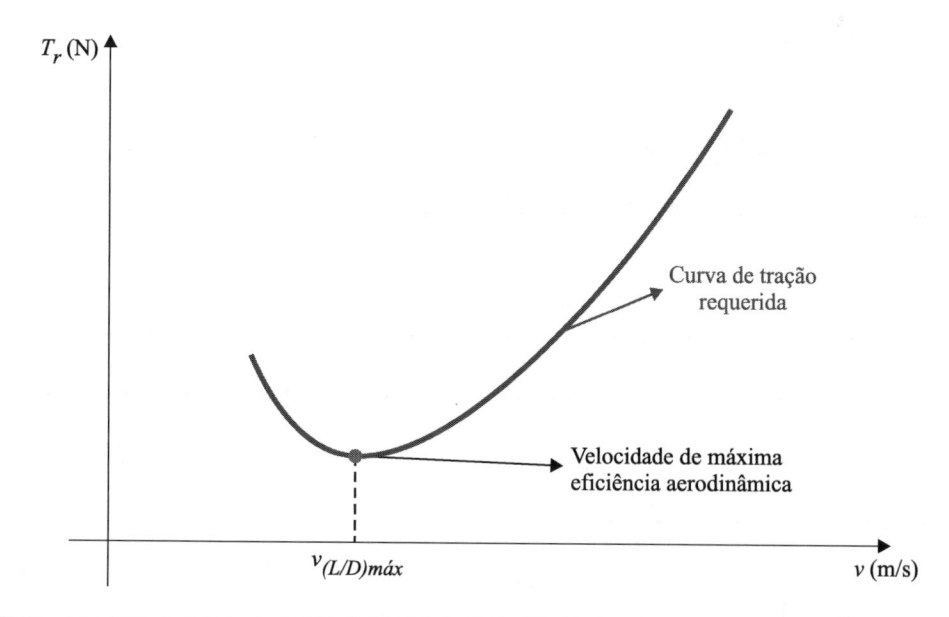

Figura 4.2 Representação genérica da curva de tração requerida de uma aeronave em função da velocidade de voo.

Nesse gráfico, o ponto de mínima tração requerida representa a velocidade de voo que proporciona a maior eficiência aerodinâmica. Essa situação é comprovada pela análise da Equação (4.6), pois como a tração requerida é inversamente proporcional à eficiência aerodinâmica, é intuitivo que para um determinado peso, o seu mínimo valor ocorre para uma eficiência aerodinâmica máxima.

Uma outra análise importante para se realizar é a determinação individual do arrasto parasita e do arrasto induzido. Dessa maneira consegue-se verificar a influência de cada uma dessas parcelas de arrasto com relação à tração requerida. A análise é apresentada no Exemplo 4.1, em que são realizados comentários importantes sobre os resultados obtidos.

A determinação de cada ponto da curva de tração requerida para uma aeronave quando se utilizar a Equação (4.6) deve respeitar o seguinte procedimento:

1. Adotar um valor inicial para a velocidade.
2. Para este valor de velocidade, o coeficiente de sustentação requerido é calculado a partir da solução da Equação (4.9b). Na aplicação da equação, a densidade do ar é conhecida para uma determinada altitude, a área da asa é característica do avião em estudo e o peso utilizado é o máximo estipulado para a decolagem da aeronave dentro das restrições operacionais desejadas.
3. Com o valor numérico de C_L, calcula-se, a partir da polar de arrasto, o valor de C_D para esta velocidade de voo.
4. Com os resultados obtidos para C_L e C_D, é possível determinar o valor da eficiência aerodinâmica através da relação C_L/C_D.
5. Conhecido o peso e o valor da eficiência aerodinâmica, a tração requerida é calculada pela aplicação da Equação (4.6).

É importante dizer que o resultado encontrado vale apenas para a velocidade adotada. Esse procedimento deve ser repetido inúmeras vezes para diferentes velocidades de voo como forma de obter os vários pontos que formam a curva de tração requerida em função da velocidade de voo.

Com a utilização da Equação (4.8a), são necessários apenas três passos para se obter a tração requerida:

1. Escolher o valor da velocidade a ser analisada.
2. Determinar o coeficiente de sustentação requerido para a velocidade em questão a partir da Equação (4.9b).
3. Para a velocidade em análise, substituir o C_L encontrado na Equação (4.8a) e resolvê-la para se determinar um ponto da curva de tração requerida.

Novamente é importante afirmar que o resultado encontrado vale apenas para a velocidade adotada, e, assim, esse procedimento deve ser repetido para diferentes velocidades de voo para a obtenção dos vários pontos que formam a curva de tração requerida em função da velocidade de voo.

Para um panorama geral das qualidades de desempenho da aeronave, geralmente as curvas de tração requerida e disponível são representadas em um mesmo gráfico como mostra a Figura 4.3. Dessa maneira é possível verificar em qual faixa de velocidades a aeronave será capaz de se manter em voo.

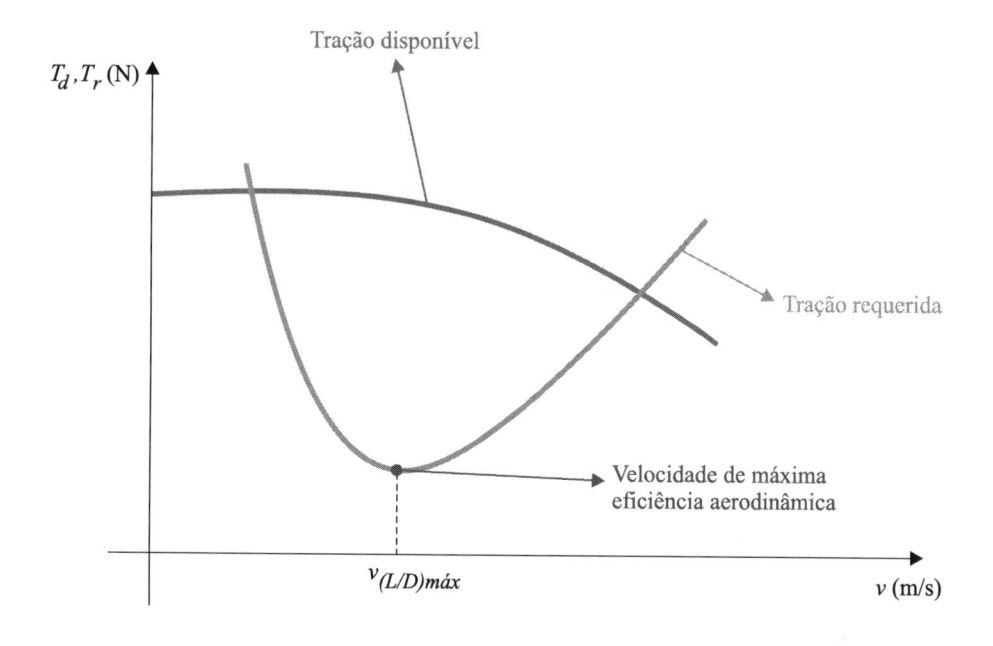

CAPÍTULO 4 — Desempenho de voo em condição de equilíbrio estático

Figura 4.3 Curvas de tração disponível e requerida.

A seguir é apresentado um exemplo de cálculo para a obtenção da curva de tração requerida de uma aeronave e sua respectiva comparação com a curva de tração disponível. Ao longo deste capítulo será utilizada a mesma aeronave em todos os exemplos apresentados com o objetivo de estabelecer-se um sequência didática.

▶ EXEMPLO 4.1

Determinação das curvas de tração disponível e requerida

Considere a aeronave Lancair IV mostrada na figura ao lado. Sabendo-se que o peso máximo de decolagem é igual a 16000 N, que a área da asa é igual a 10,03 m², o alongamento é igual a 9,3, o fator de eficiência de Oswald igual a 0,86 e que a área molhada da aeronave é igual a cinco vezes a área da asa, determine a equação que define a polar de arrasto desta aeronave e trace a curva de tração requerida para um voo realizado em condições de atmosfera padrão ao nível do mar para uma faixa de velocidades variando de 100 km/h até 450 km/h com incrementos de 50 km/h. Mostre também no mesmo gráfico os valores obtidos para os cálculos isolados do arrasto parasita e induzido da aeronave para esta mesma faixa de velocidade. Dados: $C_{Fe} = 0,0055$, $\rho = 1,225$ kg/m³.

Considere a variação da tração disponível em função da velocidade dada na Tabela 4.1 a seguir.

Tabela 4.1 Tração disponível – aeronave Lancair IV	
v (m/s)	T_d (N)
27,78	3789,6
41,67	3622,2
55,56	3403
69,44	3134,9
83,33	2820,1
97,22	2460,2
111,11	2056,7
125,00	1610,7

Solução: Para a aeronave em estudo, a determinação da polar de arrasto e o cálculo da tração requerida e dos arrastos parasita e induzido podem ser realizados da seguinte maneira:

Polar de arrasto:
O coeficiente de arrasto parasita da aeronave será:

$$C_{D0} = \frac{S_{wet}}{S} \cdot C_F$$
$$C_{D0} = 5,0 \cdot 0,0055$$
$$C_{D0} = 0,0275$$

O valor da constante de proporcionalidade K é dado por:

$$K = \frac{1}{\pi \cdot e_0 \cdot AR}$$
$$K = \frac{1}{\pi \cdot 0,86 \cdot 9,3}$$
$$K = 0,039799$$

Portanto, a equação que define a polar de arrasto desta aeronave pode ser escrita da seguinte forma:

$$C_D = 0,0275 + 0,039799 \cdot C_L^2$$

Tração requerida e forças de arrasto parasita e induzido
Para v = 100 km/h (27,78 m/s) tem-se:
O C_L requerido para se manter essa velocidade é calculado da seguinte maneira:

$$C_L = \frac{2 \cdot W}{\rho \cdot v^2 \cdot S}$$
$$C_L = \frac{2 \cdot 16000}{1,225 \cdot 27,78^2 \cdot 10,03}$$

$C_L = 3,375$ (valor acima do C_L máximo, nessa condição não é possível que a aeronave se mantenha em voo, pois sua velocidade está abaixo da velocidade de estol).

CAPÍTULO 4 — Desempenho de voo em condição de equilíbrio estático

O respectivo coeficiente de arrasto total da aeronave é:

$C_D = 0,0275 + 0,039799 \cdot C_L^2$

$C_D = 0,0275 + 0,039799 \cdot 3,375^2$

$C_D = 0,480$

A tração requerida pela aeronave nessa velocidade é obtida pela solução da Equação (5.6).

$T_r = \dfrac{W}{C_L/C_D}$

$T_r = \dfrac{16000}{3,375/0,480}$

$T_r = 2279,7 \text{ N}$

A força de arrasto parasita para essa condição pode ser calculada pela equação geral do arrasto considerando-se o coeficiente de arrasto parasita $C_{D0} = 0,0275$:

$D_0 = \dfrac{1}{2} \cdot \rho \cdot v^2 \cdot S \cdot C_{D0}$

$D_0 = \dfrac{1}{2} \cdot 1.225 \cdot 27,78^2 \cdot 10,03 \cdot 0,0275$

$D_0 = 130,357 \text{ N}$

A força de arrasto induzido para essa condição também pode ser calculada pela equação geral do arrasto, utilizando-se o termo $0,039799 C_L^2$ da polar de arrasto desta aeronave:

$D_i = \dfrac{1}{2} \cdot \rho \cdot v^2 \cdot S \cdot (0,039799 \cdot C_L^2)$

$D_i = \dfrac{1}{2} \cdot 1.225 \cdot 27,78^2 \cdot 10,03 \cdot 0,039799 \cdot 3,375^2$

$D_i = 2149,348 \text{ N}$

Apresentou-se o cálculo realizado apenas para o primeiro ponto do gráfico. Esse mesmo procedimento deve ser realizado para os outros pontos requisitados no enunciado do problema. A Tabela 4.2 de resultados e o respectivo gráfico comparativo dos resultados estão apresentados a seguir.

Tabela 4.2 Tração requerida – aeronave Lancair IV

v (km/h)	v (m/s)	D_0 (N)	D_i (N)	T_r (N)
100	27,78	130,3571	2149,348	2279,705
150	41,67	293,3035	955,2656	1248,569
200	55,56	521,4284	537,3369	1058,765
250	69,44	814,7319	343,8956	1158,628
300	83,33	1173,214	238,8164	1412,03
350	97,22	1596,875	175,457	1772,332
400	111,11	2085,714	134,3342	2220,048
450	125,00	2639,731	106,1406	2745,872

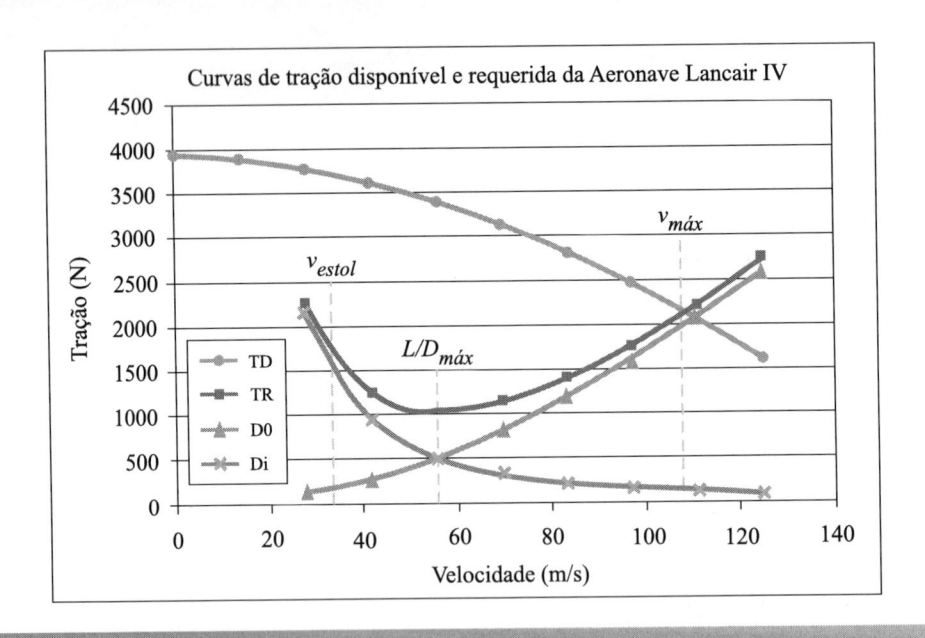

Curvas de tração disponível e requerida da Aeronave Lancair IV

[Gráfico: Tração (N) vs Velocidade (m/s), mostrando curvas TD, TR, D0, Di, com marcações v_{estol}, $v_{máx}$ e $L/D_{máx}$]

Analisando-se as curvas na aplicação do Exemplo 4.1, é possível observar que a mínima velocidade da aeronave é a velocidade de estol.

A máxima velocidade é obtida na intersecção entre as curvas de tração disponível e requerida e seu valor é próximo de 108 m/s.

Para a velocidade de mínima tração requerida, a aeronave é capaz de realizar um voo com a máxima eficiência aerodinâmica, de forma que a relação (L/D) assume o seu valor máximo. Nessa situação é importante observar que a força de arrasto parasita é igual à força de arrasto induzido, ou seja, a máxima relação (L/D) ocorre exatamente no ponto de intersecção das curvas D_0 e D_i. Portanto, para se obter uma condição de mínima tração requerida da aeronave tem-se:

$$D_0 = D_i \qquad (4.10)$$

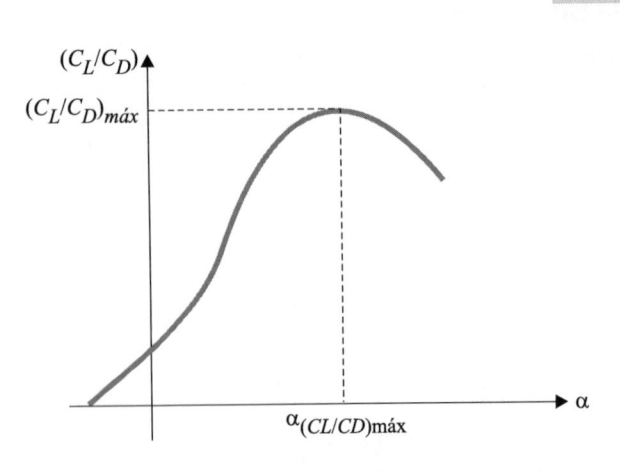

[Figura 4.4: curva (C_L/C_D) vs α, com $(C_L/C_D)_{máx}$ em $\alpha_{(CL/CD)máx}$]

Figura 4.4 Eficiência aerodinâmica em função do ângulo de ataque.

Outro aspecto relevante da curva de tração requerida é que em cada ponto da mesma aeronave se encontra com um ângulo de ataque diferente, e é muito conveniente uma representação gráfica da eficiência aerodinâmica em função do ângulo de ataque, sendo possível visualizar qual seria o ângulo de ataque necessário para se obter a máxima relação (L/D) e, assim, obter o menor valor de tração requerida para o voo da aeronave.

Um modelo genérico da curva (C_L/C_D) versus α é mostrado na Figura 4.4.

Um voo realizado em uma situação de mínima tração requerida representa, em uma aeronave com propulsão a hélice, um voo realizado para uma condição de máximo alcance. O alcance é definido como a distância total percorrida (medida em relação ao solo) para um tanque completo de combustível. Portanto, um voo com máximo alcance significa voar em uma condição que propicie a maior distância percorrida antes que o combustível da aeronave termine.

4.4 Potência disponível e requerida

Para o caso de aeronaves com propulsão a hélice, as curvas de potência disponível e requerida muitas vezes são mais utilizadas que as curvas de tração, pois fornecem subsídios importantes que permitem avaliar a máxima autonomia da aeronave e as suas condições de subida.

A partir dos conceitos fundamentais da física, a potência é definida como o produto entre a força e a velocidade, e, portanto, as curvas de potência disponível e requerida podem ser obtidas por meio do produto entre a tração e a velocidade de voo.

Potência disponível: Por definição, a potência disponível representa toda a potência fornecida pelo motor e pode ser calculada da seguinte maneira:

$$P_d = T_d \cdot v \qquad (4.11)$$

Cada ponto da curva de tração disponível pode ser relacionado com sua respectiva velocidade para se determinar a potência que o motor é capaz de fornecer à aeronave para a condição de velocidade desejada.

Potência requerida: Representa a potência que a aeronave necessita para realizar o voo em diferentes condições de velocidade e pode ser obtida pelo produto entre a tração requerida e a velocidade de voo da seguinte forma:

$$P_r = T_r \cdot v \qquad (4.12)$$

Uma outra maneira de representar a potência requerida é em função dos coeficientes aerodinâmicos C_L e C_D. A dedução apresentada a seguir mostra como se obter uma equação que relacione a potência requerida com os coeficientes aerodinâmicos da aeronave.

Substituindo-se a Equação (4.6) na Equação (4.12), tem-se:

$$P_r = \frac{W}{C_L/C_D} \cdot v \qquad (4.13)$$

Sabendo-se que para uma condição de voo reto e nivelado com velocidade constante a força de sustentação deve ser igual ao peso, tem-se:

$$L = W = \frac{1}{2} \cdot \rho \cdot v^2 \cdot S \cdot C_L \qquad (4.14)$$

portanto

$$v = \sqrt{\frac{2 \cdot W}{\rho \cdot S \cdot C_L}} \qquad (4.15)$$

Substituindo-se a Equação (4.15) na Equação (4.13), tem-se:

$$P_r = \frac{W}{C_L/C_D} \cdot \sqrt{\frac{2 \cdot W}{\rho \cdot S \cdot C_L}} \qquad (4.16)$$

$$P_r = \sqrt{\left(\frac{W}{C_L/C_D}\right)^2} \cdot \sqrt{\frac{2 \cdot W}{\rho \cdot S \cdot C_L}} \qquad (4.16a)$$

$$P_r = \sqrt{\frac{W^2}{C_L^2/C_D^2} \cdot \frac{2 \cdot W}{\rho \cdot S \cdot C_L}} \qquad (4.16b)$$

$$P_r = \sqrt{\frac{W^2 \cdot C_D^2}{C_L^2} \cdot \frac{2 \cdot W}{\rho \cdot S \cdot C_L}} \qquad (4.16c)$$

$$P_r = \sqrt{\frac{2 \cdot W^3 \cdot C_D^2}{\rho \cdot S \cdot C_L^3}} \qquad (4.16d)$$

Em aeronaves de propulsão à hélice, as curvas de potência disponível e requerida assumem a forma genérica mostrada na Figura 4.5. Os valores de $v_{mín}$ e $v_{máx}$ obtidos para as curvas de potência são os mesmos obtidos pela análise das

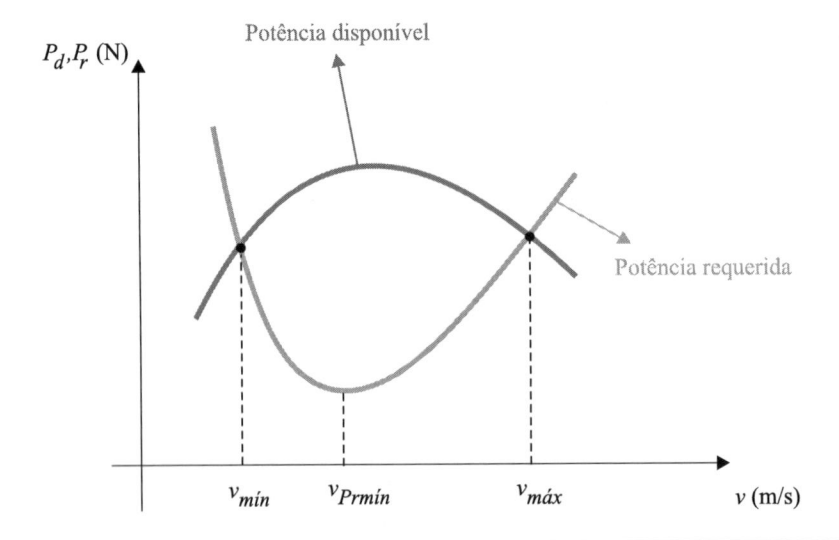

Figura 4.5 Curvas de potência disponível e requerida.

curvas de tração, portanto as curvas de potência representam uma alternativa para a determinação dessas velocidades.

Um outro ponto relacionado às curvas de potência e que será apresentado em detalhes na Seção 4.7 diz respeito à capacidade de subida da aeronave. Enquanto houver sobra de potência, a aeronave é capaz de ganhar altura e, assim, a sua razão de subida pode ser determinada.

Com relação ao ponto que representa a velocidade de mínima potência requerida existe uma diferença fundamental em relação ao ponto que representa a velocidade de mínima tração requerida. Enquanto a tração requerida mínima é obtida para a máxima eficiência aerodinâmica da aeronave $(C_L/C_D)_{máx}$, a mínima potência requerida será obtida para a condição $(C_L^{3/2}/C_D)_{máx}$. Esse resultado pode ser obtido por meio da análise da Equação (4.16d) como apresentado a seguir.

$$P_r = \sqrt{\frac{2 \cdot W^3}{\rho \cdot S}} \cdot \sqrt{\frac{C_D^2}{C_L^3}} \tag{4.16e}$$

$$P_r = \sqrt{\frac{2 \cdot W^3}{\rho \cdot S}} \cdot \left(\frac{C_D^2}{C_L^3}\right)^{1/2} \tag{4.16f}$$

$$P_r = \sqrt{\frac{2 \cdot W^3}{\rho \cdot S}} \cdot \frac{\sqrt{C_D^2}}{\left(C_L^3\right)^{1/2}} \tag{4.16g}$$

$$P_r = \sqrt{\frac{2 \cdot W^3}{\rho \cdot S}} \cdot \frac{C_D}{C_L^{3/2}} \tag{4.16h}$$

$$P_r = \sqrt{\frac{2 \cdot W^3}{\rho \cdot S}} \cdot \frac{1}{\left(C_L^{3/2}/C_D\right)} \tag{4.16i}$$

Conhecendo-se os valores de peso, altitude e área da asa, é possível verificar que a potência requerida é inversamente proporcional a $(C_L^{3/2}/C_D)$, ou seja, quanto maior for a relação $(C_L^{3/2}/C_D)$ menor será a potência requerida, e a realização de um voo na velocidade que minimiza a potência requerida representa uma condição de ângulo de ataque que corresponde à máxima relação $(C_L^{3/2}/C_D)$.

Enquanto a velocidade que minimiza a tração requerida representa um voo com o máximo alcance de uma aeronave com propulsão a hélice, a velocidade de mínima potência requerida representa um voo com máxima autonomia. A autonomia é definida como o tempo total de voo para um tanque completo de combustível. Um voo com máxima autonomia significa voar em uma condição que permita permanecer o maior tempo no ar antes que o combustível da aeronave termine.

Em resumo, para um avião com propulsão a hélice, o voo de máximo alcance ocorre para uma condição $(C_L/C_D)_{máx}$, e um voo para máxima autonomia ocorre para uma condição $(C_L^{3/2}/C_D)_{máx}$.

Também é intuitivo constatar que a velocidade de máximo alcance da aeronave é maior que a velocidade de máxima autonomia. No caso do alcance, voa-se com maior velocidade percorrendo uma maior distância em um dado intervalo de tempo, porém com um maior consumo de combustível e para a condição de máxima autonomia, voa-se com uma velocidade menor consumindo menos combustível, porém permanecendo um maior tempo em voo.

Na condição de mínima potência requerida para um voo com máxima autonomia, o coeficiente de arrasto parasita representa 1/3 do coeficiente de arrasto induzido. A dedução apresentada a seguir mostra essa condição.

Sabendo-se que a mínima potência requerida é obtida pela maximização da relação $(C_L^{3/2}/C_D)$ e que o coeficiente de arrasto C_D pode ser representado pela polar de arrasto da aeronave, pode-se escrever que:

$$\frac{C_L^{3/2}}{C_D} = \frac{C_L^{3/2}}{C_{D0} + K \cdot C_L^2} \qquad (4.17)$$

A partir dos conceitos do cálculo diferencial e integral, é possível determinar a condição necessária para se obter $(C_L^{3/2}/C_D)_{máx}$, assim, derivando-se a Equação (4.17) com relação a C_L e igualando-se o resultado a zero, tem-se pela tabela de derivadas:

$$\frac{d}{dC_L}\left(\frac{C_L^{3/2}}{C_{D0} + K \cdot C_L^2}\right) = \frac{d}{dC_L}\left(\frac{u}{v}\right) = \frac{v \cdot u' - u \cdot v'}{v^2} = 0 \qquad (4.18)$$

Considerando que $u = C_L^{3/2}$ e $v = C_{D0} + KC_L^2$, tem-se:

$$u' = \frac{d}{dC_L} C_L^{3/2} = \frac{3}{2} \cdot C_L^{3/2 - 1} = \frac{3}{2} \cdot C_L^{1/2} \qquad (4.19)$$

$$v' = \frac{d}{dC_L}(C_{D0} + K \cdot C_L^2) = 2 \cdot K \cdot C_L \qquad (4.20)$$

Substituindo-se as Equações (4.19) e (4.20) na Equação (4.18), tem-se:

$$\frac{d}{dC_L}\left(\frac{C_L^{3/2}}{C_{D0} + K \cdot C_L^2}\right) = \frac{(C_{D0} + K \cdot C_L^2) \cdot \frac{3}{2} \cdot C_L^{1/2} - C_L^{3/2} \cdot 2 \cdot K \cdot C_L}{(C_{D0} + K \cdot C_L^2)^2} = 0$$

$$(4.21)$$

CAPÍTULO 4 — Desempenho de voo em condição de equilíbrio estático

$$\frac{d}{dC_L}\left(\frac{C_L^{3/2}}{C_{D0} + K \cdot C_L^2}\right) = \frac{\frac{3}{2} \cdot C_{D0} \cdot C_L^{1/2} + \frac{3}{2} \cdot K \cdot C_L^{(2+1/2)} - 2 \cdot K \cdot C_L^{(3/2+1)}}{(C_{D0} + K \cdot C_L^2)^2} = 0$$

(4.21a)

$$\frac{d}{dC_L}\left(\frac{C_L^{3/2}}{C_{D0} + K \cdot C_L^2}\right) = \frac{\frac{3}{2} \cdot C_{D0} \cdot C_L^{1/2} + \frac{3}{2} \cdot K \cdot C_L^{5/2} - 2 \cdot K \cdot C_L^{5/2}}{(C_{D0} + K \cdot C_L^2)^2} = 0$$

(4.21b)

Sabendo-se que o termo $(C_{D0} + K \cdot C_L^2)^2$ representa o quadrado do arrasto total da aeronave e que seu valor é diferente de zero para uma condição de mínima potência requerida, a única possibilidade de zerar a Equação (4.21b) é fazer com que o numerador da função seja nulo, portanto:

$$\frac{3}{2} \cdot C_{D0} \cdot C_L^{1/2} + \frac{3}{2} \cdot K \cdot C_L^{5/2} - 2 \cdot K \cdot C_L^{5/2} = 0 \quad (4.21c)$$

$$\frac{3}{2} \cdot C_{D0} \cdot C_L^{1/2} + \left[K \cdot C_L^{5/2} \cdot \left(\frac{3}{2} - 2\right)\right] = 0 \quad (4.21d)$$

$$\frac{3}{2} \cdot C_{D0} \cdot C_L^{1/2} - \frac{1}{2} \cdot K \cdot C_L^{5/2} = 0 \quad (4.21e)$$

$$\frac{3}{2} \cdot C_{D0} \cdot C_L^{1/2} = \frac{1}{2} \cdot K \cdot C_L^{5/2} \quad (4.21f)$$

Isolando-se C_{D0}, tem-se:

$$C_{D0} = \frac{2 \cdot K \cdot C_L^{5/2}}{3 \cdot 2 \cdot C_L^{1/2}} \quad (4.22)$$

$$C_{D0} = \frac{2 \cdot K \cdot C_L^{5/2}}{6 \cdot C_L^{1/2}} \quad (4.22a)$$

$$C_{D0} = \frac{1}{3} \cdot K \cdot C_L^{(5/2 - 1/2)} \quad (4.22b)$$

Que resulta finalmente em:

$$C_{D0} = \frac{1}{3} \cdot K \cdot C_L^2 \quad (4.22c)$$

Como o termo KC_L^2 representa o coeficiente de arrasto induzido, tem-se para a condição de máxima autonomia:

$$C_{D0} = \frac{1}{3} \cdot C_{Di} \quad (4.23)$$

Dessa forma prova-se analiticamente a relação existente entre o coeficiente de arrasto parasita e o coeficiente de arrasto induzido para uma situação de mínima potência requerida.

▶ **EXEMPLO 4.2**

Determinação das curvas de potência disponível e requerida em função da velocidade

Para os resultados obtidos nas curvas de tração disponível e requerida da aeronave Lancair IV utilizada no Exemplo 4.1, monte uma tabela relacionando as potências disponível e requerida com a velocidade de voo e mostre o gráfico com as curvas de potência indicando a velocidade de mínima potência requerida.

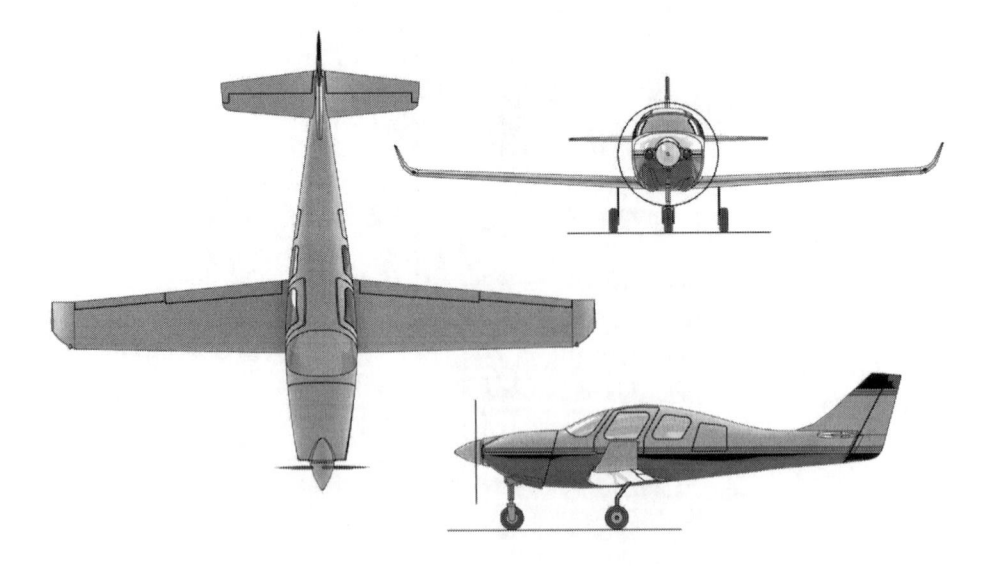

Solução: Com a Tabela 4.3 de resultados obtidos para as curvas de tração no Exemplo 4.1 apresentada a seguir, é possível calcular todos os pontos das curvas de potência com a utilização das Equações (4.11) e (4.12).

CAPÍTULO 4 — Desempenho de voo em condição de equilíbrio estático

Tabela 4.3   Tração disponível e requerida – aeronave Lancair IV (Exemplo 4.1)

v (m/s)	T_d (N)	T_r (N)
27,78	3789,6	2279,705
41,67	3622,2	1248,569
55,56	3403	1058,765
69,44	3134,9	1158,628
83,33	2820,1	1412,03
97,22	2460,2	1772,332
111,11	2056,7	2220,048
125,00	1610,7	2745,872

Para $v = 27{,}78$ m/s
A potência disponível é dada por:

$$P_d = T_d \cdot v$$
$$P_d = 3789{,}6 \cdot 27{,}78$$
$$P_d = 105266{,}7 \text{ W}$$

e a potência requerida é dada por:

$$P_r = T_r \cdot v$$
$$P_r = 2279{,}7 \cdot 27{,}78$$
$$P_r = 63325{,}132 \text{ W}$$

Esse processo deve ser repetido para toda a faixa de velocidades em estudo. Os resultados da análise estão apresentados na Tabela 4.4 e no gráfico a seguir.

Tabela 4.4   Potência disponível e requerida – aeronave Lancair IV

v (m/s)	P_d (W)	P_r (W)
27,78	105266,7	63325,132
41,67	150925	52023,713
55,56	189055,6	58820,297
69,44	217701,4	80460,247
83,33	235008,3	117669,199
97,22	239186,1	172310,010
111,11	228522,2	246671,996
125,00	201337,5	343234,009

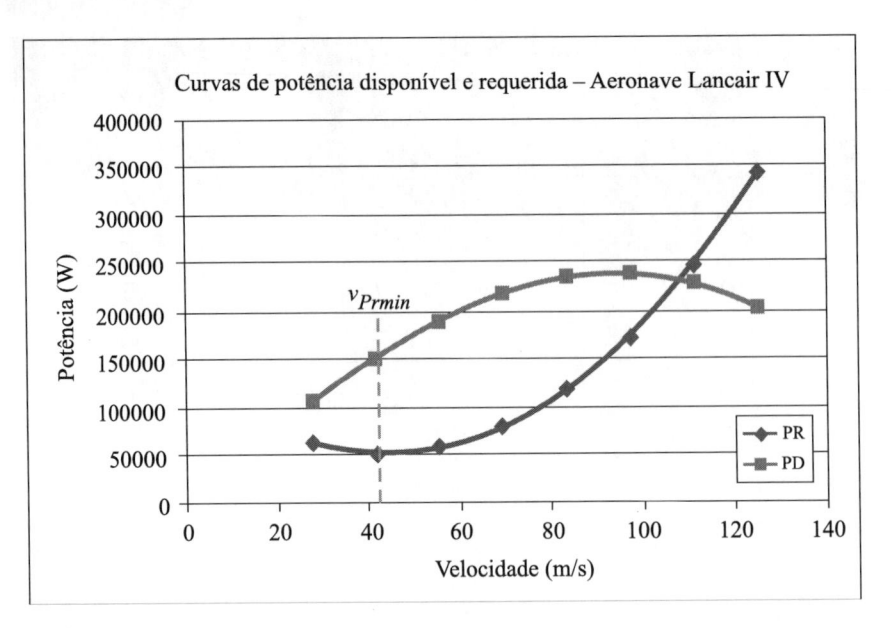

Curvas de potência disponível e requerida – Aeronave Lancair IV

[Gráfico: Potência (W) vs Velocidade (m/s), mostrando curvas PR e PD, com indicação de v_{Prmin}]

A velocidade de mínima potência requerida (máxima autonomia) obtida pela análise realizada é aproximadamente $v = 42$ m/s.

4.5 Relação entre a velocidade de mínima tração requerida e a velocidade de mínima potência requerida

Como comentado na seção anterior, a velocidade de máxima autonomia deve ser menor que a velocidade que proporciona um voo com máximo alcance, e a questão principal é saber o quanto menor. Esta seção apresenta uma forma analítica que permite realizar a comparação entre essas duas velocidades.

Para esta aplicação, é importante lembrar que para um voo reto e nivelado com velocidade constante, a força de sustentação deve ser igual ao peso, portanto:

$$L = W = \frac{1}{2} \cdot \rho \cdot v^2 \cdot S \cdot C_L \quad (4.24)$$

e, assim, a velocidade de voo é dada por:

$$v = \sqrt{\frac{2 \cdot W}{\rho \cdot S \cdot C_L}} \quad (4.25)$$

Para um voo de máximo alcance, verificou-se que a relação (C_L/C_D) é máxima e representa o ponto de projeto aerodinâmico obtido na análise da polar de arrasto apresentada no Capítulo 3, em que se verifica por meio da Equação (3.20i) que o coeficiente de sustentação requerido para esta condição é:

$$C_L^* = \sqrt{\frac{C_{D0}}{K}} \quad (4.26)$$

Dessa forma, para um determinado peso, área de asa e altitude de voo, a velocidade que proporciona a menor tração requerida (máximo alcance) pode ser obtida com a substituição da Equação (4.26) na Equação (4.25) resultando em:

$$v_{T_{r\min}} = \sqrt{\frac{2 \cdot W}{\rho \cdot S \cdot \sqrt{C_{D0}/K}}} \qquad (4.27)$$

$$v_{T_{r\min}} = \left(\frac{2 \cdot W}{\rho \cdot S \cdot \sqrt{C_{D0}/K}}\right)^{\!\!1/2} \qquad (4.27a)$$

$$v_{T_{r\min}} = \left(\frac{2 \cdot W}{\rho \cdot S} \cdot \sqrt{\frac{K}{C_{D0}}}\right)^{\!\!1/2} \qquad (4.27b)$$

Já para uma condição de potência requerida mínima (máxima autonomia), o coeficiente de sustentação requerido pode ser obtido pela Equação (4.22c), resultando em:

$$C_L^* = \sqrt{\frac{3 \cdot C_{D0}}{K}} \qquad (4.28)$$

Substituindo-se a Equação (4.28) na Equação (4.25), tem-se:

$$v_{P_{r\min}} = \sqrt{\frac{2 \cdot W}{\rho \cdot S \cdot \sqrt{3 \cdot C_{D0}/K}}} \qquad (4.29)$$

$$v_{P_{r\min}} = \left(\frac{2 \cdot W}{\rho \cdot S \cdot \sqrt{3 \cdot C_{D0}/K}}\right)^{\!\!1/2} \qquad (4.29a)$$

$$v_{P_{r\min}} = \left(\frac{2 \cdot W}{\rho \cdot S} \cdot \sqrt{\frac{K}{3 \cdot C_{D0}}}\right)^{\!\!1/2} \qquad (4.29b)$$

Desse modo tem-se:

$$v_{T_{r\min}} = \left(\frac{2 \cdot W}{\rho \cdot S}\right)^{\!\!1/2} \cdot \left(\frac{K}{C_{D0}}\right)^{\!\!1/4} \qquad (4.30)$$

e

$$v_{P_{r\min}} = \left(\frac{2 \cdot W}{\rho \cdot S}\right)^{\!\!1/2} \cdot \left(\frac{K}{3 \cdot C_{D0}}\right)^{\!\!1/4} \qquad (4.31)$$

Relacionando-se as Equações (4.30) e (4.31), pode-se escrever:

$$v_{P_{r\min}} \cdot \left(\frac{2 \cdot W}{\rho \cdot S}\right)^{1/2} \cdot \left(\frac{K}{C_{D0}}\right)^{1/4} = v_{T_{r\min}} \cdot \left(\frac{2 \cdot W}{\rho \cdot S}\right)^{1/2} \cdot \left(\frac{K}{3 \cdot C_{D0}}\right)^{1/4} \quad (4.32)$$

$$v_{P_{r\min}} = v_{T_{r\min}} \cdot \frac{\left(\frac{2 \cdot W}{\rho \cdot S}\right)^{1/2} \cdot \left(\frac{K}{3 \cdot C_{D0}}\right)^{1/4}}{\left(\frac{2 \cdot W}{\rho \cdot S}\right)^{1/2} \cdot \left(\frac{K}{C_{D0}}\right)^{1/4}} \quad (4.32a)$$

$$v_{P_{r\min}} = v_{T_{r\min}} \cdot \frac{\left(\frac{2 \cdot W}{\rho \cdot S}\right)^{1/2} \cdot \left(\frac{1}{3}\right)^{1/4} \cdot \left(\frac{K}{C_{D0}}\right)^{1/4}}{\left(\frac{2 \cdot W}{\rho \cdot S}\right)^{1/2} \cdot \left(\frac{K}{C_{D0}}\right)^{1/4}} \quad (4.32b)$$

$$v_{P_{r\min}} = v_{T_{r\min}} \cdot \left(\frac{1}{3}\right)^{1/4} \quad (4.32c)$$

Portanto:

$$v_{P_{r\min}} = 0{,}76 \cdot v_{T_{r\min}} \quad (4.33)$$

▶ EXEMPLO 4.3

Determinação analítica das velocidades de mínima tração requerida e mínima potência requerida

Para a aeronave Lancair IV do Exemplo 4.1, determine analiticamente as velocidades para máximo alcance e máxima autonomia.

Dados: $W = 16000$ N, $\rho = 1{,}225$ kg/m^3, $S = 10{,}03$ m^2 e $C_D = 0{,}0275 + 0{,}039799 \cdot C_L^2$

Solução: A velocidade de máximo alcance é obtida pela aplicação da Equação (4.30). A partir da polar de arrasto fornecida tem-se $C_{D0} = 0{,}0275$ e $K = 0{,}039799$.

$$v_{T_{r\min}} = \left(\frac{2 \cdot W}{\rho \cdot S}\right)^{1/2} \cdot \left(\frac{K}{C_{D0}}\right)^{1/4}$$

$$v_{T_{r\min}} = \left(\frac{2 \cdot 16000}{1,225 \cdot 10,03}\right)^{1/2} \cdot \left(\frac{0,039799}{0,0275}\right)^{1/4}$$

$$v_{T_{r\min}} = 55,97 \text{ m/s}$$

A velocidade de máxima autonomia é obtida pela relação encontrada na Equação (4.33), portanto:

$$v_{P_{r\min}} = 0,76 \cdot v_{T_{r\min}}$$

$$v_{P_{r\min}} = 0,76 \cdot 55,97$$

$$v_{P_{r\min}} = 42,54 \text{ m/s}$$

É importante observar que os resultados podem ser comprovados diretamente na leitura dos gráficos obtidos nos Exemplos 4.1 e 4.2.

4.6 Efeitos da altitude nas curvas de tração e potência disponível e requerida

O desempenho de uma aeronave é influenciado significativamente com o aumento da altitude de voo, pois uma vez que o aumento da altitude proporciona uma redução na densidade do ar, tanto a tração disponível como a requerida e suas respectivas potências sofrem importantes variações que reduzem a capacidade de desempenho da aeronave.

Em relação à tração disponível, considera-se que com a redução da densidade do ar a hélice produzirá um empuxo menor que o gerado ao nível do mar, assim, a tração disponível pode ser calculada da seguinte maneira:

$$T_{dh} = \frac{P_{d0} \cdot \eta_p}{v} \cdot \frac{\rho_h}{\rho_0} = T_{d0} \cdot \frac{\rho_h}{\rho_0} \quad (4.34)$$

Portanto, a tração disponível em altitude é:

$$T_{dh} = T_{d0} \cdot \frac{\rho_h}{\rho_0} \quad (4.34a)$$

A Equação (4.34a) relaciona a tração disponível ao nível do mar com as densidades do ar em altitude e ao nível do mar. Como a densidade do ar diminui com o aumento da altitude, percebe-se que a relação ρ_h/ρ_0 sempre será um número menor que 1, portanto, quanto maior for a altitude de voo menor será a tração disponível para uma determinada situação de voo. Geralmente a variação da curva de tração disponível com a altitude de voo para uma aeronave com motor a pistão segue o modelo apresentado na Figura 4.6 (os valores numéricos são referentes à aeronave Lancair IV).

Para o caso da curva de tração requerida, esta também sofre significativas mudanças, pois como visto, a tração requerida representa a força necessária para vencer o arrasto total da aeronave e é calculada pela seguinte equação:

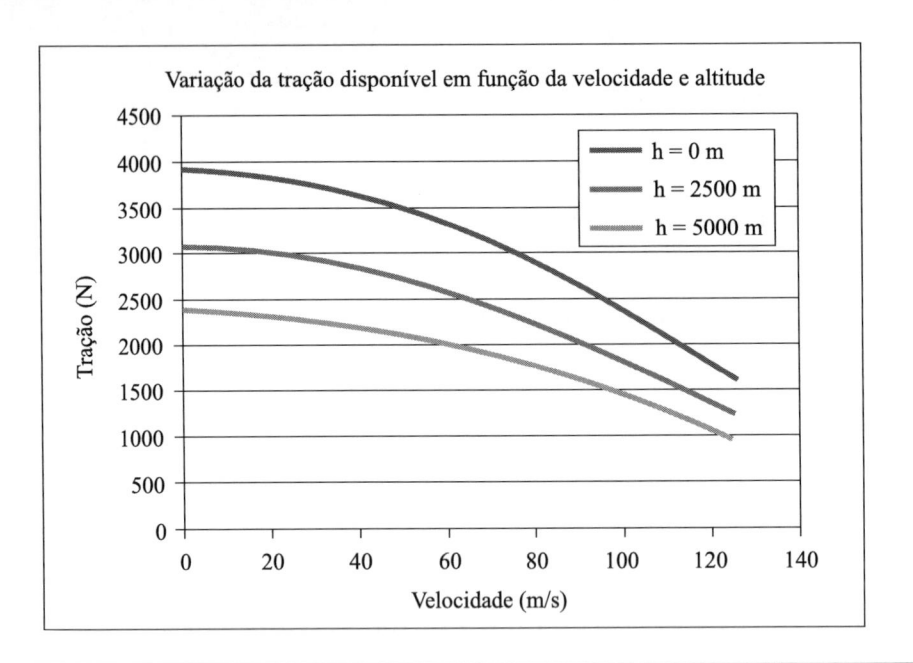

Figura 4.6 Variação da tração disponível com a altitude.

$$T_r = \frac{W}{(C_L / C_D)} \quad (4.35)$$

com o valor do coeficiente de sustentação requerido na altitude calculado por:

$$C_{Lh} = \frac{2 \cdot W}{\rho_h \cdot S \cdot v^2} \quad (4.36)$$

A análise da Equação (4.36) permite observar que com o aumento da altitude e a consequente diminuição da densidade do ar, o coeficiente de sustentação requerido para determinado peso e velocidade da aeronave deve ser aumentado, ou seja, existe a necessidade de voar com um maior ângulo de ataque.

O aumento do C_L requerido também propicia um aumento no coeficiente de arrasto total da aeronave, pois como visto, este é calculado por meio da polar de arrasto da seguinte maneira:

$$C_{Dh} = C_{D0} + K \cdot C_{Lh}^2 \quad (4.37)$$

O aumento da altitude proporciona um impacto direto na eficiência aerodinâmica da aeronave para uma determinada condição de peso e velocidade. Efetivamente na presença da altitude, a relação (C_L/C_D) para determinada velocidade de voo é menor que ao nível do mar. A análise da Equação (4.35) permite observar que, mantendo-se o peso da aeronave, a redução da eficiência aerodinâmica na presença da altitude propicia um aumento na tração requerida. A Figura 4.7 mostra o impacto do aumento da altitude na curva de tração requerida de uma aeronave (os valores numéricos apresentados são referentes à aeronave Lancair IV).

CAPÍTULO 4 — Desempenho de voo em condição de equilíbrio estático

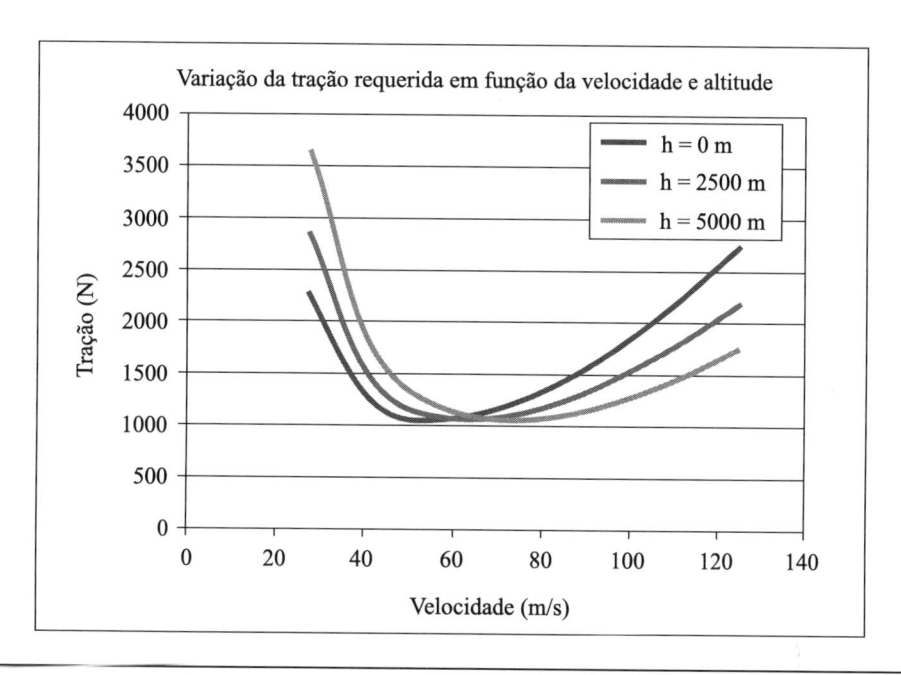

Figura 4.7 Variação da tração requerida com a altitude.

Para se avaliar a real capacidade de desempenho de uma aeronave na altitude é conveniente representar as curvas de tração disponível e requerida em um único gráfico considerando diversas condições de altitude. A Figura 4.8 mostra os efeitos da variação da altitude nas curvas de tração disponível e requerida da aeronave (os valores numéricos apresentados são referentes à aeronave Lancair IV).

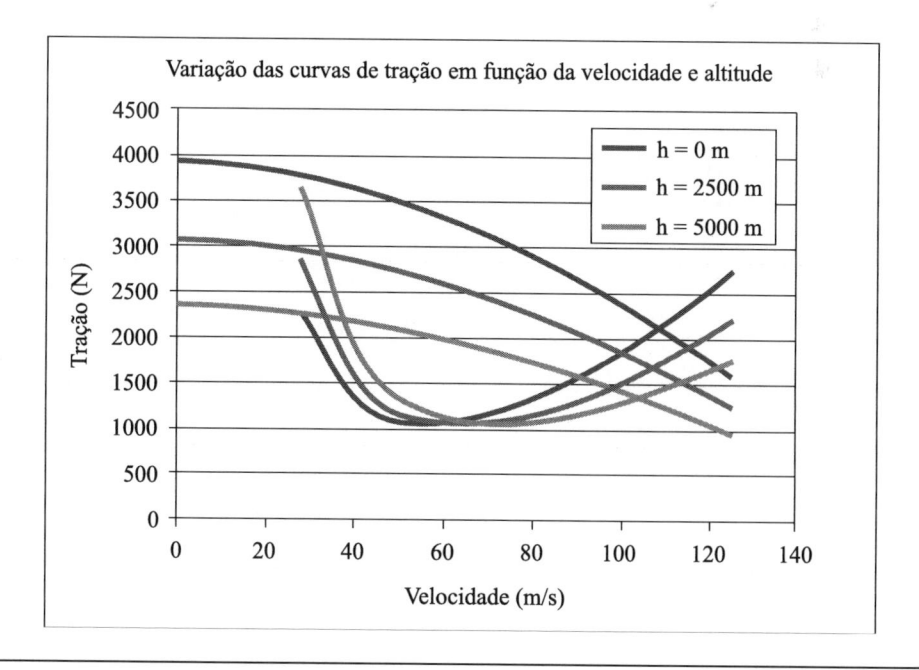

Figura 4.8 Variação das curvas de tração disponível e requerida com a altitude.

É importante observar que o aumento da altitude proporciona uma redução na sobra de tração, além de propiciar o aumento da velocidade mínima e a redução da velocidade máxima da aeronave. Também é intuitivo observar que para determinado valor de altitude a curva de tração disponível será tangente à curva de tração requerida. A altitude que proporciona a tangência entre as curvas de tração determina o teto absoluto de voo da aeronave e nesta condição existe uma única velocidade que permite manter uma situação de voo reto e nivelado com velocidade constante.

Com relação à potência disponível, esta também é influenciada pelo aumento da altitude, em que uma significativa redução é observada conforme a densidade do ar diminui. Uma aproximação válida para o cálculo da potência disponível em altitude pode ser obtida por meio da relação existente entre a tração disponível e a velocidade de voo. A Equação (4.38) pode ser utilizada para a obtenção de uma variação aproximada da potência disponível em relação à altitude de voo:

$$P_{dh} = T_{dh} \cdot v \qquad (4.38)$$

ou

$$P_{dh} = T_{d0} \cdot \frac{\rho_h}{\rho_0} \cdot v \qquad (4.38a)$$

A variação característica da curva de potência disponível em função da altitude é apresentada a seguir na Figura 4.9 (os valores numéricos são referentes à aeronave Lancair IV).

No caso da potência requerida, sua variação em função da altitude pode ser calculada por um processo simples que relaciona as equações utilizadas para o

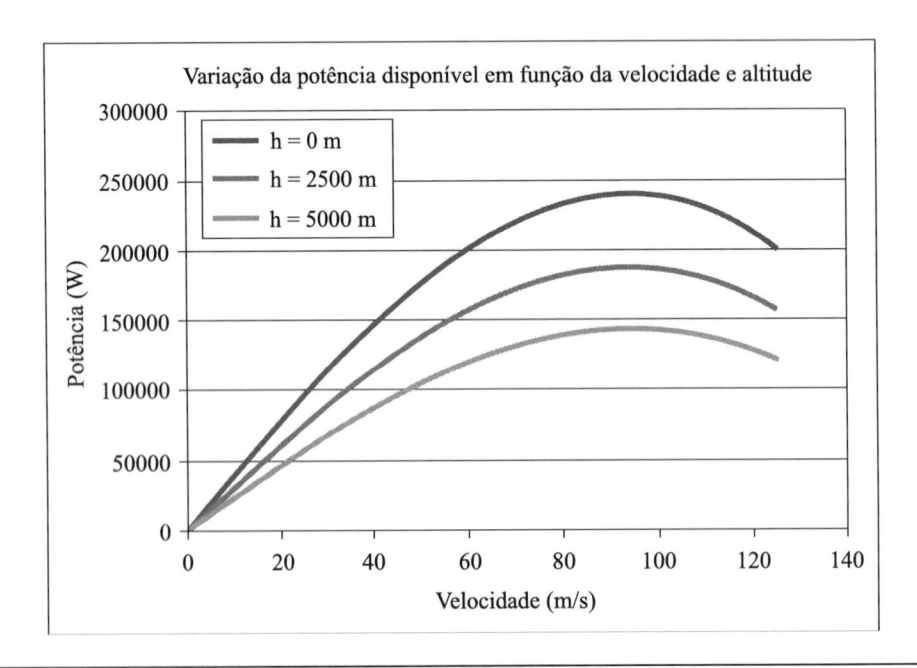

Figura 4.9 Variação característica da potência disponível com a altitude.

cálculo ao nível do mar com a condição de altitude desejada; assim, para o nível do mar, considerando um determinado peso e velocidade de voo, o coeficiente de sustentação requerido é dado por:

$$C_{L0} = \frac{2 \cdot W}{\rho_0 \cdot S \cdot v^2} \tag{4.39}$$

E a potência requerida é dada por:

$$P_{r0} = \sqrt{\frac{2 \cdot W \cdot C_D^2}{\rho_0 \cdot S \cdot C_{L0}^3}} \tag{4.40}$$

Com o valor do coeficiente de arrasto determinado pela polar de arrasto do seguinte modo:

$$C_D = C_{D0} + K \cdot C_{L0}^2 \tag{4.41}$$

Para o caso do voo em altitude, as Equações (4.39), (4.40) e (4.41) também podem ser utilizadas, porém agora considerando a densidade do ar para a condição desejada. Portanto:

$$C_{Lh} = \frac{2 \cdot W}{\rho_h \cdot S \cdot v^2} \tag{4.42}$$

É importante notar que como as condições de peso e velocidade são mantidas, a redução da densidade do ar provoca um aumento do coeficiente de sustentação requerido e consequentemente um aumento no coeficiente de arrasto total da aeronave, que pode ser calculado por:

$$C_{Dh} = C_{D0} + K \cdot C_{Lh}^2 \tag{4.43}$$

A potência requerida em altitude é calculada pela Equação (4.44) apresentada a seguir:

$$P_{rh} = \sqrt{\frac{2 \cdot W \cdot C_{Dh}^2}{\rho_h \cdot S \cdot C_{Lh}^3}} \tag{4.44}$$

Como a metodologia seguiu as mesmas considerações adotadas para o estudo das curvas de tração disponível e requerida com a altitude, uma forma direta para se obter todos os pontos da curva de potência requerida em função da altitude é por meio do produto da tração requerida em altitude pela velocidade de voo:

$$P_{rh} = T_{rh} \cdot v \tag{4.45}$$

Essa equação é válida apenas se os critérios adotados forem os mesmos, ou seja, mantém-se a velocidade de voo e considera-se a variação do C_L e do C_D para determinada altitude.

A Figura 4.10 mostra a variação característica da curva de potência requerida em função da altitude de voo para o modelo em estudo. (Os valores numéricos apresentados são referentes à aeronave Lancair IV.)

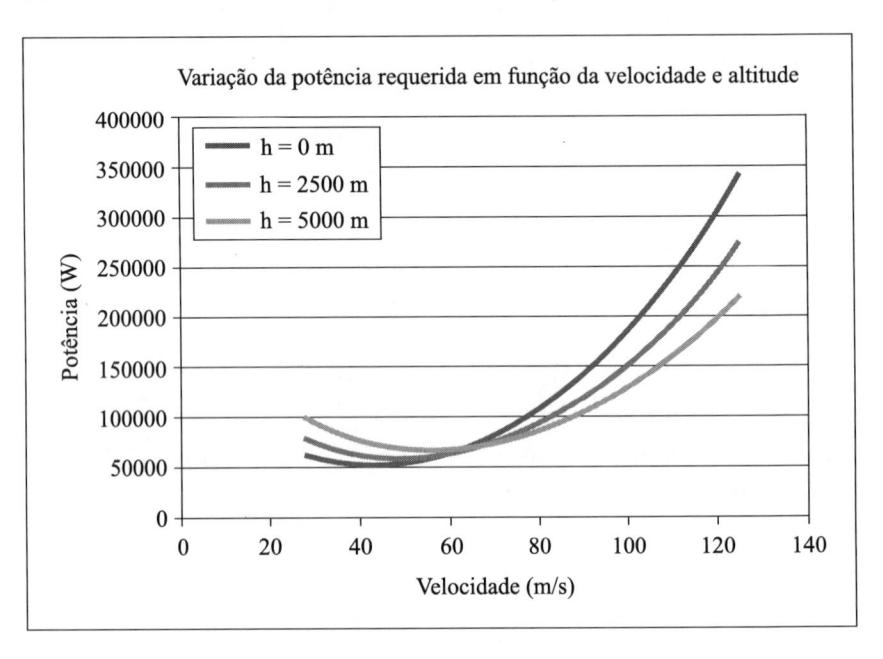

Figura 4.10 Variação da potência requerida com a altitude.

Da mesma maneira que é realizado para as curvas de tração disponível e requerida, as curvas de potência disponível e requerida em função da altitude devem ser traçadas em um único gráfico. Assim será possível obter um panorama geral que propicie uma análise apurada das condições de desempenho de subida e velocidade de máxima autonomia para qualquer altitude de voo avaliada. A Figura 4.11 mostra os efeitos da variação da altitude nas curvas de potência disponível e requerida. (Os valores numéricos apresentados são referentes à aeronave Lancair IV.)

A análise da variação da altitude nas curvas de potência permite observar que quanto maior for a altitude, menor é a sobra de potência existente, e, como será mostrado na próxima seção, isso proporciona um forte impacto no desempenho de subida da aeronave. O aumento da altitude de voo provoca uma redução significativa na razão de subida da aeronave, pois, como será estudado, com a manutenção do peso, uma redução na sobra de potência acarreta uma diminuição na capacidade de o avião ganhar altura.

O ponto de tangência entre as curvas de potência, tal como nas curvas de tração representa o teto absoluto de voo da aeronave e, portanto, é possível verificar que para uma determinada altitude, a sobra de potência será nula, sendo que nesta situação a aeronave não possui mais condições de ganhar altura.

Com relação à velocidade de máxima autonomia, a variação da altitude também contribui para o aumento dessa velocidade tal como ocorre para a velocidade de máximo alcance obtida pela análise das curvas de tração.

Variação das curvas de potência em função da velocidade e altitude

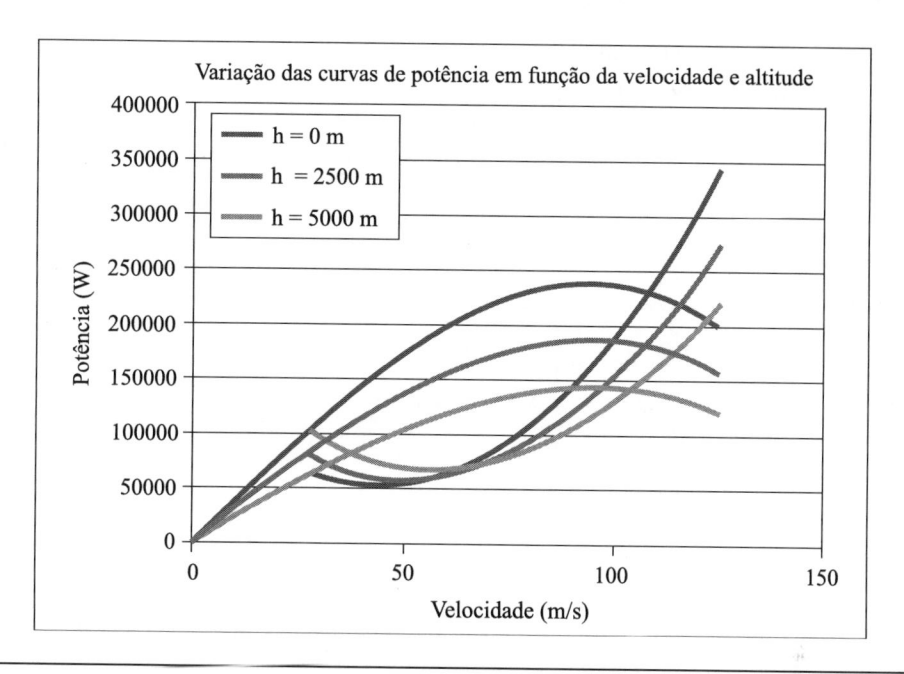

(gráfico: h = 0 m, h = 2500 m, h = 5000 m; Potência (W) vs Velocidade (m/s))

Figura 4.11 Influência da altitude nas curvas de potência disponível e requerida.

▶ EXEMPLO 4.4

Influência da altitude nas curvas de potência disponível e requerida

A partir dos resultados obtidos para a aeronave Lancair IV utilizada nos exemplos anteriores, calcule e represente em uma tabela os valores da tração e da potência disponível e requerida para a mesma faixa de velocidades utilizadas para os exemplos anteriores e para as altitudes $h = 0$ m ($\rho = 1{,}225$ kg/m^3), $h = 2500$ m ($\rho = 0{,}95696$ kg/m^3) e $h = 5000$ m ($\rho = 0{,}73643$ kg/m^3).

Solução: Para a aeronave em estudo, será apresentado o cálculo da tração e da potência disponível e requerida apenas para um ponto do gráfico $v = 200$ km/h (55,56 m/s) e para cada uma das três altitudes avaliadas, de forma que o leitor tenha a possibilidade de visualizar as correções necessárias para as altitudes acima do nível do mar.

Tração e potência disponível (nível do mar):
Para $v = 200$ km/h (55,56 m/s) tem-se:
Por meio da tabela obtida no enunciado do Problema 4.1, tem-se para essa velocidade:

$T_{d0} = 3403$ N

A potência disponível será:

$P_{d0} = T_{d0} \cdot v$
$P_{d0} = 3403 \cdot 55{,}56$
$P_{d0} = 189070{,}68$ W

Tração e potência requerida (nível do mar)
Para $v = 200$ km/h (55,56 m/s) tem-se:
O C_L requerido para se manter essa velocidade é calculado:

$$C_L = \frac{2 \cdot W}{\rho \cdot v^2 \cdot S}$$

$$C_L = \frac{2 \cdot 16000}{1,225 \cdot 55,56^2 \cdot 10,03}$$

$$C_L = 0,843$$

O respectivo coeficiente de arrasto total da aeronave é:

$$C_D = 0,0275 + 0,039799 \cdot C_L^2$$

$$C_D = 0,0275 + 0,039799 \cdot 0,843^2$$

$$C_D = 0,0558$$

A tração requerida pela aeronave nessa velocidade é obtida pela solução da Equação (4.6).

$$T_r = \frac{W}{C_L/C_D}$$

$$T_r = \frac{16000}{0,843/0,0558}$$

$$T_r = 1058,67 \text{ N}$$

A potência requerida para essa altitude será:

$$P_r = T_r \cdot v$$

$$P_r = 1058,67 \cdot 55,56$$

$$P_r = 58819,7 \text{ W}$$

Tração e potência disponível (2500 m)
Para $v = 200$ km/h (55,56 m/s) tem-se:
A tração disponível nessa altitude pode ser obtida da seguinte maneira:

$$T_{dh} = T_{d0} \cdot \frac{\rho_h}{\rho_0}$$

$$T_{dh} = 3403 \cdot \frac{0,95696}{1,2250}$$

$$T_{dh} = 2658,39 \text{ N}$$

A potência disponível para essa altitude será:

$$P_{dh} = T_{dh} \cdot v$$

$$P_{dh} = 2658,39 \cdot 55,56$$

$$P_{dh} = 147700,47 \text{ W}$$

Tração e potência requerida (2500 m)
Para v = 200 km/h (55,56 m/s) tem-se:
O C_L requerido para se manter essa velocidade é calculado:

$$C_L = \frac{2 \cdot W}{\rho \cdot v^2 \cdot S}$$

$$C_L = \frac{2 \cdot 16000}{0,95696 \cdot 55,56^2 \cdot 10,03}$$

$$C_L = 1,08$$

O respectivo coeficiente de arrasto total da aeronave é:

$$C_D = 0,0275 + 0,039799 \cdot C_L^2$$

$$C_D = 0,0275 + 0,039799 \cdot 1,08^2$$

$$C_D = 0,0739$$

A tração requerida pela aeronave nessa velocidade é obtida pela solução da Equação (4.6).

$$T_r = \frac{W}{C_L/C_D}$$

$$T_r = \frac{16000}{1,08/0,0739}$$

$$T_r = 1094,81 \text{ N}$$

A potência requerida para essa altitude será:

$$P_r = T_r \cdot v$$

$$P_r = 1094,81 \cdot 55,56$$

$$P_r = 60827,91 \text{ W}$$

Tração e potência disponível (5000 m):
Para v = 200 km/h (55,56 m/s) tem-se:
A tração disponível nessa altitude pode ser obtida:

$$T_{dh} = T_{d0} \cdot \frac{\rho_h}{\rho_0}$$

$$T_{dh} = 3403 \cdot \frac{0,73643}{1,2250}$$

$$T_{dh} = 2045,77 \text{ N}$$

A potência disponível para essa altitude será:

$$P_{dh} = T_{dh} \cdot v$$

$$P_{dh} = 2045,77 \cdot 55,56$$

$$P_{dh} = 113662,98 \text{ W}$$

Tração e potência requerida (5000 m)
Para $v = 200$ km/h (55,56 m/s) tem-se:
O C_L requerido para se manter essa velocidade é calculado:

$$C_L = \frac{2 \cdot W}{\rho \cdot v^2 \cdot S}$$

$$C_L = \frac{2 \cdot 16000}{0,73643 \cdot 55,56^2 \cdot 10,03}$$

$$C_L = 1,403$$

O respectivo coeficiente de arrasto total da aeronave é:

$$C_D = 0,0275 + 0,039799 \cdot C_L^2$$

$$C_D = 0,0275 + 0,039799 \cdot 1,403^2$$

$$C_D = 0,1058$$

A tração requerida pela aeronave nessa velocidade é obtida pela solução da Equação (4.6).

$$T_r = \frac{W}{C_L/C_D}$$

$$T_r = \frac{16000}{1,403/0,1058}$$

$$T_r = 1206,55 \text{ N}$$

A potência requerida para essa altitude será:

$$P_r = T_r \cdot v$$

$$P_r = 1206,55 \cdot 55,56$$

$$P_r = 67036,32 \text{ W}$$

Apresentou-se o cálculo realizado apenas para um ponto do gráfico. Esse mesmo procedimento deve ser realizado para os outros pontos requisitados no enunciado do problema. As tabelas com os resultados são apresentadas a seguir, e os respectivos gráficos comparativos estão apresentados nas Figuras 4.8 e 4.11.

Tabela 4.5 Tração disponível e requerida (nível do mar)			
v (km/h)	v (m/s)	T_D (N)	T_R (N)
0,00	0,00	3945,4	–
50,00	13,89	3900,6	8629,98
100,00	27,78	3789,6	2279,705
150,00	41,67	3622,2	1248,569
200,00	55,56	3403	1058,765

(Continua)

Tabela 4.5 Tração disponível e requerida (nível do mar) (*Continuação*)

v (km/h)	v (m/s)	T_D (N)	T_R (N)
250,00	69,44	3134,9	1158,628
300,00	83,33	2820,1	1412,03
350,00	97,22	2460,2	1772,332
400,00	111,11	2056,7	2220,048
450,00	125,00	1610,7	2745,872

Tabela 4.6 Tração disponível e requerida (2500 m)

v (km/h)	v (m/s)	T_D (N)	T_R (N)
0,00	0,00	3082,114	–
50,00	13,89	3047,117	11030,94
100,00	27,78	2960,405	2853,204
150,00	41,67	2829,633	1451,957
200,00	55,56	2658,396	1095,178
250,00	69,44	2448,958	1076,681
300,00	83,33	2203,039	1222,213
350,00	97,22	1921,888	1472,067
400,00	111,11	1606,677	1801,303
450,00	125,00	1258,266	2198,007

Tabela 4.7 Tração disponível e requerida (5000 m)

v (km/h)	v (m/s)	T_D (N)	T_R (N)
0,00	0,00	2371,846	–
50,00	13,89	2344,913	14320,75
100,00	27,78	2278,184	3653,657
150,00	41,67	2177,548	1765,342
200,00	55,56	2045,772	1207,288
250,00	69,44	1884,6	1061,837

(*Continua*)

Tabela 4.7 Tração disponível e requerida (5000 m) (*Continuação*)

v (km/h)	v (m/s)	T_D (N)	T_R (N)
300,00	83,33	1695,352	1102,552
350,00	97,22	1478,992	1251,849
400,00	111,11	1236,421	1477,319
450,00	125,00	968,3002	1763,478

Tabela 4.8 Potência disponível e requerida (nível do mar)

v (km/h)	v (m/s)	P_D (W)	P_R (W)
0,00	0,00	0	–
50,00	13,89	54175	119860,8
100,00	27,78	105266,7	63325,13
150,00	41,67	150925	52023,71
200,00	55,56	189055,6	58820,3
250,00	69,44	217701,4	80460,25
300,00	83,33	235008,3	117669,2
350,00	97,22	239186,1	172310
400,00	111,11	228522,2	246672
450,00	125,00	201337,5	343234

Tabela 4.9 Potência disponível e requerida (2500 m)

v (km/h)	v (m/s)	P_D (W)	P_R (W)
0,00	0,00	0	–
50,00	13,89	42321,07	153207,5
100,00	27,78	82233,46	79255,66
150,00	41,67	117901,4	60498,22
200,00	55,56	147688,7	60843,23
250,00	69,44	170066,5	74769,52

(*Continua*)

Tabela 4.9 Potência disponível e requerida (2500 m) (Continuação)

v (km/h)	v (m/s)	P_D (W)	P_R (W)
300,00	83,33	183586,6	101851,1
350,00	97,22	186850,2	143117,6
400,00	111,11	178519,7	200144,8
450,00	125,00	157283,2	274750,8

Tabela 4.10 Potência disponível e requerida (5000 m)

v (km/h)	v (m/s)	P_D (W)	P_R (W)
0,00	0,00	0	–
50,00	13,89	32568,24	198899,3
100,00	27,78	63282,88	101490,5
150,00	41,67	90731,18	73555,93
200,00	55,56	113654	67071,57
250,00	69,44	130875	73738,66
300,00	83,33	141279,3	91879,37
350,00	97,22	143790,9	121707,6
400,00	111,11	137380,1	164146,5
450,00	125,00	121037,5	220434,7

Esta seção procurou mostrar de forma clara e objetiva os efeitos provocados pela variação da altitude nas curvas de tração e potência de uma aeronave com propulsão a hélice. Essa análise é muito importante, pois permite ao projetista ter uma visão global do desempenho da aeronave em diversas condições de altitude.

4.7 Análise do desempenho de subida

A análise do voo de subida representa um parâmetro muito importante para qualquer aeronave, uma vez que permite a determinação da capacidade da aeronave ganhar altura após a decolagem e atingir uma altitude segura de voo. A razão de subida de uma aeronave representa sua velocidade vertical e, como será mostrado nesta seção, pode ser obtida de maneira simples a partir de um modelo aproximado que utiliza como referência as curvas de potência disponível e requerida para o voo reto e nivelado.

Como forma de avaliar as qualidades de subida de um avião, considere o modelo mostrado na Figura 4.12.

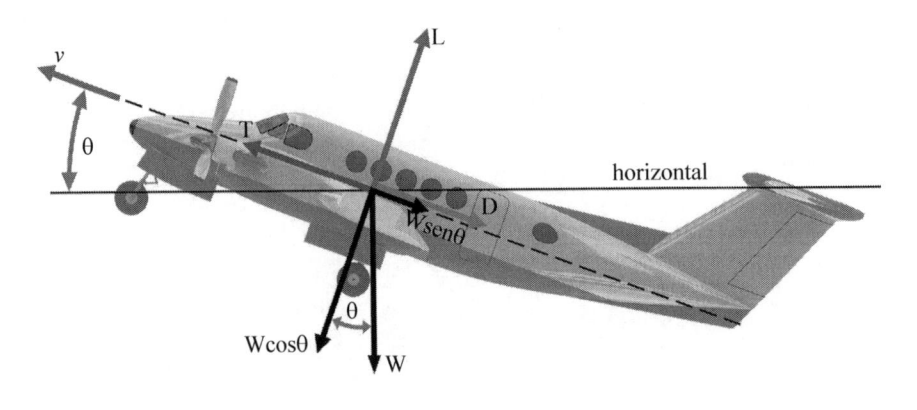

Figura 4.12 Forças atuantes durante um voo de subida.

Nessa situação, a velocidade da aeronave está alinhada com a direção do vento relativo e forma um ângulo de incidência θ com relação a uma referência horizontal. Um triângulo de vetores para indicar a velocidade pode ser representado como mostra a Figura 4.13.

Considerando que a subida seja realizada para uma condição de velocidade constante, as equações de equilíbrio da estática também podem ser utilizadas. Uma análise da Figura 4.12 permite observar que, em uma condição de subida, o peso possui duas componentes dadas por $Wsen\theta$ e $Wcos\theta$ utilizadas para compor as equações de equilíbrio:

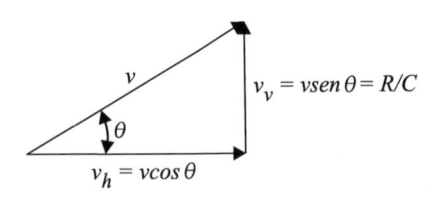

Figura 4.13 Triângulo de velocidades para análise do voo de subida.

$$T = D + W \cdot sen\theta \qquad (4.46)$$

Essa equação representa a soma das forças paralelas à direção de voo da aeronave, e pode-se perceber que, em uma condição de subida, a tração disponível além de atuar como forma de vencer a força de arrasto (tração requerida) também deve ser capaz de vencer a componente do peso dada por $Wsen\theta$.

A soma das forças perpendiculares à direção de voo resulta em:

$$L = W \cdot cos\theta \qquad (4.47)$$

Nessa equação é importante observar que durante um voo de subida a força de sustentação é menor que o peso da aeronave.

As Equações (4.46) e (4.47) representam as equações do movimento para um voo de subida com velocidade constante e são análogas às Equações (4.1) e (4.2), obtidas para o voo reto e nivelado.

Como mencionado no início desta seção, a razão de subida pode ser obtida pela análise das curvas de potência disponível e requerida, e a forma matemática para se obter a potência é a partir do produto entre tração e velocidade. A Equação (4.46) pode ser reescrita:

$$T \cdot v = D \cdot v + W \cdot v \cdot sen\theta \qquad (4.48)$$

$$T \cdot v - D \cdot v = W \cdot v \cdot sen\theta \qquad (4.48a)$$

$$\frac{T \cdot v - D \cdot v}{W} = v \cdot sen\theta \qquad (4.48b)$$

Uma análise da Figura 4.13 permite observar que o termo $vsen\theta$ representa a velocidade vertical da aeronave denominada razão de subida (R/C) *rate of climb*. A partir da Equação (4.48b), pode-se concluir:

$$\frac{T \cdot v - D \cdot v}{W} = R/C \qquad (4.49)$$

Na Equação (4.49), o termo Tv representa a potência disponível e o termo Dv, a potência requerida, ambas para uma mesma condição de peso e altitude. A Equação (4.49) pode ser reescrita:

$$\frac{P_d - P_r}{W} = R/C = vsen\theta \qquad (4.50)$$

Verifica-se que a razão de subida pode ser calculada por meio da sobra de potência existente em determinada condição de voo. Pela análise das curvas de potência disponível e requerida, é possível observar que enquanto houver sobra de potência a aeronave é capaz de subir.

A Figura 4.14 mostra a sobra de potência existente para garantir o voo de subida.

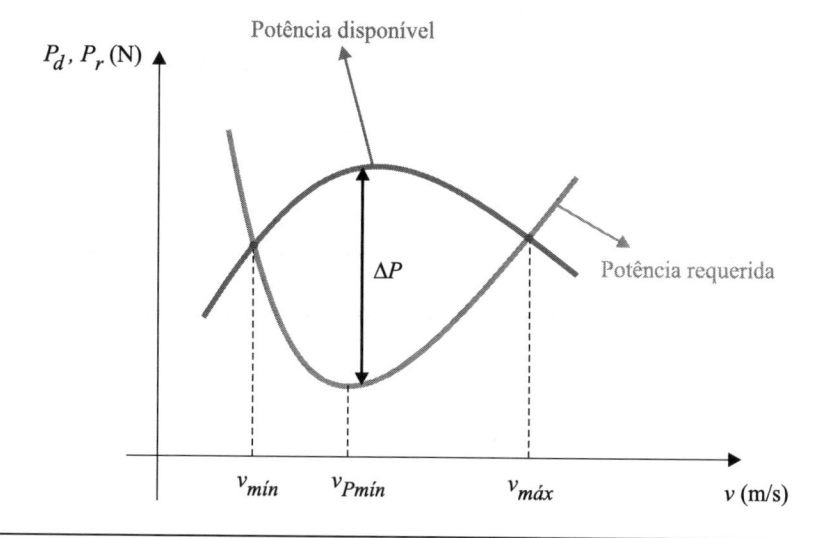

Figura 4.14 Ilustração da sobra de potência.

Ao longo da faixa de velocidades, existe um ponto no qual a sobra de potência é máxima. Para essa velocidade, obtém-se a máxima razão de subida da aeronave e, a partir da solução da Equação (4.50), é possível determinar o ângulo de subida que propicia essa condição.

As Equações (4.51) e (4.52b) permitem realizar o cálculo da máxima razão de subida e do ângulo de subida que proporciona essa condição.

$$R/C_{máx} = \frac{(P_d - P_r)_{máx}}{W} \quad (4.51)$$

Pela Equação (4.50), pode-se escrever

$$R/C_{máx} = v \cdot sen(\theta_{R/Cmáx}) \quad (4.52)$$

$$sen(\theta_{R/Cmáx}) = \frac{R/C_{máx}}{v} \quad (4.52a)$$

$$\theta_{R/Cmáx} = arcsen\left(\frac{R/C_{máx}}{v}\right) \quad (4.52b)$$

É muito comum representar a razão de subida em um gráfico que a relacione com a velocidade horizontal. A Figura 4.15 mostra a curva genérica da razão de subida em função da velocidade horizontal para uma aeronave com propulsão a hélice.

A representação gráfica da razão de subida em função da velocidade horizontal também é citada na bibliografia aeronáutica sob o nome *polar de velocidades*, pois, tal como a polar de arrasto, representa a velocidade resultante em coordenadas polares. Um gráfico representado em uma escala conveniente permite obter a velocidade resultante ao longo da trajetória de voo e ao mesmo tempo o correspondente ângulo de subida para qualquer condição desejada.

A análise da Figura 4.15 permite observar que para determinada velocidade é possível obter a máxima razão de subida correspondente a um determinado peso e altitude. Essa velocidade é denominada *velocidade de máxima razão de subida* e para essa situação existe um ângulo de subida que proporciona a máxima razão de subida representado por $\theta_{R/Cmáx}$.

Outro ponto importante relativo à razão de subida é quando se deseja ganhar altura rapidamente para se livrar de um obstáculo. Nessa situação, a subida deve ser realizada a uma condição de máximo ângulo de subida $\theta_{máx}$. O ângulo corresponde a uma menor

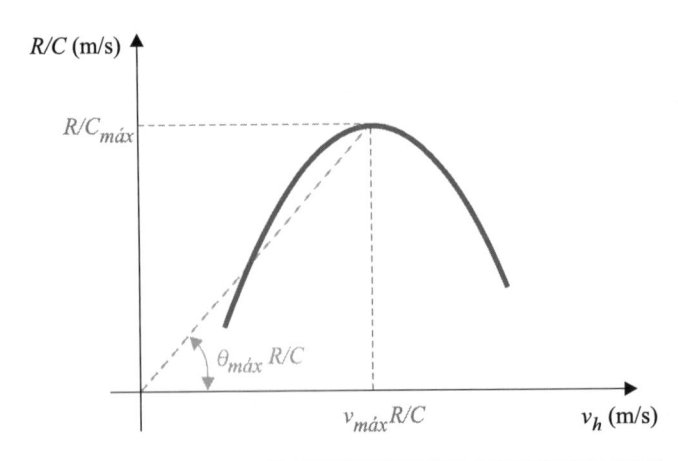

Figura 4.15 Polar de velocidades para razão de subida.

velocidade horizontal, e uma menor razão de subida e proporciona uma subida mais íngreme da aeronave.

Para o caso de aeronaves que decolam em condições limite de peso, normalmente a sobra de potência é muito pequena. É essencial que a subida seja realizada com uma velocidade horizontal maior e com uma pequena razão de subida e, consequentemente, com um pequeno ângulo de subida. Dessa forma, a maior velocidade horizontal é utilizada para aumentar a força de sustentação necessária para vencer o peso da aeronave e, assim, permitir uma condição segura de subida logo após a decolagem. A Figura 4.16 mostra uma aeronave em uma condição de subida após a decolagem.

Figura 4.16 Aeronave em voo de subida.

▶ EXEMPLO 4.5

Determinação da razão de subida

Para a aeronave Lancair IV dos exemplos anteriores, monte uma tabela relacionando a razão de subida com a velocidade horizontal da aeronave e represente os resultados obtidos em um gráfico. (Considere a análise para as condições $h = 0$ m, $h = 2500$ m e $h = 5000$ m.)

Solução: Para uma decolagem realizada ao nível do mar, os resultados para a faixa de velocidades entre 100 km/h e 450 km/h foram obtidos por meio do traçado das curvas de tração e potência, de acordo com a metodologia apresentada no Exemplo 4.4 e na Tabela 4.11:

Tabela 4.11 Valores de potência disponível e requerida para a aeronave Lancair IV – $h = 0$m

v (km/h)	v (m/s)	P_D (W)	P_R (W)
100	27,77778	105266,7	63325,13
150	41,66667	150925	52023,71
200	55,55556	189055,6	58820,3
250	69,44444	217701,4	80460,25
300	83,33333	235008,3	117669,2
350	97,22222	239186,1	172310
400	111,1111	228522,2	246672
450	125	201337,5	343234

Para uma decolagem realizada a 2500 m, os resultados para a faixa de velocidades entre 100 km/h e 450 km/h foram obtidos por meio do traçado das curvas de tração e potência, de acordo com a metodologia apresentada no Exemplo 4.4 e na Tabela 4.12:

Tabela 4.12 Valores de potência disponível e requerida para a aeronave Lancair IV – h = 2500 m

v (km/h)	v (m/s)	P_D (W)	P_R (W)
100	27,77778	82233,46	79255,66
150	41,66667	117901,4	60498,22
200	55,55556	147688,7	60843,23
250	69,44444	170066,5	74769,52
300	83,33333	183586,6	101851,1
350	97,22222	186850,2	143117,6
400	111,1111	178519,7	200144,8
450	125	157283,2	274750,8

Para uma decolagem realizada a 5000 m, os resultados para a faixa de velocidades entre 100 km/h e 450 km/h foram obtidos por meio do traçado das curvas de tração e potência, de acordo com a metodologia apresentada no Exemplo 4.4 e na Tabela 4.13:

Tabela 4.13 Valores de potência disponível e requerida para a aeronave Lancair IV – h = 5000 m

v (km/h)	v (m/s)	P_D (W)	P_R (W)
100	27,77778	63282,88	101490,5
150	41,66667	90731,18	73555,93
200	55,55556	113654	67071,57
250	69,44444	130875	73738,66
300	83,33333	141279,3	91879,37
350	97,22222	143790,9	121707,6
400	111,1111	137380,1	164146,5
450	125	121037,5	220434,7

A razão de subida pode ser determinada de acordo com o procedimento apresentado a seguir:

h = 0 m (nível do mar)
Para v = 55,56 m/s:

$$R/C = \frac{\Delta P}{W}$$

$$R/C = \frac{189055,6 - 58820,3}{16000}$$

$$R/C = 8,139 \text{ m/s}$$

h = 2500 m
Para v = 55,56 m/s:

$$R/C = \frac{\Delta P}{W}$$

$$R/C = \frac{147688,7 - 60843,23}{16000}$$

$$R/C = 5,427 \text{ m/s}$$

h = 5000 m
Para v = 55,56 m/s:

$$R/C = \frac{\Delta P}{W}$$

$$R/C = \frac{113654 - 67071,57}{16000}$$

$$R/C = 2,911 \text{ m/s}$$

Os resultados obtidos para a faixa de velocidades entre 100 km/h e 450 km/h são apresentados na Tabela 4.14 a seguir:

Tabela 4.14 Razão de subida – aeronave Lancair IV

v (m/s)	R/C (m/s) h=0 m	R/C (m/s) h = 2500 m	R/C (m/s) h = 5000 m
27,78	2,621346	0,186113	−2,38797
41,67	6,18133	3,587697	1,073453
55,56	8,139704	5,427839	2,911404
69,44	8,577571	5,956064	3,571019
83,33	7,333696	5,10847	3,087498
97,22	4,179756	2,733288	1,380207
111,11	−1,13436	−1,35157	−1,6729
125,00	−8,86853	−7,34173	−6,21233

O gráfico resultante é:

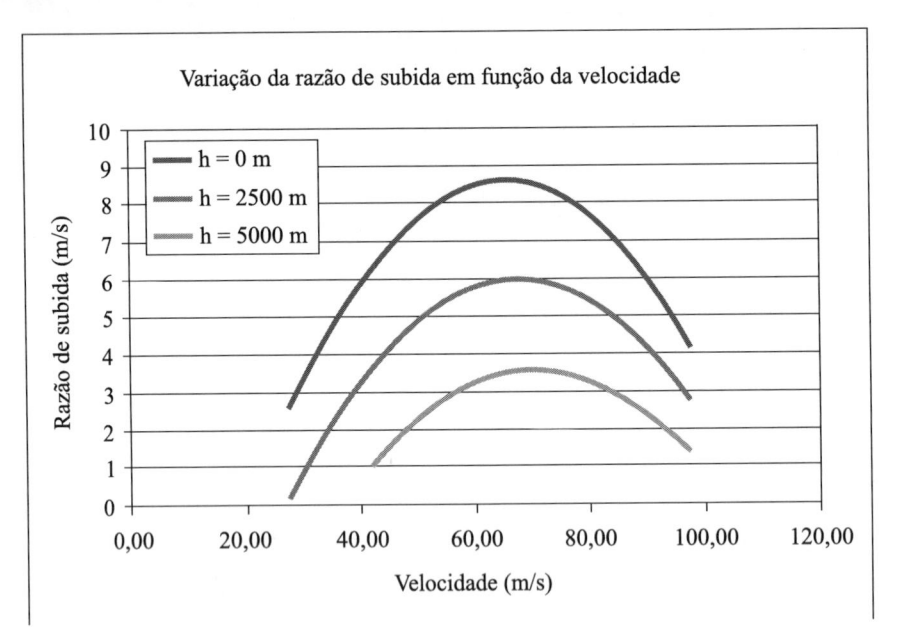

Variação da razão de subida em função da velocidade

(gráfico: Razão de subida (m/s) × Velocidade (m/s), curvas para h = 0 m, h = 2500 m, h = 5000 m)

Essa análise foi realizada para que o leitor verifique que a altitude possui influência decisiva na razão de subida de uma aeronave. Como a sobra de potência se torna cada vez menor, a capacidade da aeronave de ganhar altura torna-se cada vez mais reduzida.

4.8 Voo de planeio (descida não tracionada)

O conhecimento das características de desempenho durante um voo de descida também representa uma importante ferramenta a ser avaliada durante o projeto de uma nova aeronave, uma vez que possibilita a realização de uma aproximação para pouso dentro de uma rampa de descida aceitável e que proporciona uma aterrissagem suave e com uma velocidade segura.

Para a análise do voo de planeio, considera-se que a tração disponível é nula, pois nesta condição a aeronave se encontra operando com o motor em marcha lenta. Apenas são consideradas para efeitos de cálculos as forças de sustentação e arrasto, além do peso da aeronave.

Nessa situação de voo, também são válidas as equações de equilíbrio da estática que podem ser obtidas pela análise da Figura 4.17:

A soma das forças na direção paralela à trajetória de voo fornece:

$$D = W \cdot sen\gamma \qquad (4.53)$$

e para a soma das forças na direção perpendicular à trajetória de voo tem-se:

$$L = W \cdot \cos\gamma \qquad (4.54)$$

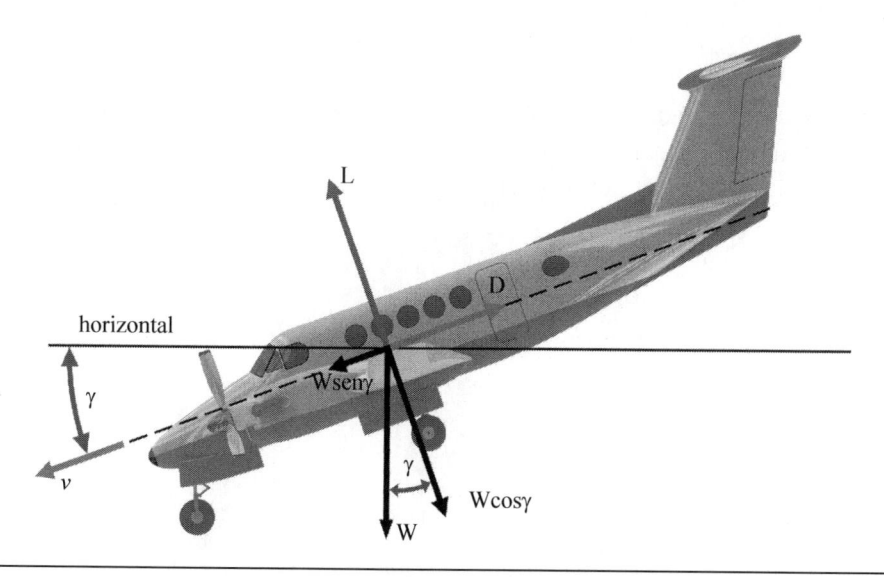

Figura 4.17 Forças atuantes durante o voo de planeio.

A partir das Equações (4.53) e (4.54), é possível determinar o ângulo de planeio que proporciona o equilíbrio da aeronave durante a descida. Dividindo-se a Equação (4.53) pela Equação (4.54), tem-se:

$$\frac{W \cdot sen\gamma}{W \cdot cos\gamma} = \frac{D}{L} \qquad (4.55)$$

$$\frac{sen\gamma}{cos\gamma} = \frac{D}{L} \qquad (4.55a)$$

$$tg\gamma = \frac{D}{L} \qquad (4.55b)$$

ou, pode-se escrever:

$$tg\gamma = \frac{1}{(L/D)} \qquad (4.55c)$$

Na Equação (4.55c) percebe-se claramente que o ângulo de planeio está diretamente relacionado com a eficiência aerodinâmica da aeronave, e, assim, ele será mínimo quando a relação L/D for máxima. Voando-se em uma condição de máxima eficiência aerodinâmica, consegue-se um planeio com máximo alcance, portanto:

$$tg\gamma_{mín} = \frac{1}{(L/D)_{máx}} \qquad (4.56)$$

Como pode ser observado na Equação (4.56), o ângulo de planeio que proporciona o equilíbrio da aeronave não depende da altitude, do peso ou da área da asa, mas simplesmente da relação *L/D*. Porém, em determinada altitude, para que a relação *L/D* desejada seja obtida, a aeronave deve voar com uma velocidade específica denominada velocidade de planeio, cujo valor depende diretamente da altitude, do peso e da área da asa. A velocidade de planeio para uma dada condição de altitude pode ser obtida pela solução da Equação (4.54):

$$L = \frac{1}{2} \cdot \rho \cdot v^2 \cdot S \cdot C_L = W \cdot \cos\gamma \qquad (4.57)$$

Isolando-se a velocidade tem-se:

$$v = \sqrt{\frac{2 \cdot W \cdot \cos\gamma}{\rho \cdot S \cdot C_L}} \qquad (4.58)$$

Claramente percebe-se que a velocidade de planeio depende da variação da altitude através da variável ρ, em que quanto menor for a altitude menor será a velocidade de planeio considerando que a descida seja realizada com uma relação *L/D* constante, ou seja, o coeficiente de sustentação não muda durante o planeio. Para o caso de um planeio com máximo alcance, o coeficiente de sustentação é calculado a partir da polar de arrasto do seguinte modo:

$$C_L^* = \sqrt{\frac{C_{D0}}{K}} \qquad (4.59)$$

Para uma situação de planeio com máxima autonomia, o coeficiente de sustentação é dado por:

$$C_L^* = \sqrt{\frac{3 \cdot C_{D0}}{K}} \qquad (4.60)$$

Uma vez determinados o ângulo de planeio e a velocidade de planeio para determinada altitude e condição de voo desejada, é possível determinar a razão de descida da aeronave (R_D) de forma rápida a partir do triângulo de velocidades apresentado na Figura 4.18.

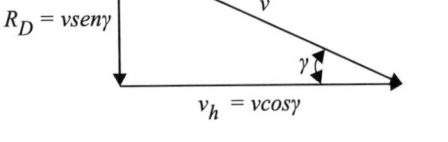

Figura 4.18 Determinação da razão de descida.

Dessa forma tem-se:

$$v_h = v \cdot \cos\gamma \qquad (4.61)$$

e

$$R_D = v_v = v \cdot sen\gamma \qquad (4.62)$$

Uma representação conveniente para a razão de descida em função da velocidade horizontal é a polar de velocidades apresentada na Figura 4.19.

CAPÍTULO 4 — Desempenho de voo em condição de equilíbrio estático

A polar de velocidades apresentada mostra dois pontos em destaque. O ponto **A** representa um voo de descida realizado para uma condição de máxima autonomia, e, nesta situação, a razão de descida será mínima permitindo com que a aeronave permaneça mais tempo no ar antes de chegar ao solo. A razão de descida para esta condição pode ser obtida com a solução da Equação (4.62), em que a velocidade de planeio é calculada pela Equação (4.58) com o coeficiente de sustentação para máxima autonomia obtido pela Equação (4.60). O ângulo de planeio que proporciona a máxima autonomia é obtido pela solução da Equação (4.55c), considerando o C_L obtido na Equação (4.60) e o respectivo coeficiente de arrasto obtido através da equação que define a polar de arrasto da aeronave.

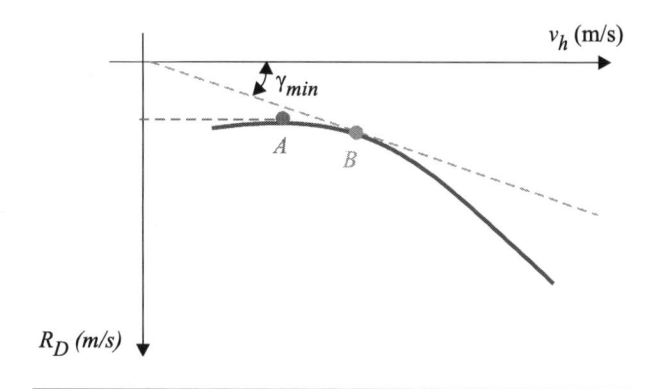

Figura 4.19 Polar de velocidades (planeio).

Uma vez conhecidos o ângulo de planeio e a respectiva velocidade de planeio que proporciona uma descida com máxima autonomia, a correspondente velocidade horizontal da aeronave pode ser determinada pela solução da Equação (4.61).

O ponto **B** representado no gráfico indica uma descida com máximo alcance. Nessa situação a aeronave percorrerá uma maior distância horizontal antes de chegar ao solo. Como visto anteriormente, um voo realizado para máximo alcance ocorre para uma condição de eficiência aerodinâmica máxima. Dessa forma a velocidade de planeio é calculada pela Equação (4.58) com o coeficiente de sustentação para máximo alcance obtido pela Equação (4.59). O ângulo de planeio que proporciona uma condição de máximo alcance é obtido pela solução da Equação (4.55c), considerando o C_L obtido na Equação (4.59) e o respectivo coeficiente de arrasto obtido através da equação que define a polar de arrasto da aeronave.

Todos os outros pontos da polar de velocidades são obtidos considerando-se o coeficiente de sustentação característico para cada condição de voo desejada.

Para um planeio realizado em uma condição de máximo alcance é possível uma aproximação com o menor ângulo possível, portanto, para esta condição, o ângulo de planeio estará definido em função da máxima eficiência aerodinâmica, e a distância horizontal percorrida antes que a aeronave toque o solo pode ser calculada pela relação trigonométrica mostrada nas Equações (4.63) e (4.64) obtidas a partir da análise da Figura 4.20.

$$tg\gamma = \frac{h}{D} \qquad (4.63)$$

$$D = \frac{h}{tg\gamma} \qquad (4.64)$$

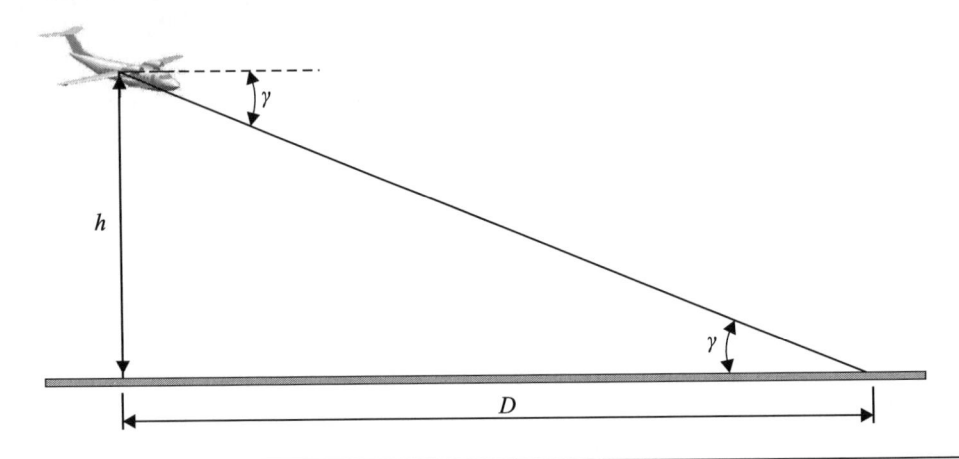

Figura 4.20 Distância horizontal percorrida durante o planeio.

Conhecido o ângulo de planeio para máximo alcance e a altura em relação ao solo em que a descida se iniciará, a Equação (4.64) determina de maneira rápida qual será a distância horizontal percorrida antes do pouso. A Figura 4.21 mostra uma aeronave em aproximação para pouso.

Figura 4.21 Aproximação para pouso de uma aeronave.

▶ EXEMPLO 4.6

Determinação das características de planeio

Para a aeronave Lancair IV utilizada como referência nos exemplos anteriores, represente o gráfico da polar de velocidades durante o planeio considerando uma aproximação ao nível do mar $h = 0$ m e uma aproximação realizada em um aeroporto situado a $h = 2500$ m de altitude. Durante a execução dos cálculos determine o ângulo de planeio, a velocidade de planeio, a razão de descida e a velocidade horizontal.

Dados: $C_D = 0{,}0275 + 0{,}039799 C_L^2$, $\rho_0 = 1{,}225$ kg/m^3, $\rho_{2500} = 0{,}95696$ kg/m^3, $S = 10{,}03$ m^2, $W = 16000$ N.

Solução: Para uma condição de planeio realizada ao nível do mar, $h = 0$ m, utiliza-se a seguinte metodologia:

A polar de velocidades é obtida com a variação do coeficiente de sustentação de 0,2 até 1,60 com incrementos de 0,2. Dessa forma tem-se:

Para $C_L = 0{,}2$

$C_D = 0{,}0275 + 0{,}039799 \cdot C_L^2$

$C_D = 0{,}0275 + 0{,}039799 \cdot 0{,}2^2$

$C_D = 0{,}0290$

A eficiência aerodinâmica nesta condição é:

$E = \dfrac{C_L}{C_D}$

$E = \dfrac{0{,}2}{0{,}0290}$

$E = 6{,}874$

O ângulo de planeio para esta condição é:

$\gamma = arctg\,\dfrac{1}{E}$

$\gamma = arctg\,\dfrac{1}{6{,}874}$

$\gamma = 8{,}27°$

A velocidade de planeio é:

$v = \sqrt{\dfrac{2 \cdot W \cdot \cos\gamma}{\rho \cdot S \cdot C_L}}$

$v = \sqrt{\dfrac{2 \cdot 16000 \cdot \cos 8{,}27°}{1{,}225 \cdot 10{,}03 \cdot 0{,}2}}$

$v = 113{,}51$ m/s

A velocidade horizontal é obtida pela solução da Equação (4.61):

$v_h = v \cdot \cos\gamma$

$v_h = 113{,}51 \cdot \cos 8{,}27°$

$v_h = 112{,}33$ m/s

e a razão de descida para esta condição dada por:

$R_D = v_v = -v \cdot sen\gamma$

$R_D = -113{,}51 \cdot sen\,8{,}27°$

$R_D = -16{,}34$ m/s

O cálculo apresentado foi repetido para toda a faixa de valores de C_L em estudo. A Tabela 4.15 a seguir mostra os resultados obtidos na análise.

Tabela 4.15 Planeio ao nível do mar – aeronave Lancair IV

C_L	R_D (m/s)	v_h (m/s)
0,2	–16,3405	112,3367
0,4	–6,79558	80,26011
0,6	–4,57628	65,64501
0,8	–3,76562	56,87044
1,0	–3,42288	50,86096
1,2	–3,28027	46,41335
1,4	–3,23664	42,94848
1,6	–3,24666	40,14888

Para uma condição de planeio realizada na altitude, $h = 2500$ m, emprega-se a mesma metodologia adotada anteriormente, porém agora considerando a densidade do ar para a altitude de 2500 m.

A Tabela 4.16 a seguir mostra os resultados obtidos na análise para $h = 2500$ m.

Tabela 4.16 Planeio a 2500 m de altitude – aeronave Lancair IV

C_L	R_D (m/s)	v_h (m/s)
0,2	–18,4878	127,0992
0,4	–7,68861	90,80733
0,6	–5,17766	74,27162
0,8	–4,26047	64,34395
1,0	–3,87269	57,54475
1,2	–3,71134	52,51267
1,4	–3,66198	48,59247
1,6	–3,67331	45,42497

O gráfico resultante da análise realizada é o seguinte:

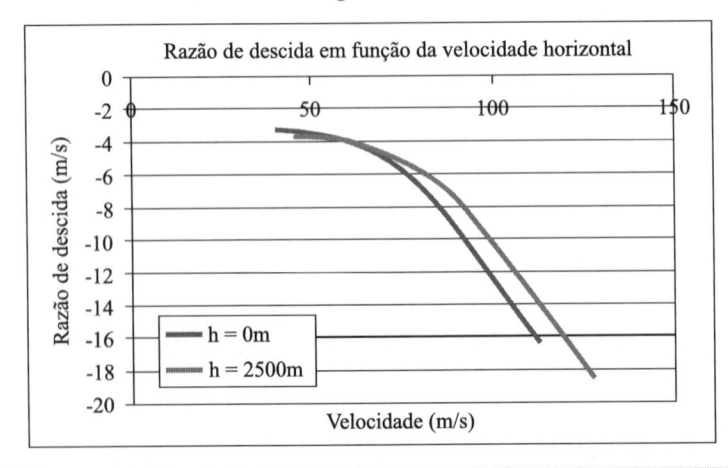

EXERCÍCIOS PROPOSTOS

4.1 Descreva as quatro forças fundamentais que atuam em uma aeronave em uma condição de voo reto e nivelado.

4.2 A partir das equações fundamentais da força de sustentação e da força de arrasto aplicadas para a condição de equilíbrio de uma aeronave em voo reto e nivelado, mostre que a tração requerida pode ser obtida por

$$T_R = \frac{W}{C_L/C_D}.$$

4.3 Defina o que representa o alcance e a autonomia em uma aeronave.

4.4 O 14-bis era constituído por um aeroplano unido ao balão 14, que fora utilizado em voos feitos por Santos Dumont em meados de 1905. A função do balão era reduzir o peso efetivo do aeroplano e facilitar a decolagem. O aeróstato, porém, gerava muito arrasto e não permitia ao avião desenvolver velocidade. Santos Dumont retirou o balão e, para compensar o aumento de peso, no dia 3 de setembro de 1906 duplicou a potência do aparelho, instalando um motor de 50 cv no lugar do de 24 cv até então utilizado. Em 23 de outubro de 1906, no campo de Bagatelle, na cidade de Paris, o 14-bis decolou usando seus próprios meios e sem auxílio de dispositivos de lançamento, percorrendo 60 metros em sete segundos, perante mais de mil espectadores. Esteve presente a Comissão Oficial do Aeroclube da França, entidade reconhecida internacionalmente e autorizada a homologar qualquer evento marcante, tanto no campo dos aeróstatos como no dos *mais pesado que o ar*.

Considerando uma carga alar igual a 57 N/m² (carga alar representa o quociente entre o peso e a área da asa), determine ao nível do mar ($\rho = 1{,}225$ kg/m³) qual o C_L necessário para manter o 14-bis em voo reto e nivelado com uma velocidade máxima igual a 36 km/h (10 m/s).

4.5 Considere uma aeronave de pequeno porte com um peso total de 21000 N. Sabendo-se que a área da asa é igual a 16,48 m², que o alongamento é igual a 6,3, a área molhada da aeronave é 4,1 vezes maior que a área da asa e o fator de eficiência de Oswald é igual a 0,72, determine qual a tração requerida para manter uma condição de voo reto e nivelado da aeronave em uma velocidade de 280 km/h. Considere $C_{Fe} = 0{,}0055$ e $\rho = 1{,}225$ kg/m³.

4.6 No final da década de 1960 o Ministério da Agricultura brasileiro firmou contrato com a Embraer com o objetivo de produzir no país uma aeronave agrícola, e assim modernizar o setor com novas técnicas de produção, e, ao mesmo tempo, gerar recursos para a estatal recém-criada. O Ipanema foi projetado por engenheiros do Instituto Tecnológico da Aeronáutica e testado na Fazenda Ipanema na cidade de Sorocaba. A aeronave realizou seu primeiro voo em 1970 e a produção teve início em 1972. Hoje uma versão bem mais moderna continua a ser fabricada pela Indústria Aeronáutica Neiva. O modelo 202-A foi a primeira aeronave produzida em série no mundo a operar com etanol (álcool). O número de unidades produzidas já superou a marca de mil. Idealizado para pulverizar plantações com fertilizantes e pesticidas, também pode ser utilizado para espalhar sementes. Para proteger o piloto do contato com os produtos químicos, a cabine do Ipanema conta com um sistema de vedação e a dispersão dos defensivos químicos ocorre na parte posterior das asas. Considerando os parâmetros geométricos e de desempenho da aeronave apresentados a seguir, determine as velocidades de máximo alcance e máxima autonomia para esta aeronave nas condições de voo ao nível do mar ($\rho = 1{,}225$ kg/m^3), a 700 m ($\rho = 1{,}1448$ kg/m^3) e a 1200 m ($\rho = 1{,}090$ kg/m^3). Dados: $W = 18000$ N, $S = 18{,}72$ m^2 e considere a polar de arrasto aproximada para $C_D = 0{,}0206 + 0{,}0499 \cdot C_L^2$.

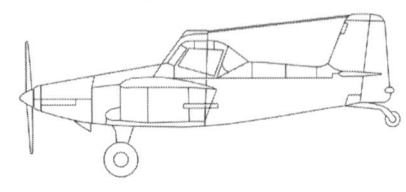

4.7 Uma aeronave com massa de 5000 kg e área de asa de 22,3 m^2 possui dois motores que fornecem uma tração constante total de 8 kN. A polar de arrasto dessa aeronave é dada por $C_D = 0{,}017 + 0{,}0543 \cdot C_L^2$. Determine para condições de voo a 1000 m de altitude ($\rho = 1{,}111$ kg/m^3) o ângulo e a razão de subida para uma velocidade de 80 m/s. Considere g = 9,81m/s^2.

4.8 A máxima relação L/D de uma aeronave é igual a 12,4. Determine o ângulo de planeio mínimo e o máximo alcance em relação ao solo considerando que o planeio inicia a 2000 m de altitude em relação ao nível do mar.

4.9 Na ausência de vento, determinada aeronave consegue em voo de planeio percorrer uma distância horizontal de 2800 m para cada 300 m de altura. Determine o ângulo de planeio para essas condições.

4.10 Considere a aeronave North-American T-6 mostrada a seguir com os seguintes parâmetros geométricos e de desempenho: $C_D = 0{,}021 + 0{,}048C_L^2$, $\rho_0 = 1{,}225$ kg/m^3, $S = 23{,}60$ m^2, $W = 25400$ N. Determine o ângulo de planeio, a velocidade de planeio, a razão de descida e a velocidade horizontal da aeronave para a condição de máximo alcance.

CAPÍTULO 5

Desempenho de decolagem, pouso e voo em curvas

5.1 Introdução

Este capítulo tem por objetivo a realização do estudo do desempenho de uma aeronave em voo acelerado. Esse tipo de característica se encontra presente principalmente durante as etapas de decolagem e pouso e também quando a aeronave realiza um voo em curva.

Os fundamentos do voo acelerado são muito importantes para a determinação dessas condições e ao longo do capítulo será apresentado em detalhes o equacionamento matemático necessário para análises de decolagem, pouso e realização de curvas em uma aeronave.

5.2 Desempenho na decolagem

O modelo matemático apresentado nesta seção é o mesmo utilizado para aviões convencionais com propulsão a hélice e possui sua formulação baseada no principio fundamental da dinâmica (2ª lei de Newton), portanto:

$$F = m \cdot a = m \cdot \frac{dv}{dt} \quad (5.1)$$

Para a aplicação da Equação (5.1), é necessário que sejam conhecidas as forças que atuam na aeronave durante a corrida de decolagem. A Figura 5.1 mostra um avião monomotor durante a corrida de decolagem e as forças que atuam sobre ele.

Pode-se perceber, analisando-se a Figura 5.1, que, além das quatro forças necessárias para o voo reto e ni-

Figura 5.1 Forças atuantes durante a decolagem.

velado, também está presente durante a corrida de decolagem a força de atrito entre as rodas e o solo. Essa força é representada por R, e pode ser calculada da seguinte maneira:

$$R = \mu \cdot N \qquad (5.2)$$

onde μ representa o coeficiente de atrito entre as rodas da aeronave e o solo e N representa a força normal que, como será apresentado, diminui conforme a velocidade aumenta.

O coeficiente de atrito pode variar desde 0,02 para pistas asfaltadas até 0,1 para pistas de grama. A Tabela 5.1 relaciona o coeficiente de atrito com o respectivo piso da pista.

Tabela 5.1 Coeficiente de atrito entre o piso e as rodas	
Tipo do piso	μ
asfalto, concreto	0,02 até 0,03
terra	0,05
grama curta	0,05
grama longa	0,10

Como comentado, durante a corrida de decolagem, a força normal diminui conforme a velocidade da aeronave aumenta. Esse fato está relacionado ao aumento da força de sustentação que ocorre conforme a aeronave ganha velocidade, portanto, a Equação (5.2) pode ser reescrita:

$$R = \mu \cdot (W - L) \qquad (5.3)$$

onde o termo $(W\text{-}L)$ representa a força normal atuante durante a corrida de decolagem.

CAPÍTULO 5 — Desempenho de decolagem, pouso e voo em curvas

Para a análise do desempenho de decolagem utilizando-se a Equação (5.1), a partir da Figura 5.1 é possível determinar a força resultante oriunda das soma das forças paralelas à direção de movimento da aeronave. Assim, a Equação (5.1) pode ser reescrita do seguinte modo:

$$T - D - R = m \cdot \frac{dv}{dt} \qquad (5.4)$$

Para a solução da Equação (5.4), é muito importante que se determine uma condição que relacione a velocidade de decolagem, a massa e a força líquida atuante, fornecendo como resultado a distância necessária para a decolagem da aeronave, ou seja, é necessário realizar uma mudança de variável de forma que a Equação (5.4) se torne independente do tempo.

Assim, assume-se que a aeronave inicia o seu movimento a partir do repouso na posição $S = 0$ m e no instante $t = 0$ s, sendo acelerada até a velocidade de decolagem v_{lo} após percorrer a distância S_{lo} em um intervalo de tempo t. Portanto, integrando-se ambos os termos da Equação (5.1) e isolando-se a variável t, pode-se escrever:

$$\frac{F}{m} = \frac{dv}{dt} \qquad (5.5)$$

$$\frac{F}{m} \cdot dt = dv \qquad (5.5\text{a})$$

$$\int_0^t \frac{F}{m} \cdot dt = \int_0^v dv \qquad (5.5\text{b})$$

$$v\big|_0^v = \frac{F}{m} \cdot t\big|_0^t \qquad (5.5\text{c})$$

$$v = \frac{F}{m} \cdot t \qquad (5.5\text{d})$$

que resulta:

$$t = \frac{v \cdot m}{F} \qquad (5.6)$$

Vale lembrar que a partir das equações fundamentais da cinemática, a velocidade é dada por:

$$v = \frac{ds}{dt} \qquad (5.7)$$

A integral da Equação (5.7) permite obter o comprimento de pista necessário para se decolar a aeronave, portanto:

$$v \cdot dt = ds \tag{5.8}$$

Considerando que a aeronave parte do repouso na posição $S = 0$ m e no instante $t = 0$s sendo acelerada até a velocidade de decolagem v_{lo} na posição S_{lo} e no instante t, tem-se:

$$\int_0^t v \cdot dt = \int_0^{S_{lo}} ds \tag{5.9}$$

Substituindo v pelo resultado da Equação (5.5d):

$$\int_0^t \left(\frac{F}{m} \cdot t\right) \cdot dt = \int_0^{S_{lo}} ds \tag{5.10}$$

$$\frac{F}{m} \cdot \frac{t^2}{2}\Big|_0^t = S_0^{S_{Lo}} \tag{5.10a}$$

portanto:

$$\frac{F \cdot t^2}{2 \cdot m} = S_{Lo} \tag{5.10b}$$

Substituindo-se a Equação (5.6) na Equação (5.10b):

$$\frac{F \cdot \left(\dfrac{v \cdot m}{F}\right)^2}{2 \cdot m} = S_{Lo} \tag{5.11}$$

$$\frac{F \cdot v^2 \cdot m^2}{2 \cdot m \cdot F^2} = S_{Lo} \tag{5.11a}$$

resultando:

$$S_{Lo} = \frac{v^2 \cdot m}{2 \cdot F} \tag{5.11b}$$

Substituindo-se a soma das forças $(T-D-R)$ na Equação (5.11b):

$$S_{Lo} = \frac{v^2 \cdot m}{2 \cdot (T - D - R)} \tag{5.12}$$

ou

$$S_{Lo} = \frac{v^2 \cdot m}{2 \cdot (T - D - \mu \cdot (W - L))} \quad (5.12a)$$

$$S_{Lo} = \frac{v^2 \cdot m}{2 \cdot \{T - [D + \mu \cdot (W - L)]\}} \quad (5.12b)$$

Considerando que no instante da decolagem $v = v_{lo}$ e que a massa da aeronave é dada por $m = W/g$, a Equação (5.12b) pode ser reescrita da seguinte maneira:

$$S_{Lo} = \frac{v_{lo}^2 \cdot \left(W/g\right)}{2 \cdot \{T - [D + \mu \cdot (W - L)]\}} \quad (5.13)$$

$$S_{Lo} = \frac{v_{lo}^2 \cdot W}{2 \cdot g \cdot \{T - [D + \mu \cdot (W - L)]\}} \quad (5.13a)$$

Como forma de manter uma margem de segurança durante o procedimento de decolagem e subida, a norma FAR-Part 23 (FAR – Federal Aviation Regulation) sugere que a velocidade de decolagem não deve ser inferior a 20% da velocidade de estol, ou seja, $v_{lo} = 1,2 \, v_{estol}$, portanto:

$$v_{lo} = 1,2 \cdot \sqrt{\frac{2 \cdot W}{\rho \cdot S \cdot C_{Lmáx}}} \quad (5.14)$$

Como forma de se obter v_{lo}^2, a Equação (5.14) é reescrita do seguinte modo:

$$v_{lo}^2 = 1,2^2 \cdot \left(\sqrt{\frac{2 \cdot W}{\rho \cdot S \cdot C_{Lmáx}}}\right)^2 \quad (5.14a)$$

$$v_{lo}^2 = 1,44 \cdot \frac{2 \cdot W}{\rho \cdot S \cdot C_{Lmáx}} \quad (5.14b)$$

Substituindo a Equação (5.14b) na Equação (5.13a):

$$S_{Lo} = \frac{1,44 \cdot \frac{2 \cdot W}{\rho \cdot S \cdot C_{Lmáx}} \cdot W}{2 \cdot g \cdot \{T - [D + \mu \cdot (W - L)]\}} \quad (5.15)$$

Assim:

$$S_{Lo} = \frac{1{,}44 \cdot 2 \cdot W^2}{2 \cdot g \cdot \rho \cdot S \cdot C_{Lmáx} \cdot \{T - [D + \mu \cdot (W - L)]\}} \quad (5.15a)$$

$$S_{Lo} = \frac{1{,}44 \cdot W^2}{g \cdot \rho \cdot S \cdot C_{Lmáx} \cdot \{T - [D + \mu \cdot (W - L)]\}} \quad (5.15b)$$

Como os valores da força de arrasto e da força de sustentação se alteram conforme a velocidade aumenta, o cálculo da Equação (5.15b) se torna muito complexo. Para simplificar a solução, geralmente é realizada uma aproximação para uma força requerida média obtida em 70% da velocidade de decolagem, ou seja, os valores de L e D são calculados a partir das Equações (5.16a) e (5.17a), considerando $v = 0{,}7 v_{lo}$, portanto:

$$L = \frac{1}{2} \cdot \rho \cdot v^2 \cdot S \cdot C_L \quad (5.16)$$

$$L = \frac{1}{2} \cdot \rho \cdot (0{,}7 \cdot v_{lo})^2 \cdot S \cdot C_L \quad (5.16a)$$

e

$$D = \frac{1}{2} \cdot \rho \cdot v^2 \cdot S \cdot C_D \quad (5.17)$$

$$D = \frac{1}{2} \cdot \rho \cdot (0{,}7 \cdot v_{lo})^2 \cdot S \cdot (C_{D0} + \phi \cdot K \cdot C_L^2) \quad (5.17a)$$

É importante ressaltar que durante uma análise de decolagem, o coeficiente de sustentação C_L presente nas Equações (5.16a) e (5.17a) é constante durante toda a corrida de decolagem, uma vez que a asa está fixa na fuselagem em um ângulo de incidência fixo em relação ao eixo longitudinal da mesma. No instante em que a aeronave atinge a velocidade de decolagem, ocorre a rotação e o ângulo de ataque aumenta de forma que a força de sustentação gerada se iguale ao peso. Dessa forma, o C_L também aumenta para um valor um pouco abaixo do $C_{Lmáx}$. Nos instantes iniciais que sucedem a decolagem, para se evitar o estol, o piloto deve ser muito ex-

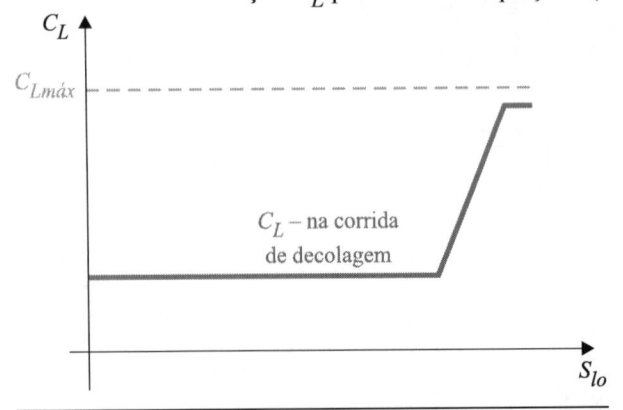

Figura 5.2 Variação do C_L em função do comprimento de pista necessário para decolagem.

periente, pois uma perda de sustentação a baixa altura praticamente inviabiliza uma recuperação do voo ocasionando queda da aeronave. A Figura 5.2 mostra a variação do coeficiente de sustentação em função do comprimento de pista necessário para decolar a aeronave.

Com relação ao coeficiente de arrasto $C_D = C_{D0} + \phi K C_L^2$ presente na Equação (5.17a), é importante notar que a variável ϕ representa o fator de efeito solo que atua nos procedimentos de decolagem e pouso definido no Capítulo 3 por:

$$\phi = \frac{(16 \cdot h / b)^2}{1 + (16 \cdot h / b)^2} \tag{5.18}$$

Em função das considerações realizadas, a Equação (5.15b) utilizada para se estimar o comprimento de pista para a decolagem da aeronave pode ser reescrita:

$$S_{Lo} = \frac{1,44 \cdot W^2}{g \cdot \rho \cdot S \cdot C_{Lmáx} \cdot \{T - [D + \mu \cdot (W - L)]\}_{0,7v_{lo}}} \tag{5.19}$$

Alguns autores assumem que a tração disponível é constante durante a corrida de decolagem. Neste livro será considerado que a tração varia com a velocidade; desse modo, a variável T na Equação (5.19) também tem seu valor em uma condição de $v = 0,7v_{lo}$.

Durante a determinação das características de decolagem de uma aeronave, é interessante que o peso total de decolagem seja mostrado em função do comprimento de pista necessário para decolar a aeronave em determinada condição de altitude em um gráfico cujo modelo genérico está apresentado na Figura 5.3.

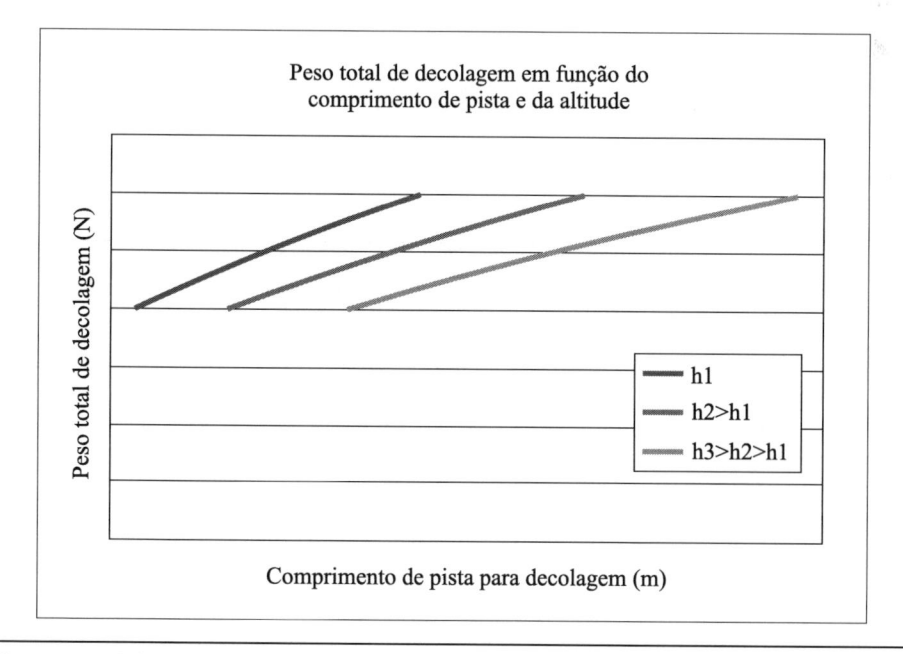

Figura 5.3 Influência da variação da altitude no desempenho de decolagem.

A análise desse gráfico é muito importante, pois permite, a partir da altitude e da densidade local no momento da decolagem, definir qual será o peso máximo de decolagem para determinado comprimento de pista.

Por meio da Equação (5.19), é possível verificar que o comprimento de pista necessário para a decolagem é sensível às variáveis peso, densidade do ar, área da asa e $C_{Lmáx}$. Para o projeto de uma nova aeronave, geralmente é de fundamental importância que a decolagem seja realizada com o maior peso possível no menor comprimento de pista. Essa situação pode ser obtida pelo aumento de área de asa, aumento da tração disponível através da escolha da melhor hélice ou então pelo aumento do $C_{Lmáx}$ com a escolha do melhor perfil aerodinâmico para o projeto em questão.

Também é importante verificar que o aumento do peso provoca uma variação significativa no aumento da pista necessária para decolar, pois S_{lo} varia com W^2, e, dessa forma, ao se dobrar o peso, por exemplo, o valor de S_{lo} é quadruplicado.

Com relação à variação da altitude, percebe-se na Equação (5.19) que a redução da densidade do ar provoca o aumento de S_{lo}, portanto, em aeroportos localizados em altitudes elevadas, a aeronave percorre um maior comprimento de pista durante a decolagem do que em aeroportos localizados ao nível do mar.

A Figura 5.4 mostra a aeronave EMB-312-Tucano durante o procedimento de decolagem.

Figura 5.4 Procedimento de decolagem da aeronave EMB-312 - Tucano.

▶ EXEMPLO 5.1

Determinação do comprimento de pista necessário para a decolagem

Estime o comprimento de pista necessário para a decolagem de uma aeronave leve monomotora com um peso máximo de decolagem de 9000 N em uma pista localizada ao nível do mar $\rho = 1{,}225$ kg/m³. Considere: $S = 12$ m², $g = 9{,}81$ m/s², $\mu = 0{,}03$, $C_{Lmáx} = 1{,}4$, $\phi = 0{,}9$ (fator de efeito solo), $C_{LLO} = 0{,}6$ (coeficiente de sustentação durante a decolagem), $T_D = 2600$ N, e a polar de arrasto dada por $C_D = 0{,}052 + 0{,}078 C_L^2$.

Solução: O comprimento de pista S_{lo} é determinado pela solução da Equação (5.19).

$$S_{Lo} = \frac{1{,}44 \cdot W^2}{g \cdot \rho \cdot S \cdot C_{Lmáx} \cdot \{T - [D + \mu \cdot (W - L)]\}_{0{,}7 v_{lo}}}$$

O coeficiente de arrasto durante a decolagem é influenciado pelo efeito solo e pode ser calculado da seguinte maneira:

$$C_D = C_{D0} + (\phi \cdot K \cdot C_{LLO}^2)$$
$$C_D = 0,052 + (0,9 \cdot 0,078 \cdot 0,6^2)$$
$$C_D = 0,0772$$

A velocidade de estol é:

$$v_{estol} = \sqrt{\frac{2 \cdot W}{\rho \cdot S \cdot C_{Lmáx}}}$$

$$v_{estol} = \sqrt{\frac{2 \cdot 9000}{1,225 \cdot 12 \cdot 1,4}}$$

$$v_{estol} = 29,57 \text{ m/s}$$

A velocidade de decolagem é 20% maior que a velocidade de estol, portanto:

$$v_{lo} = 1,2 \cdot v_{estol}$$
$$v_{lo} = 1,2 \cdot 29,57$$
$$v_{lo} = 35,49 \text{ m/s}$$

A força de sustentação para $0,7v_{lo}$ é:

$$L = \frac{1}{2} \cdot \rho \cdot (0,7 \cdot v_{lo})^2 \cdot S \cdot C_L$$
$$L = \frac{1}{2} \cdot 1,225 \cdot (0,7 \cdot 35,49)^2 \cdot 12 \cdot 0,6$$
$$L = 2721,6 \text{ N}$$

A correspondente força de arrasto é:

$$D = \frac{1}{2} \cdot \rho \cdot (0,7 \cdot v_{lo})^2 \cdot S \cdot (C_{D0} + \phi \cdot K \cdot C_L^2)$$
$$D = \frac{1}{2} \cdot 1,225 \cdot (0,7 \cdot 35,49)^2 \cdot 12 \cdot 0,0772$$
$$D = 350,50 \text{ N}$$

A tração disponível é dada no enunciado do problema, portanto:

$$T_d = 2600 \text{ N}$$

Aplicando-se a Equação para a determinação do comprimento de pista para a decolagem da aeronave:

$$S_{Lo} = \frac{1,44 \cdot W^2}{g \cdot \rho \cdot S \cdot C_{Lmáx} \cdot \{T - [D + \mu \cdot (W - L)]\}_{0,7v_{lo}}}$$

$$S_{Lo} = \frac{1,44 \cdot 9000^2}{9,81 \cdot 1,225 \cdot 12 \cdot 1,4 \cdot \{2600 - [350,50 + 0,03 \cdot (9000 - 2721,6)]\}}$$

$$S_{Lo} = 280,30 \text{ m}$$

EXEMPLO 5.2

Influência da altitude no comprimento de pista necessário para a decolagem

Para a aeronave do Exemplo 5.1, determine as curvas que mostram a variação do comprimento de pista necessário para a decolagem em função do peso e da altitude. Considere a decolagem realizada ao nível do mar (ρ = 1,225 kg/m^3), a 1000 m de altitude (ρ = 1,111 kg/m^3) e a 2000 m de altitude (ρ = 1,0066 kg/m^3). Considere que o peso de decolagem varia de 7000 N a 9000 N em incrementos de 200 N.

Solução: O comprimento de pista S_{lo} para as várias condições de peso e altitude é determinado pela solução da Equação (5.19).

$$S_{Lo} = \frac{1{,}44 \cdot W^2}{g \cdot \rho \cdot S \cdot C_{Lmáx} \cdot \{T - [D + \mu \cdot (W - L)]\}_{0{,}7 v_{lo}}}$$

O processo de cálculo é o mesmo do Exemplo 5.1, porém a Equação (5.19) deve ser utilizada sucessivas vezes para cada uma das condições desejadas. O ideal é que se desenvolva um algoritmo capaz de realizar o cálculo da Equação (5.19) para qualquer valor desejado e mostre os resultados por meio de uma tabela que permita o traçado do gráfico. Para a solução deste exemplo, utilizou-se uma planilha de cálculos para a implementação das variáveis desejadas. Essa planilha forneceu como resultados os valores apresentados nas tabelas a seguir que permitiram o traçado das curvas do peso total de decolagem em função do comprimento de pista e da altitude.

Tabela 5.2 Decolagem ao nível do mar h = 0 m

h (m)	W (N)	S_{LO} (m)
0	7000	160,25
0	7200	170,48
0	7400	181,08
0	7600	192,07
0	7800	203,45
0	8000	215,22
0	8200	227,40
0	8400	239,99
0	8600	253,00
0	8800	266,43
0	9000	280,30

Tabela 5.3 Decolagem na altitude h = 1000 m

h (m)	W (N)	S_{LO} (m)
1000	7000	198,75
1000	7200	211,57
1000	7400	224,89
1000	7600	238,70
1000	7800	253,02
1000	8000	267,86
1000	8200	283,23
1000	8400	299,13
1000	8600	315,58
1000	8800	332,59
1000	9000	350,17

Tabela 5.4 Decolagem na altitude h = 2000 m

h (m)	W (N)	S_{LO} (m)
2000	7000	247,67
2000	7200	263,86
2000	7400	280,69
2000	7600	298,18
2000	7800	316,33
2000	8000	335,17
2000	8200	354,70
2000	8400	374,94
2000	8600	395,91
2000	8800	417,62
2000	9000	440,09

O gráfico resultante da análise está apresentado na figura a seguir:

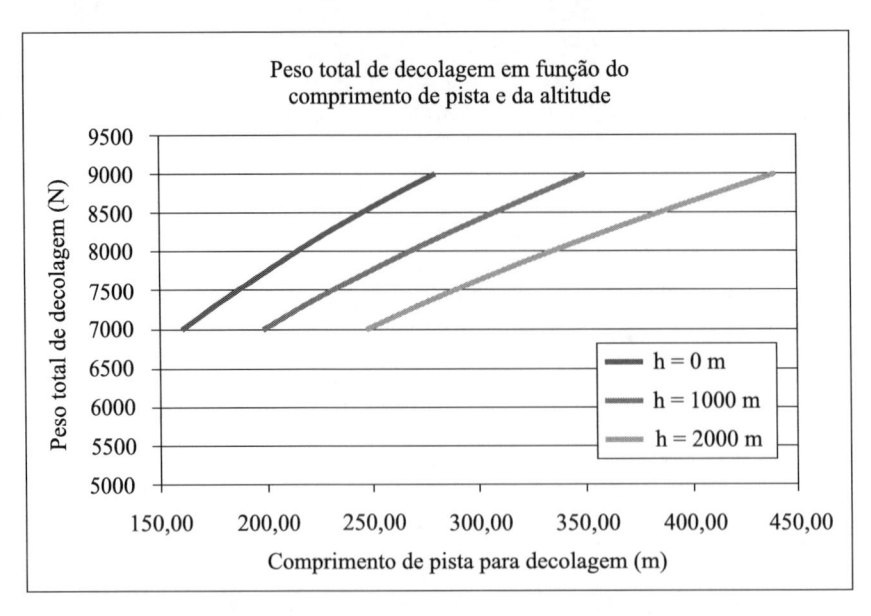

Peso total de decolagem em função do comprimento de pista e da altitude

- h = 0 m
- h = 1000 m
- h = 2000 m

Eixo Y: Peso total de decolagem (N)
Eixo X: Comprimento de pista para decolagem (m)

5.3 Desempenho no pouso

Para a avaliação das características de pouso de uma aeronave, utiliza-se o mesmo modelo matemático e as mesmas considerações adotadas para o cálculo realizado durante a decolagem.

Para ilustrar as forças atuantes na aeronave durante o processo de desaceleração, a Figura 5.5 é similar à Figura 5.1 utilizada para a análise de decolagem. A única variável modificada é a tração disponível que durante o procedimento de pouso é considerada nula, pois o piloto reduz o motor a uma condição de marcha lenta.

Figura 5.5 Forças atuantes durante o pouso.

Assim, a equação de movimento durante o pouso também é escrita a partir da 2ª lei de Newton, porém considerando $T = 0$ N, portanto:

$$F = m \cdot a = m\frac{dv}{dt} \quad (5.20)$$

$$-D - [\mu \cdot (W - L)] = m\frac{dv}{dt} \quad (5.20a)$$

Do mesmo modo que foi calculado o procedimento de decolagem, será apresentada a seguir uma dedução matemática que permite obter uma expressão aproximada para se determinar o comprimento de pista necessário para o pouso, considerando-se um valor constante para o termo $D + [\mu(W-L)]$, medido por seu valor no instante em que $v = 0,7\, v_t$, onde v_t representa a velocidade da aeronave no instante em que ela toca a pista.

Através de um processo idêntico ao realizado para o desempenho de decolagem, a Equação (5.20a) pode ser integrada sucessivamente duas vezes para se obter uma expressão que relacione o comprimento de pista necessário para o pouso com a velocidade, com a massa e com a força líquida que proporcionará a desaceleração da aeronave. Portanto, para essa análise, considera-se que a aeronave toca o solo no instante $t = 0$ s, na posição $S = 0$ m com velocidade $v = v_t$ e se desloca até o instante $t = t_L$ na posição $S = S_L$ com velocidade final $v = 0$ m/s, ou seja, aeronave parada ao final do movimento. A partir dessas considerações, a Equação (5.20a) pode ser integrada:

$$\int_0^{t_L} \frac{F}{m} dt = \int_{v_t}^{0} dv \quad (5.21)$$

que resulta:

$$\frac{F}{m} \cdot t_L = -v_t \quad (5.21a)$$

$$t_L = -\frac{v_t \cdot m}{F} \quad (5.21b)$$

sabendo-se:

$$v = \frac{ds}{dt} \quad (5.22)$$

A Equação (5.21a) pode ser integrada:

$$\int_0^{t_L} \frac{F}{m} \cdot t\, dt = \int_0^{S_L} ds \quad (5.23)$$

que resulta:

$$\frac{F \cdot t_L^2}{2 \cdot m} = S_L \quad (5.24)$$

Substituindo-se a Equação (5.21b) na Equação (5.24):

$$\frac{F \cdot \left(\dfrac{-v_t \cdot m}{F}\right)^2}{2 \cdot m} = S_L \quad (5.25)$$

$$\frac{F \cdot \left(-v_t^2 \cdot m^2\right)}{2 \cdot m \cdot F^2} = S_L \quad (5.25a)$$

que resulta:

$$\frac{-v_t^2 \cdot m}{2 \cdot F} = S_L \quad (5.25b)$$

A Equação (5.25b) fornece como resultado a distância necessária para o pouso da aeronave considerando-se uma força constante durante o processo de desaceleração. Substituindo-se a soma das forças $D + [\mu(W-L)]$ na Equação (5.25b):

$$S_L = \frac{v_t^2 \cdot m}{2 \cdot [D + \mu \cdot (W - L)]_{0,7v_t}} \quad (5.26)$$

Considerando que $m = W/g$ e que durante o processo de aproximação a norma FAR Part-23 sugere por medida de segurança uma velocidade 30% maior que a velocidade de estol, a Equação (5.26) pode ser reescrita:

$$S_L = \frac{(1,3 \cdot v_{estol})^2 \cdot m}{2 \cdot [D + \mu \cdot (W - L)]_{0,7v_t}} \quad (5.27)$$

como a velocidade de estol é dada por:

$$v_{estol} = \sqrt{\frac{2 \cdot W}{\rho \cdot S \cdot C_{Lm\acute{a}x}}} \quad (5.28)$$

tem-se:

$$S_L = \frac{\left(1{,}3 \cdot \sqrt{\frac{2 \cdot W}{\rho \cdot S \cdot C_{Lmáx}}}\right)^2 \cdot \frac{W}{g}}{2 \cdot [D + \mu \cdot (W - L)]_{0{,}7v_t}} \quad (5.29)$$

$$S_L = \frac{1{,}69 \cdot \frac{2 \cdot W}{\rho \cdot S \cdot C_{Lmáx}} \cdot W}{2 \cdot g \cdot [D + \mu \cdot (W - L)]_{0{,}7v_t}} \quad (5.29a)$$

$$S_L = \frac{1{,}69 \cdot 2 \cdot W^2}{2 \cdot g \cdot \rho \cdot S \cdot C_{Lmáx} \cdot [D + \mu \cdot (W - L)]_{0{,}7v_t}} \quad (5.29b)$$

$$S_L = \frac{1{,}69 \cdot W^2}{g \cdot \rho \cdot S \cdot C_{Lmáx} \cdot [D + \mu \cdot (W - L)]_{0{,}7v_t}} \quad (5.29c)$$

Essa equação é similar à desenvolvida para o procedimento de decolagem, e os valores das forças de sustentação e arrasto podem ser determinados pelas Equações (5.30) e (5.31).

$$L = \frac{1}{2} \cdot \rho \cdot (0{,}7 \cdot v_t)^2 \cdot S \cdot C_L \quad (5.30)$$

e

$$D = \frac{1}{2} \cdot \rho \cdot (0{,}7 \cdot v_t)^2 \cdot S \cdot (C_{D0} + \phi \cdot K \cdot C_L^2) \quad (5.31)$$

Para a solução das Equações (5.30) e (5.31), o coeficiente de sustentação utilizado é o mesmo do procedimento de decolagem, pois uma vez que a asa está fixa na fuselagem em determinado ângulo de incidência, quando a aeronave tocar o solo, a desaceleração ocorrerá para o mesmo valor de C_L usado na decolagem.

Também é importante observar que o fator de efeito solo se faz presente na Equação (5.31) quando da determinação da força de arrasto durante o pouso.

Para a análise de pouso, também é importante que seja apresentado um gráfico que relacione o peso total da aeronave com o comprimento de pista necessário para o pouso, pois, dessa forma, em função das condições atmosféricas do local, é possível ter um panorama geral das qualidades de desempenho durante o pouso da aeronave.

Um modelo genérico desse tipo de gráfico pode ser visualizado na Figura 5.6 apresentada a seguir.

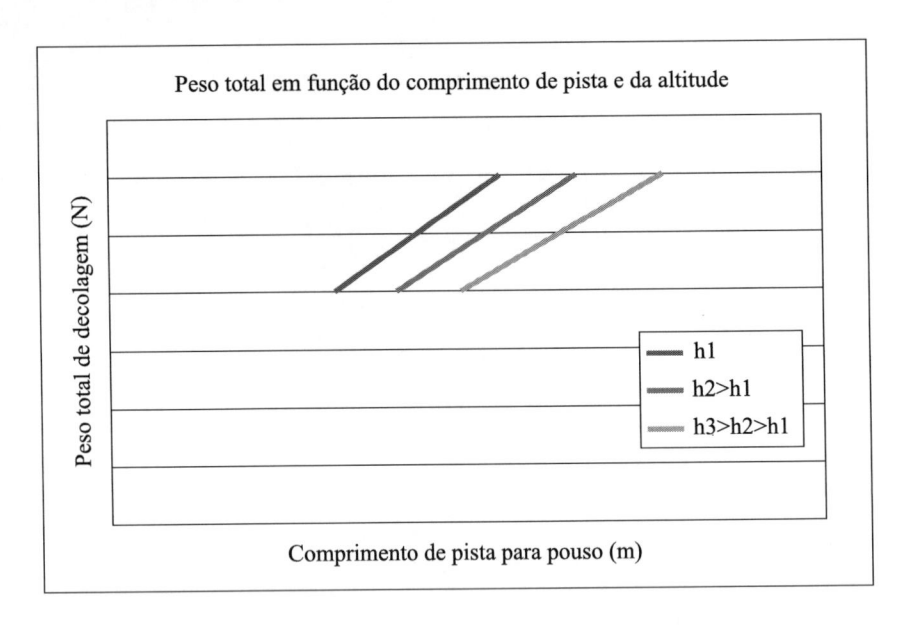

Figura 5.6 Variação do comprimento de pista necessário para o pouso em função do peso da aeronave.

Como alternativa para se reduzir o comprimento de pista necessário para o pouso, algumas técnicas de pilotagem podem ser utilizadas desde que o piloto possua experiência e habilidade para executá-las. Dentre essas técnicas, a principal é realizar o toque no solo com a menor velocidade possível, ou seja, garantir que a aeronave pouse com uma velocidade igual à velocidade de estol da aeronave. A obtenção dessa condição é possível durante a manobra de arredondamento da aeronave nas proximidades do solo. A partir da análise da Figura 5.7 apresentada a seguir, verifica-se que, durante todo o processo de aproximação, a velocidade é 30% maior que a velocidade de estol, porém a partir do instante em que a aeronave se encontra em um voo sobre a pista para a realização do pouso, o piloto pode reduzir a tração a uma condição de marcha lenta do motor e levantar

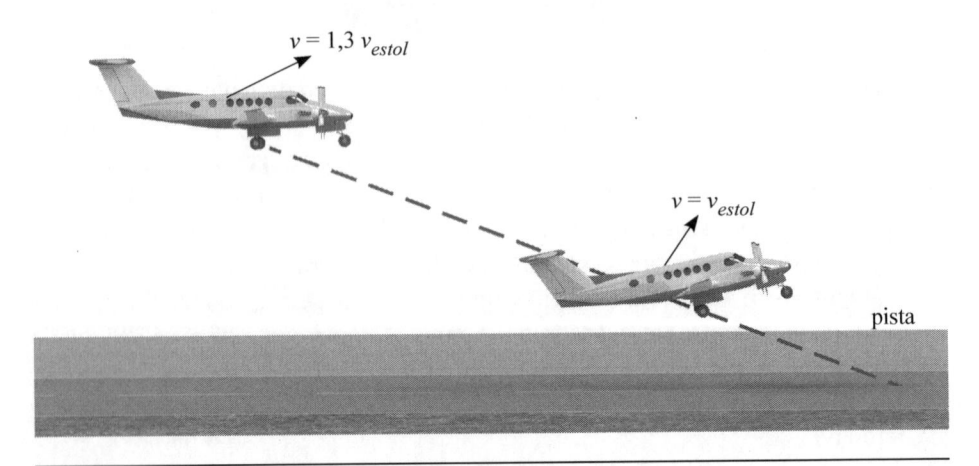

Figura 5.7 Manobra de arredondamento da aeronave para a realização do pouso.

o nariz da aeronave com o intuito de aumentar o arrasto através do aumento do ângulo de ataque e reduzir a velocidade para a velocidade de estol.

Caso essa manobra seja realizada corretamente, o equacionamento apresentado anteriormente sofre algumas modificações que estão apresentadas a seguir.

Considerando a partir deste ponto que a velocidade de toque seja a velocidade de estol da aeronave, a Equação (5.27) pode ser reescrita:

$$S_L = \frac{v_{estol}^2 \cdot m}{2 \cdot [D + \mu \cdot (W - L)]_{0,7 v_{estol}}} \qquad (5.32)$$

substituindo a massa pela relação $m = W/g$, e a respectiva relação para a velocidade de estol:

$$S_L = \frac{\sqrt{\frac{2 \cdot W}{\rho \cdot S \cdot C_{Lmáx}}}^2 \cdot \frac{W}{g}}{2 \cdot [D + \mu \cdot (W - L)]_{0,7 v_{estol}}} \qquad (5.33)$$

$$S_L = \frac{\frac{2 \cdot W}{\rho \cdot S \cdot C_{Lmáx}} \cdot W}{2 \cdot g \cdot [D + \mu \cdot (W - L)]_{0,7 v_{estol}}} \qquad (5.33a)$$

$$S_L = \frac{2 \cdot W^2}{2 \cdot g \cdot \rho \cdot S \cdot C_{Lmáx} \cdot [D + \mu \cdot (W - L)]_{0,7 v_{estol}}} \qquad (5.33b)$$

que resulta:

$$S_L = \frac{W^2}{g \cdot \rho \cdot S \cdot C_{Lmáx} \cdot [D + \mu \cdot (W - L)]_{0,7 v_{estol}}} \qquad (5.33c)$$

com os valores de L e D determinados pelas seguintes equações.

$$L = \frac{1}{2} \cdot \rho \cdot (0,7 \cdot v_{estol})^2 \cdot S \cdot C_L \qquad (5.34)$$

e

$$D = \frac{1}{2} \cdot \rho \cdot (0,7 \cdot v_{estol})^2 \cdot S \cdot (C_{D0} + \phi \cdot K \cdot C_L^2) \qquad (5.35)$$

O resultado que deve ser obtido pela solução da Equação (5.33c) será menor que o obtido pela Equação (5.29c).

Uma outra alternativa a ser empregada para reduzir ainda mais o comprimento de pista é a utilização de flapes na aeronave que, quando defletidos, aumentam o arrasto e o valor do $C_{Lmáx}$, contribuindo para a redução de S_L. Além dos flapes, também podem ser utilizados *spoilers* no extradorso da asa, que, quando defletidos durante a desaceleração da aeronave, atuam como forma de eliminar a sustentação e aumentar o arrasto parasita propiciando também a redução de S_L. Normalmente a utilização de *spoilers* aumenta o arrasto parasita em torno de 10%. A Figura 5.8 mostra a aplicação de flapes e *spoilers* na aeronave.

Também é importante lembrar que, além de todos esses dispositivos, praticamente qualquer aeronave possui sistema de freios convencionais.

Figura 5.8 Aplicação de flapes e *spoilers*.

▶ EXEMPLO 5.3

Determinação do comprimento de pista necessário para o pouso

Determine o comprimento de pista necessário para o pouso da aeronave utilizada no Exemplo 5.1. Considere as mesmas condições atmosféricas, o mesmo peso e uma velocidade de pouso igual a 1,3 da velocidade de estol. Considere que após o pouso o piloto aciona o sistema de freios e aumenta o coeficiente de atrito para 0,3.

Solução: A velocidade de estol é:

$$v_{estol} = \sqrt{\frac{2 \cdot W}{\rho \cdot S \cdot C_{Lmáx}}}$$

$$v_{estol} = \sqrt{\frac{2 \cdot 9000}{1,225 \cdot 12 \cdot 1,4}}$$

$$v_{estol} = 29,57 \text{ m/s}$$

A velocidade de pouso é 30% maior que a velocidade de estol, portanto:

$v_{lo} = 1,3 \cdot v_{estol}$

$v_{lo} = 1,3 \cdot 29,57$

$v_{lo} = 38,45$ m/s

A força de sustentação durante o pouso para $0,7 v_{pouso}$ é:

$L = \frac{1}{2} \cdot \rho \cdot (0,7 \cdot v_{pouso})^2 \cdot S \cdot C_L$

$L = \frac{1}{2} \cdot 1,225 \cdot (0,7 \cdot 38,45)^2 \cdot 12 \cdot 0,6$

$L = 3194,1$ N

A correspondente força de arrasto é:

$D = \frac{1}{2} \cdot \rho \cdot (0,7 \cdot v_{pouso})^2 \cdot S \cdot (C_{D0} + \phi \cdot K \cdot C_L^2)$

$D = \frac{1}{2} \cdot 1,225 \cdot (0,7 \cdot 38,45)^2 \cdot 12 \cdot (0,052 + 0,9 \cdot 0,078 \cdot 0,6^2)$

$D = 411,357$ N

Aplicando-se a Equação (5.29c) para a determinação do comprimento de pista para o pouso da aeronave:

$S_L = \dfrac{1,69 \cdot W^2}{g \cdot \rho \cdot S \cdot C_{Lmáx} \cdot [D + \mu \cdot (W - L)]_{0,7 v_t}}$

$S_L = \dfrac{1,69 \cdot 9000^2}{9,81 \cdot 1,225 \cdot 12 \cdot 1,4 \cdot [411,357 + 0,3 \cdot (9000 - 3194,1)]_{0,7 v_t}}$

$S_L = 314,91$ m

▶ EXEMPLO 5.4

Influência da altitude no comprimento de pista necessário para o pouso

Para a aeronave do Exemplo 5.1, determine as curvas que mostram a variação do comprimento de pista necessário para o pouso em função do peso e da altitude. Considere o pouso realizado ao nível do mar ($\rho = 1,225$ kg/m³), a 1000 m de altitude ($\rho = 1,111$ kg/m³) e a 2000 m de altitude ($\rho = 1,0066$ kg/m³). Considere que o peso varia de 7000 N a 9000 N em incrementos de 200 N com uma velocidade de pouso igual a 1,3 da velocidade de estol, e que após o pouso o piloto aciona o sistema de freios e aumenta o coeficiente de atrito para 0,3.

Solução: O comprimento de pista S_{po} para as várias condições de peso e altitude é determinado pela solução da Equação (5.29c).

$$S_L = \frac{1,69 \cdot W^2}{g \cdot \rho \cdot S \cdot C_{Lmáx} \cdot [D + \mu \cdot (W - L)]_{0,7v_t}}$$

O processo de cálculo é o mesmo apresentado no Exemplo 5.3, porém a Equação (5.29c) deve ser utilizada sucessivas vezes para cada uma das condições desejadas. Para a solução deste exemplo, utilizou-se uma planilha de cálculos para a implementação das variáveis desejadas. Essa planilha forneceu como resultados os valores apresentados nas tabelas a seguir que permitiram o traçado das curvas do peso total em função do comprimento de pista e da altitude.

Tabela 5.5 Pouso ao nível do mar h = 0 m		
h (m)	W (N)	S_{LO} (m)
0	7000	244,93
0	7200	251,93
0	7400	258,93
0	7600	265,92
0	7800	272,92
0	8000	279,92
0	8200	286,92
0	8400	293,92
0	8600	300,91
0	8800	307,91
0	9000	314,91

Tabela 5.6 Pouso na altitude h = 1000 m		
h (m)	W (N)	S_{LO} (m)
1000	7000	270,06
1000	7200	277,78
1000	7400	285,50
1000	7600	293,21
1000	7800	300,93
1000	8000	308,64
1000	8200	316,36
1000	8400	324,08
1000	8600	331,79
1000	8800	339,51
1000	9000	347,22

Tabela 5.7 Pouso na altitude h = 2000 m		
h (m)	W (N)	S_{LO} (m)
2000	7000	298,07
2000	7200	306,59
2000	7400	315,11
2000	7600	323,62
2000	7800	332,14
2000	8000	340,65
2000	8200	349,17
2000	8400	357,69
2000	8600	366,20
2000	8800	374,72
2000	9000	383,24

O gráfico resultante da análise está apresentado na figura a seguir:

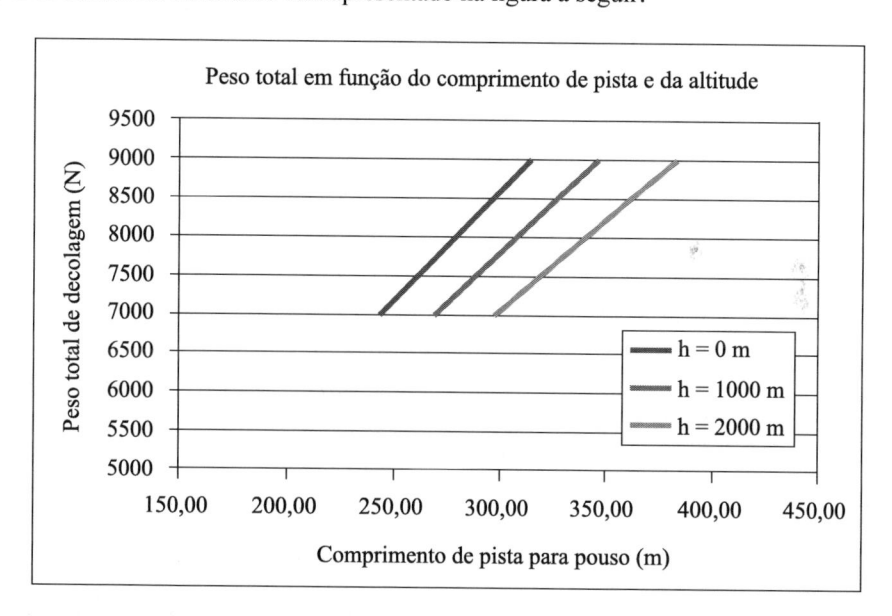

5.4 Diagrama *v-n* de manobra

O diagrama *v-n* de manobra representa uma maneira gráfica para se verificar as limitações estruturais de uma aeronave em função da velocidade de voo e do fator de carga *n* a qual o avião está submetido. O fator de carga é uma variável representada pela aceleração da gravidade, ou seja, é avaliado em *g's*. Basicamente um fator de carga *n* = 2 significa que para determinada condição de voo a estrutura da aeronave estará sujeita a uma força de sustentação dada pelo dobro do peso, e o cálculo de *n* pode ser realizado preliminarmente pela aplicação da Equação (5.36) mostrada a seguir.

$$n = \frac{L}{W} \qquad (5.36)$$

Uma forma mais simples para se entender o fator de carga é realizar uma analogia com um percurso de montanha-russa em um parque de diversões, onde em determinados momentos do trajeto, uma pessoa possui a sensação de estar mais pesada ou mais leve dependendo do fator de carga ao qual o seu corpo está submetido. Comparando-se com uma aeronave, em determinadas condições de voo, em geral, em curvas ou movimentos acelerados, a estrutura da aeronave também será submetida a maiores ou menores fatores de carga.

Existem duas categorias de limitações estruturais que devem ser consideradas durante o projeto estrutural de uma aeronave.

a) **Fator de carga limite:** Este é associado com a deformação permanente em uma ou mais partes da estrutura do avião. Caso durante um voo o fator de carga *n* seja menor que o fator de carga limite, a estrutura da aeronave irá se deformar durante a manobra, porém retornará ao seu estado original quando *n* = 1. Para situações em que *n* é maior que o fator de carga limite, a estrutura irá se deformar permanentemente ocorrendo, assim, uma danificação estrutural porém sem que ocorra a ruptura do componente.

b) **Fator de carga último:** Este representa o limite de carga para que ocorra uma falha estrutural. Caso o valor de *n* ultrapasse o fator de carga último, componentes da aeronave com certeza sofrerão ruptura.

Nesta seção é apresentada a metodologia analítica para se determinar os principais pontos e traçar o diagrama *v-n* de manobra para uma aeronave seguindo a metodologia sugerida na norma FAR Part-23, considerando uma categoria de aeronaves leves subsônicas.

O fator de carga limite depende do modelo e da função a qual a aeronave é destinada. Para as aeronaves em operação atualmente, a seguinte tabela pode ser utilizada para a determinação de *n*.

Tabela 5.8 Fatores de carga máximo e mínimo

Modelo e aplicação	n_{pos}	n_{neg}
Pequeno porte	$2,5 \leq n \leq 3,8$	$-1 \leq n \leq -1,5$
Acrobático	6	-3
Transporte civil	$3 \leq n \leq 4$	$-1 \leq n \leq -2$
Caças militares	$6,5 \leq n \leq 9$	$-3 \leq n \leq -6$

É importante perceber que os valores dos fatores de carga negativos são inferiores aos positivos. A determinação dos fatores de carga negativos representa uma decisão de projeto, que está refletida no fato que raramente uma aeronave voa em condições de sustentação negativa, e, como será apresentado no decorrer desta seção, a norma utilizada recomenda que $n_{neg} \geq 0,4\, n_{pos}$.

O fator de carga é uma variável que reflete diretamente no dimensionamento estrutural da aeronave, dessa forma, percebe-se que quanto maior for o seu valor, mais rígida deve ser a estrutura da aeronave e consequentemente maior será o peso estrutural.

Para o projeto de uma aeronave dependendo de sua aplicação, é interessante obter a maior eficiência estrutural, ou seja, a aeronave mais leve que seja capaz de decolar com a maior carga paga possível. É interessante que o fator de carga seja o menor possível respeitando obviamente uma condição segura de voo.

É muito importante ressaltar que para baixos valores de fator de carga limite, o projeto estrutural deve ser muito bem calculado para se garantir que a estrutura da aeronave suportará todos os esforços atuantes durante o voo.

Também se recomenda que o fator de carga último seja 50% maior que o fator de carga limite, portanto:

$$n_{últ} = 1,5 \cdot n_{lim} \qquad (5.37)$$

A Figura 5.9 mostra um diagrama v-n típico de uma aeronave com a indicação dos principais pontos.

A curva **AB** representa o limite aerodinâmico do fator de carga determinado pelo $C_{Lmáx}$; essa curva pode ser obtida pela solução da Equação (5.38a) considerando o peso máximo da aeronave e o $C_{Lmáx}$ de projeto:

$$n_{máx} = \frac{L}{W} = \frac{\frac{1}{2} \cdot \rho \cdot v^2 \cdot S \cdot C_{Lmáx}}{W} \qquad (5.38)$$

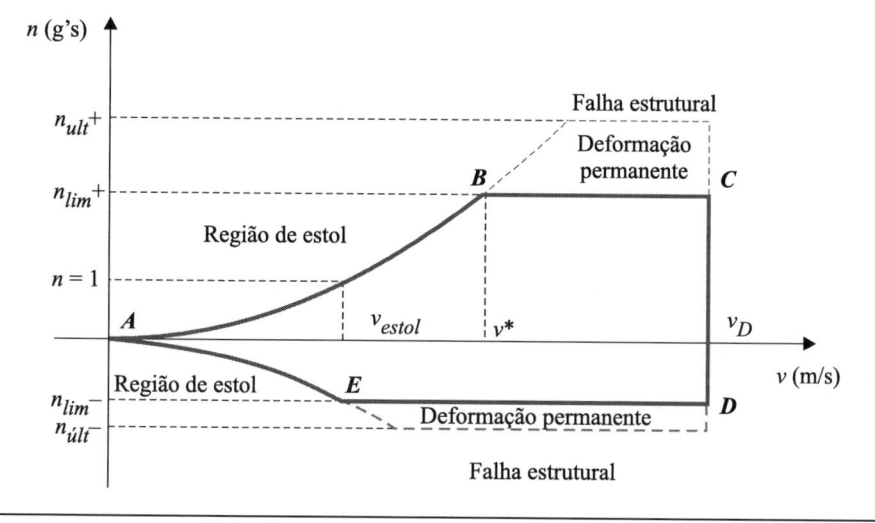

Figura 5.9 Diagrama v-n típico de uma aeronave.

$$n_{máx} = \frac{\rho \cdot v^2 \cdot S \cdot C_{Lmáx}}{2 \cdot W} \qquad (5.38a)$$

Na Equação (5.38a) percebe-se que uma vez conhecidos os valores de peso, área da asa, densidade do ar e o máximo coeficiente de sustentação, é possível a partir da variação da velocidade encontrar o fator de carga máximo permissível para cada velocidade de voo.

É importante notar que para um voo realizado com a velocidade de estol, o fator de carga n será igual a 1, pois como a velocidade de estol representa a mínima velocidade com a qual é possível manter o voo reto e nivelado de uma aeronave, tem-se nesta situação que $L = W$, e, portanto, o resultado da Equação (5.38a) é $n = 1$. Assim, a velocidade na qual o fator de carga é igual a 1 pode ser obtida pela velocidade de estol da aeronave.

Um ponto muito importante é a determinação da velocidade de manobra da aeronave representada na Figura 5.9 por v^*. Um voo realizado nessa velocidade com alto ângulo de ataque e $C_L = C_{Lmáx}$ corresponde a um voo realizado com o fator de carga limite da aeronave em uma região limítrofe entre o voo reto e nivelado e o estol da aeronave. Essa velocidade pode ser determinada segundo a norma utilizada para o desenvolvimento desta seção:

$$v^* = \sqrt{\frac{2 \cdot W \cdot n_{máx}}{\rho \cdot S \cdot C_{Lmáx}}} \qquad (5.39)$$

Assim, tem-se:

$$v^* = v_{estol} \cdot \sqrt{n_{máx}} \qquad (5.39a)$$

A velocidade de manobra intercepta a curva **AB** exatamente sobre o ponto **B**, e define assim o fator de carga limite da aeronave. Acima da velocidade v^* a aeronave pode voar, porém, com valores de C_L abaixo do $C_{Lmáx}$, ou seja, com menores ângulos de ataque, para que o fator de carga limite não seja ultrapassado, lembrando-se que o valor de $n_{máx}$ está limitado pela linha **BC**.

A velocidade de cruzeiro v_{cru} segundo a norma não deve exceder 90% da velocidade máxima da aeronave, ou seja:

$$v_{cru} = 0{,}9 \cdot v_{máx} \qquad (5.40)$$

A velocidade máxima na Equação (5.40) é obtida na leitura das curvas de tração ou potência da aeronave.

Já a velocidade de mergulho da aeronave representada por v_d limitada pela linha **CD** do diagrama é considerada a velocidade mais crítica para a estrutura da aeronave, devendo ser evitada e jamais excedida, pois caso a aeronave ultrapasse essa velocidade, drásticas consequências podem ocorrer na estrutura, como por exemplo: elevadas cargas de rajada, comando reverso dos ailerons, *flutter* (instabilidade dinâmica) e ruptura de componentes. O valor de v_d é em geral cerca de 25% maior que a velocidade máxima, portanto:

$$v_d = 1{,}25 \cdot v_{máx} \tag{5.41}$$

Com relação à linha AF do diagrama v-n que delimita o fator de carga máximo negativo também é válida a aplicação da Equação (5.38a), porém é importante citar que o fator de carga máximo negativo é obtido segundo a norma FAR Part-23:

$$n_{\lim neg} \geq 0{,}4 \cdot n_{\lim pos} \tag{5.42}$$

Esta seção apresentou de forma sucinta como estimar o diagrama v-n de manobra para uma aeronave leve subsônica a partir dos fundamentos apresentados na norma FAR Part-23.

▶ EXEMPLO 5.5

Determinação da velocidade de manobra

Considere uma aeronave de pequeno porte projetada para um fator de carga limite positivo igual a 3. Determine a velocidade de manobra dessa aeronave para uma altitude de 3000 m ($\rho = 0{,}90926$ kg/m^3). Dados: $S = 14{,}3$ m^2, $C_{Lmáx} = 1{,}55$, $W = 8000$ N.

Solução: A velocidade de manobra é obtida por meio da solução da Equação (5.39a):

$$v^* = v_{estol} \cdot \sqrt{n_{máx}}$$

$$v^* = \sqrt{\frac{2 \cdot W}{\rho \cdot S \cdot C_{Lmáx}}} \cdot \sqrt{n_{máx}}$$

$$v^* = \sqrt{\frac{2 \cdot W \cdot n_{máx}}{\rho \cdot S \cdot C_{Lmáx}}}$$

Substituindo-se os valores, tem-se:

$$v^* = \sqrt{\frac{2 \cdot 8000 \cdot 3}{0{,}90926 \cdot 14{,}3 \cdot 1{,}55}}$$

$$v^* = 48{,}80 \text{ m/s}$$

5.5 Desempenho em curvas

Até este ponto foram avaliadas as características de desempenho da aeronave considerando-se um voo retilíneo, porém, é importante conhecer as características de desempenho da aeronave durante uma curva realizada a partir de determinada condição de voo reto e nivelado com velocidade e altitude constantes, pois, durante um voo, uma aeronave executará várias curvas.

Basicamente a característica mais importante durante a realização de uma curva é a determinação do raio de curvatura mínimo. A Figura 5.10 apresentada a seguir mostra a vista frontal de uma aeronave durante a realização de um voo em curva e as respectivas forças que atuam sobre ela nesta situação.

Durante a realização da curva, as asas da aeronave sofrem uma inclinação ϕ devido à deflexão dos ailerons e para se obter uma condição de equilíbrio estático durante a realização da curva, a força de sustentação é relacionada com o peso da aeronave da seguinte forma:

$$L \cdot \cos\phi = W \tag{5.43}$$

Figura 5.10 Forças atuantes durante a realização de uma curva.

É importante reparar que, para esta condição, a altitude de voo permanece constante, ou seja, a aeronave realiza uma curva nivelada.

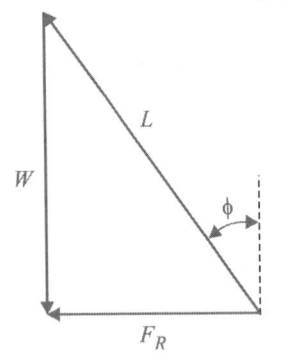

Uma outra forma para se chegar a uma condição de equilíbrio durante a realização de uma curva é através da força resultante F_R que pode ser determinada da seguinte maneira:

$$L^2 = F_R^2 + W^2 \tag{5.44}$$

$$F_R^2 = L^2 - W^2 \tag{5.44a}$$

$$F_R = \sqrt{L^2 - W^2} \tag{5.44b}$$

Figura 5.11 Representação vetorial da força resultante atuante durante a realização de um voo em curva.

A força F_R representa fisicamente a força responsável pela realização do movimento circular da aeronave ao redor de uma circunferência de raio R, portanto, a partir da aplicação da 2ª lei de Newton, pode-se escrever:

$$F_R = m \cdot a \tag{5.45}$$

A aceleração presente na Equação (5.45) representa a aceleração centrípeta da aeronave, sendo definida a partir da física do movimento circular:

$$a_c = \frac{v^2}{R} \tag{5.46}$$

onde, R representa o raio de curvatura.

Pela análise da Figura 5.11, é possível observar:

$$F_R = L \cdot sen\phi \tag{5.47}$$

Dessa forma, substituindo as Equações (5.46) e (5.47) na Equação (5.45), tem-se:

$$L \cdot sen\phi = m \cdot \frac{v^2}{R} \tag{5.48}$$

Uma vez definidas as equações de equilíbrio durante a realização de um voo em curva, a formulação para se obter o raio de curvatura da aeronave deve ser realizada com base no fator de carga que atua sobre a aeronave durante a realização da manobra. A partir da Equação (5.43), pode-se escrever:

$$\cos\phi = \frac{W}{L} \tag{5.49}$$

$$\cos\phi = \frac{1}{L/W} \tag{5.49a}$$

Como visto na seção anterior, o fator de carga atuante em uma aeronave é dado pela relação $n = L/W$, portanto, a Equação (5.49a) pode ser reescrita da seguinte forma.

$$\cos\phi = \frac{1}{n} \tag{5.49b}$$

E assim pode-se escrever:

$$\phi = \arccos\frac{1}{n} \tag{5.49c}$$

Percebe-se pela análise da Equação (5.49c) que o ângulo de inclinação das asas ϕ depende somente do fator de carga atuante.

Com relação ao raio de curvatura, uma equação pode ser obtida substituindo-se a relação $m = W/g$ na Equação (5.48) resultando:

$$L \cdot sen\phi = \frac{W}{g} \cdot \frac{v^2}{R} \qquad (5.50)$$

Isolando-se o raio R, pode-se escrever:

$$R = \frac{W \cdot v^2}{g \cdot L \cdot sen\phi} \qquad (5.51)$$

$$R = \frac{v^2}{g \cdot \frac{L}{W} \cdot sen\phi} \qquad (5.51a)$$

Como $n = L/W$, pode-se escrever:

$$R = \frac{v^2}{g \cdot n \cdot sen\phi} \qquad (5.51b)$$

A partir da relação trigonométrica $sen^2\phi + cos^2\phi = 1$, tem-se:

$$\left(\frac{1}{n}\right)^2 + sen^2\phi = 1 \qquad (5.52)$$

portanto,

$$sen^2\phi = 1 - \left(\frac{1}{n}\right)^2 \qquad (5.52a)$$

$$sen^2\phi = 1 - \frac{1}{n^2} \qquad (5.52b)$$

$$sen^2\phi = \frac{n^2 - 1}{n^2} \qquad (5.52c)$$

$$sen^2\phi = \frac{1}{n^2} \cdot (n^2 - 1) \qquad (5.52d)$$

Dessa forma tem-se:

$$sen\phi = \sqrt{\frac{1}{n^2} \cdot (n^2 - 1)} \qquad (5.52e)$$

$$sen\phi = \frac{1}{n}\sqrt{(n^2-1)} \qquad (5.52f)$$

Substituindo-se a Equação (5.52f) na Equação (5.51b), obtém-se:

$$R = \frac{v^2}{g \cdot n \cdot \left(\frac{1}{n} \cdot \sqrt{n^2-1}\right)} \qquad (5.53)$$

$$R = \frac{v^2}{g \cdot \sqrt{n^2-1}} \qquad (5.53a)$$

Para um bom desempenho durante a realização da curva, é essencial que a aeronave possua condições de realizar a manobra com o menor raio de curvatura possível, pois, desse modo, pode-se realizar a curva com grande inclinação das asas sem que ocorra o estol.

Para se garantir um raio de curvatura mínimo, é possível observar a partir da Equação (5.53a) que é necessário se obter o maior fator de carga possível aliado a menor velocidade de voo. Essas condições podem ser obtidas analiticamente e sua formulação é apresentada a seguir.

Primeiramente será avaliado qual o máximo fator de carga que permitirá um raio de curvatura mínimo. Essa análise pode ser realizada a partir da Figura 5.11, na qual percebe-se que um aumento no ângulo de rolamento da aeronave proporciona um aumento na força de sustentação (análise do triângulo de forças).

$$L = \frac{L_H}{\cos\phi} \qquad (5.54)$$

onde L_H representa a componente da força de sustentação paralela à direção do peso e que é necessária para o voo reto e nivelado.

Conforme a sustentação aumenta, ocorre um aumento do arrasto induzido da aeronave e, portanto, para se manter o avião nivelado durante a curva, o piloto necessita aumentar a tração para compensar o aumento do arrasto. Dessa forma, existe o limite entre a tração requerida e a disponível que restringe o ângulo de rolamento a um valor máximo, onde acima deste a tração requerida passa a ser maior que a disponível e a aeronave não consegue mais realizar a curva sem que ocorra perda de altitude ou, então, o que é pior, o estol de ponta de asa.

Como o fator de carga n é função do ângulo de rolamento ϕ, a Equação (5.49b) pode ser reescrita:

$$n = \frac{1}{\cos\phi} \qquad (5.55)$$

Assim, pode-se notar que o ângulo ϕ está diretamente relacionado à tração disponível da aeronave. Por meio da Equação (5.55), o fator de carga máximo para se manter uma curva sem perda de altitude a uma determinada velocidade estará diretamente relacionado à máxima tração disponível.

Como a tração é relacionada com a força de arrasto da aeronave, o máximo fator de carga possível para se manter uma curva nivelada pode ser obtido a partir da polar de arrasto da aeronave da seguinte forma.

$$D = \frac{1}{2} \cdot \rho \cdot v^2 \cdot S \cdot (C_{D0} + K \cdot C_L^2) \tag{5.56}$$

Para se manter a curva nivelada, as seguintes relações são válidas:

$$T = D \tag{5.57}$$

$$L = n \cdot W \tag{5.58}$$

assim, pela Equação (5.58) pode-se escrever:

$$L = \frac{1}{2} \cdot \rho \cdot v^2 \cdot S \cdot C_L = n \cdot W \tag{5.59}$$

$$C_L = \frac{2 \cdot n \cdot W}{\rho \cdot v^2 \cdot S} \tag{5.60}$$

Substituindo as Equações (5.56) e (5.60) na Equação (5.57), tem-se:

$$T = \frac{1}{2} \cdot \rho \cdot v^2 \cdot S \cdot \left[C_{D0} + K \cdot \left(\frac{2 \cdot n \cdot W}{\rho \cdot v^2 \cdot S} \right)^2 \right] \tag{5.61}$$

$$T = \frac{1}{2} \cdot \rho \cdot v^2 \cdot S \cdot \left(C_{D0} + \frac{4 \cdot K \cdot n^2 \cdot W^2}{\rho^2 \cdot v^4 \cdot S^2} \right) \tag{5.61a}$$

$$\frac{2 \cdot T}{\rho \cdot v^2 \cdot S} = C_{D0} + \frac{4 \cdot K \cdot n^2 \cdot W^2}{\rho^2 \cdot v^4 \cdot S^2} \tag{5.61b}$$

$$\frac{2 \cdot T}{\rho \cdot v^2 \cdot S} - C_{D0} = \frac{4 \cdot K \cdot n^2 \cdot W^2}{\rho^2 \cdot v^4 \cdot S^2} \tag{5.61c}$$

$$\frac{\rho^2 \cdot v^4 \cdot S^2}{4 \cdot K \cdot W^2} \cdot \left(\frac{2 \cdot T}{\rho \cdot v^2 \cdot S} - C_{D0} \right) = n^2 \quad (5.61d)$$

$$\frac{2 \cdot T \cdot \rho^2 \cdot v^4 \cdot S^2}{4 \cdot K \cdot W^2 \cdot \rho \cdot v^2 \cdot S} - \frac{\rho^2 \cdot v^4 \cdot C_{D0} \cdot S^2}{4 \cdot K \cdot W^2} = n^2 \quad (5.61e)$$

$$\frac{T \cdot \rho \cdot v^2 \cdot S}{2 \cdot K \cdot W^2} - \frac{\rho^2 \cdot v^4 \cdot C_{D0} \cdot S^2}{4 \cdot K \cdot W^2} = n^2 \quad (5.61f)$$

$$n = \left(\frac{T \cdot \rho \cdot v^2 \cdot S}{2 \cdot K \cdot W^2} - \frac{\rho^2 \cdot v^4 \cdot C_{D0} \cdot S^2}{4 \cdot K \cdot W^2} \right)^{1/2} \quad (5.61g)$$

A condição necessária para se obter o mínimo raio de curvatura pode ser obtida a partir da Equação (5.53a), fazendo-se $dR/dv = 0$.

Como a pressão dinâmica é dada por:

$$q = \frac{1}{2} \cdot \rho \cdot v^2 \quad (5.62)$$

tem-se na Equação (5.62):

$$v^2 = \frac{2 \cdot q}{\rho} \quad (5.62a)$$

Assim, a Equação (5.53a) pode ser reescrita da seguinte maneira:

$$R = \frac{2 \cdot q}{g \cdot \rho \cdot \sqrt{n^2 - 1}} \quad (5.63)$$

Neste ponto é importante lembrar que o fator de carga também depende da velocidade da aeronave, e, portanto, da pressão dinâmica. O mesmo também deve ser derivado para se encontrar o raio de curvatura mínimo.

Derivando-se a Equação (5.63) com relação a q, tem-se:

$$\frac{d}{dq}\left(\frac{2 \cdot q}{g \cdot \rho \cdot \sqrt{n^2 - 1}} \right) = \frac{d}{dq}\left(\frac{u}{v} \right) = \frac{v \cdot u' - u \cdot v'}{v^2} = 0 \quad (5.64)$$

considerando que $u = 2 \cdot q$ e $v = g \cdot \rho \cdot \sqrt{n^2 - 1}$, tem-se:

$$u' = \frac{d}{dq} 2 \cdot q = 2 \tag{5.65}$$

$$v' = \frac{d}{dq} g \cdot \rho \cdot \sqrt{n^2 - 1} = g \cdot \rho \cdot n \cdot (n^2 - 1)^{-1/2} \frac{dn}{dq} \tag{5.66}$$

Substituindo-se as Equações (5.65) e (5.66) na Equação (5.64), tem-se:

$$\frac{dR}{dq} = \frac{2 \cdot g \cdot \rho \cdot \sqrt{n^2 - 1} - 2 \cdot q \cdot g \cdot \rho \cdot n \cdot (n^2 - 1)^{-1/2} \cdot dn/dq}{\left(g \cdot \rho \cdot \sqrt{n^2 - 1}\right)^2} = 0 \tag{5.67}$$

$$\frac{dR}{dq} = \frac{2 \cdot g \cdot \rho \cdot \sqrt{n^2 - 1} - 2 \cdot q \cdot g \cdot \rho \cdot n \cdot (n^2 - 1)^{-1/2} \cdot dn/dq}{g^2 \cdot \rho^2 \cdot (n^2 - 1)} = 0 \tag{5.67a}$$

Como o termo $g^2 \cdot \rho^2 \cdot (n^2 - 1)$ no denominador da função é diferente de zero, pois $n>1$, a única forma de zerar a Equação (5.67a) é fazendo com que o numerador se torne nulo:

$$2 \cdot g \cdot \rho \cdot \sqrt{n^2 - 1} - 2 \cdot q \cdot g \cdot \rho \cdot \frac{n}{\sqrt{(n^2 - 1)}} \cdot \frac{dn}{dq} = 0 \tag{5.68}$$

$$\frac{2 \cdot g \cdot \rho \cdot \left(\sqrt{n^2 - 1}\right)^2 - 2 \cdot q \cdot g \cdot \rho \cdot n}{\sqrt{(n^2 - 1)}} \cdot \frac{dn}{dq} = 0 \tag{5.68a}$$

Novamente o denominador da função é diferente de zero, portanto:

$$2 \cdot g \cdot \rho \cdot \left(\sqrt{n^2 - 1}\right)^2 - 2 \cdot q \cdot g \cdot \rho \cdot n \cdot \frac{dn}{dq} = 0 \tag{5.69}$$

$$2 \cdot g \cdot \rho \cdot (n^2 - 1) - 2 \cdot q \cdot g \cdot \rho \cdot n \cdot \frac{dn}{dq} = 0 \tag{5.69a}$$

$$2 \cdot g \cdot \rho \cdot \left[(n^2 - 1) - q \cdot n\right] \frac{dn}{dq} = 0 \tag{5.69b}$$

CAPÍTULO 5 — Desempenho de decolagem, pouso e voo em curvas — 175

Como o termo $(2 \cdot g \cdot \rho)$ é uma constante diferente de zero, pode-se escrever:

$$n^2 - 1 - q \cdot n \cdot \frac{dn}{dq} = 0 \qquad (5.69c)$$

A partir da Equação (5.61g), tem-se:

$$n^2 = \frac{T \cdot \rho \cdot v^2 \cdot S}{2 \cdot K \cdot W^2} - \frac{\rho^2 \cdot v^4 \cdot C_{D0} \cdot S^2}{4 \cdot K \cdot W^2} \qquad (5.70)$$

considerando a pressão dinâmica q, a Equação (5.70) pode ser reescrita:

$$n^2 = \frac{q \cdot T \cdot S}{K \cdot W^2} - \frac{q^2 \cdot C_{D0} \cdot S^2}{K \cdot W^2} \qquad (5.71)$$

$$n^2 = \frac{q}{K \cdot \left(W/S\right)} \cdot \left(\frac{T}{W}\right) - \frac{q^2 \cdot C_{D0}}{K \cdot \left(W/S\right)^2} \qquad (5.71a)$$

$$n^2 = \left[\frac{q}{K \cdot \left(W/S\right)} \cdot \left(\frac{T}{W}\right)\right] - \left[\frac{q^2}{K \cdot \left(W/S\right)} \cdot \frac{C_{D0}}{\left(W/S\right)}\right] \qquad (5.71b)$$

$$n^2 = \frac{q}{K \cdot \left(W/S\right)} \left[\left(\frac{T}{W} - \frac{q \cdot C_{D0}}{\left(W/S\right)}\right)\right] \qquad (5.71c)$$

Derivando-se a Equação (5.71), tem-se:

$$2 \cdot n \cdot dn = \frac{\left(T/W\right)}{K \cdot \left(W/S\right)} - \frac{2 \cdot q \cdot C_{D0}}{K \cdot \left(W/S\right)^2} dq \qquad (5.72)$$

$$n \cdot \frac{dn}{dq} = \frac{\left(T/W\right)}{2 \cdot K \cdot \left(W/S\right)} - \frac{2 \cdot q \cdot C_{D0}}{2 \cdot K \cdot \left(W/S\right)^2} \qquad (5.72a)$$

$$n \cdot \frac{dn}{dq} = \frac{(T/W)}{2 \cdot K \cdot (W/S)} - \frac{q \cdot C_{D0}}{K \cdot (W/S)^2} \quad (5.72b)$$

Substituindo as Equações (5.71) e (5.72b) na Equação (5.69c), tem-se:

$$\frac{q}{K \cdot (W/S)} \cdot \frac{T}{W} - \frac{q^2 \cdot C_{D0}}{K \cdot (W/S)^2} - 1 - \left(\frac{q}{2 \cdot K \cdot (W/S)} \cdot \frac{T}{W} + \frac{q^2 \cdot C_{D0}}{K \cdot (W/S)^2} \right) = 0 \quad (5.73)$$

$$\left(\frac{q}{K \cdot (W/S)} \cdot \frac{T}{W} - \frac{q}{2 \cdot K \cdot (W/S)} \cdot \frac{T}{W} \right) - 1 + \left(\frac{q^2 \cdot C_{D0}}{K \cdot (W/S)^2} - \frac{q^2 \cdot C_{D0}}{K \cdot (W/S)^2} \right) = 0 \quad (5.73a)$$

$$\frac{1}{2} \cdot \frac{q}{K \cdot (W/S)} \cdot \frac{T}{W} - 1 = 0 \quad (5.73b)$$

$$\frac{q(T/W)}{2 \cdot K \cdot (W/S)} = 1 \quad (5.73c)$$

ou

$$q = \frac{2 \cdot K \cdot (W/S)}{(T/W)} \quad (5.73d)$$

como $q = 1/2 \cdot \rho \cdot v^2$, tem-se:

$$\frac{1}{2} \cdot \rho \cdot v^2 = \frac{2 \cdot K \cdot (W/S)}{(T/W)} \quad (5.73e)$$

$$v^2 = \frac{2 \cdot 2 \cdot K \cdot (W/S)}{\rho \cdot (T/W)} \quad (5.73f)$$

$$v_{R\,\text{mín}} = \sqrt{\frac{4 \cdot K \cdot (W/S)}{\rho \cdot (T/W)}} \quad (5.73g)$$

A Equação (5.73g) é utilizada para se determinar a velocidade que proporciona o raio de curvatura mínimo. O fator de carga correspondente a essa velocidade é obtido com a substituição da Equação (5.73g) na Equação (5.70), assim tem-se:

$$n^2 = \frac{2 \cdot K \cdot (W/S)}{(T/W) \cdot K} \cdot \frac{(T/W)}{(W/S)} - \frac{4 \cdot K^2 \cdot (W/S)^2 \cdot C_{D0}}{(T/W)^2 \cdot K \cdot (W/S)^2} \qquad (5.74)$$

$$n^2 = 2 - \frac{4 \cdot K \cdot C_{D0}}{(T/W)^2} \qquad (5.74a)$$

$$n_{R\,\text{mín}} = \sqrt{2 - \frac{4 \cdot K \cdot C_{D0}}{(T/W)^2}} \qquad (5.74b)$$

A Equação (5.74b) é utilizada para a determinação do fator de carga correspondente ao raio de curvatura mínimo.

A Equação que determina o raio de curvatura mínimo pode ser obtida pela substituição das Equações (5.73g) e (5.74b) na Equação (5.53a), portanto:

$$R_{\text{mín}} = \frac{\left(\sqrt{\dfrac{4 \cdot K \cdot (W/S)}{\rho(T/W)}}\right)^2}{g \cdot \sqrt{\left(2 - \dfrac{4 \cdot K \cdot C_{D0}}{(T/W)^2}\right) - 1}} \qquad (5.75)$$

$$R_{\text{mín}} = \frac{\dfrac{4 \cdot K \cdot (W/S)}{\rho(T/W)}}{g \cdot \sqrt{\left(2 - \dfrac{4 \cdot K \cdot C_{D0}}{(T/W)^2}\right) - 1}} \qquad (5.75a)$$

$$R_{\text{mín}} = \frac{4 \cdot K \cdot (W/S)}{\rho \cdot g \cdot (T/W) \cdot \sqrt{1 - \dfrac{4 \cdot K \cdot C_{D0}}{(T/W)^2}}} \qquad (5.75b)$$

► EXEMPLO 5.6

Desempenho em curvas

Uma aeronave voando a 4000 m de altitude ($\rho = 0{,}81936$ kg/m^3) possui uma relação $(T/W) = 0{,}23$ e uma carga alar $(W/S) = 700$ N/m^2. Sabendo-se que a polar de arrasto desta aeronave é dada por $C_D = 0{,}034 + 0{,}066\, C_L^2$, determine a velocidade para o raio de curvatura mínimo, o fator de carga para o raio de curvatura mínimo e o raio de curvatura mínimo para essa altitude. Considere $g = 9{,}81$ m/s^2.

Solução: A velocidade que proporciona o raio de curvatura mínimo é calculada pela aplicação da Equação (5.73g) do seguinte modo:

$$v_{R\,\text{mín}} = \sqrt{\frac{4 \cdot K \cdot (W/S)}{\rho \cdot (T/W)}}$$

$$v_{R\,\text{mín}} = \sqrt{\frac{4 \cdot 0{,}066 \cdot (700)}{0{,}81936 \cdot (0{,}23)}}$$

$$v_{R\,\text{mín}} = 31{,}31 \text{ m/s}$$

O fator de carga que proporciona o raio de curvatura mínimo é calculado pela aplicação da Equação (5.74b):

$$n_{R\,\text{mín}} = \sqrt{2 - \frac{4 \cdot K \cdot C_{D0}}{(T/W)^2}}$$

$$n_{R\,\text{mín}} = \sqrt{2 - \frac{4 \cdot 0{,}066 \cdot 0{,}034}{(0{,}23)^2}}$$

$$n_{R\,\text{mín}} = 1{,}352$$

O raio de curvatura mínimo é calculado pela Equação (5.75b):

$$R_{\text{mín}} = \frac{4 \cdot K \cdot (W/S)}{\rho \cdot g \cdot (T/W) \cdot \sqrt{1 - \dfrac{4 \cdot K \cdot C_{D0}}{(T/W)^2}}}$$

$$R_{\text{mín}} = \frac{4 \cdot 0{,}066 \cdot (700)}{0{,}81936 \cdot 9{,}81 \cdot (0{,}23) \cdot \sqrt{1 - \dfrac{4 \cdot 0{,}066 \cdot 0{,}034}{(0{,}23)^2}}}$$

$$R_{\text{mín}} = 109{,}70 \text{ m}$$

CAPÍTULO 5 — Desempenho de decolagem, pouso e voo em curvas

EXERCÍCIOS PROPOSTOS

5.1 Estime o comprimento de pista necessário para a decolagem de uma aeronave leve monomotora com um peso máximo de decolagem de 11000 N em uma pista localizada a 1000 m de altitude $\rho = 1{,}111$ kg/m^3. Considere: $S = 13{,}5$ m^2, $g = 9{,}81$ m/s^2, $\mu = 0{,}04$, $C_{Lmáx} = 1{,}5$, $\phi = 0{,}88$ (fator de efeito solo), $C_{LLO} = 0{,}5$ (coeficiente de sustentação durante a decolagem), $T_D = 2800$ N, e a polar de arrasto é dada por $C_D = 0{,}047 + 0{,}064\,C_L^2$.

5.2 Para a aeronave do Exercício 5.1, determine as curvas que mostram a variação do comprimento de pista necessário para a decolagem em função do peso e da altitude. Considere a decolagem realizada ao nível do mar ($\rho = 1{,}225$ kg/m^3), a 1000 m de altitude ($\rho = 1{,}111$ kg/m^3) e a 2000 m de altitude ($\rho = 1{,}0066$ kg/m^3). Considere que o peso de decolagem varia de 9000 N a 11000 N em incrementos de 200 N.

5.3 O Paulistinha CAP-4 é um monomotor de asa alta fabricado pela Companhia Aeronáutica Paulista. É considerado um dos aviões treinadores de maior sucesso no Brasil desde a década de 1950, já tendo formado diversas gerações de pilotos de avião. Em 1955, a Neiva adquiriu os direitos de fabricação da aeronave, lançando uma versão batizada de Paulistinha 56 ou Neiva 56. A Força Aérea Brasileira operou a versão Neiva dessa aeronave entre 1959 e 1967. A Companhia Aeronáutica Paulista foi uma fábrica de aviões brasileira. No início de 1942 a empresa Laminação Nacional de Metais criou uma divisão aeronáutica. Em agosto de 1942, a divisão se tornou uma empresa independente, a Companhia Aeronáutica Paulista. Com o final da Segunda Guerra Mundial a demanda por aeronaves de treinamento diminuiu. O mercado militar estava abastecido com o excedente de aviões norte-americanos, enquanto o mercado civil ainda não estava suficientemente desenvolvido para gerar demanda, levando a empresa a fechar definitivamente em 1949.

Para a aeronave mostrada a seguir, estime o comprimento de pista necessário para a decolagem com um peso total de 4300 N em uma pista localizada ao nível do mar $\rho = 1{,}225$ kg/m^3.
Considere: $S = 12$ m^2, $g = 9{,}81$ m/s^2, $\mu = 0{,}1$, $C_{Lmáx} = 1{,}2$, (fator de efeito solo 0,9), $C_{LLO} = 0{,}6$ (coeficiente de sustentação durante a decolagem), $T_D = 1600$ N, e a polar de arrasto é dada por $C_D = 0{,}052 + 0{,}078 C_L^2$.

5.4 Para a aeronave do Exercício 5.3, determine as curvas que mostram a variação do comprimento de pista necessário para a decolagem em função do peso e da altitude, considere a decolagem realizada ao nível do mar ($\rho = 1{,}225$ kg/m^3), a 1000 m de altitude ($\rho = 1{,}111$ kg/m^3) e a 2000m de altitude ($\rho = 1{,}0066$ kg/m^3). Considere que o peso de decolagem varia de 3300 N a 4300 N em incrementos de 100 N.

5.5 Determine o comprimento de pista necessário para o pouso da aeronave utilizada no Exercício 5.1. Considere as mesmas condições atmosféricas, o mesmo peso e uma velocidade de pouso igual a 1,3 da velocidade de estol. Considere que após o pouso o piloto aciona o sistema de freios e aumenta o coeficiente de atrito para 0,25.

5.6 Para a aeronave do Exercício 5.1, determine as curvas que mostram a variação do comprimento de pista necessário para o pouso em função do peso e da altitude, considere o pouso realizado ao nível do mar ($\rho = 1{,}225$ kg/m^3), a 1000 m de altitude ($\rho = 1{,}111$ kg/m^3) e a 2000 m de altitude ($\rho = 1{,}0066$ kg/m^3). Considere que o peso varia de 9000 N a 11000 N em incrementos de 200 N com uma velocidade de pouso igual a 1,3 da velocidade de estol. E que após o pouso o piloto aciona o sistema de freios e aumenta o coeficiente de atrito para 0,25.

5.7 Explique qual a finalidade do diagrama v-n de manobra.

5.8 Considere uma aeronave acrobática projetada para um fator de carga limite positivo igual a 6. Determine a velocidade de manobra dessa aeronave para uma altitude de 4000 m ($\rho = 0{,}81936$ kg/m^3). Dados: $S = 10{,}6$ m^2, $C_{Lmáx} = 1{,}2$, $W = 7000$ N.

5.9 Considere uma aeronave de pequeno porte projetada para um fator de carga limite positivo igual a 2,7. Determine a velocidade de manobra dessa aeronave para altitudes variando do nível do mar a 4000 m em incrementos de 500 m e represente o gráfico da altitude em função da velocidade de manobra. Dados: $S = 13{,}35$ m^2, $C_{Lmáx} = 1{,}45$, $W = 9000$ N.

h (m)	ro (kg/m^3)
0	1,225
500	1,1673
1000	1,1117
1500	1,0581
2000	1,0066
2500	0,9569
3000	0,9092
3500	0,8634
4000	0,8193

5.10 Uma aeronave voando a 3500 m de altitude ($\rho = 0{,}86346$ kg/m^3) possui uma relação $(T/W) = 0{,}19$ e uma carga alar $(W/S) = 800$ N/m^2. Sabendo-se que a polar de arrasto é dada por $C_D = 0{,}0435 + 0{,}078 C_L^2$, determine a velocidade para o raio de curvatura mínimo, o fator de carga para o raio de curvatura mínimo e o raio de curvatura mínimo para essa altitude.

CAPÍTULO 6

Estabilidade longitudinal estática

6.1 Introdução

A análise de estabilidade representa um dos pontos mais complexos do projeto de uma aeronave, pois geralmente envolve uma série de equações algébricas difíceis de serem solucionadas e que em muitas vezes só podem ser resolvidas com o auxílio computacional.

Neste livro apenas são tratados os aspectos da estabilidade estática. Fundamentos e aplicações de estabilidade dinâmica de aeronaves podem ser encontrados com uma grande riqueza de detalhes na vasta bibliografia disponível sobre estabilidade de aeronaves.

Este capítulo possui a finalidade principal de propiciar ao estudante a capacidade de entender e aplicar os conceitos necessários para se garantir a estabilidade longitudinal estática de uma aeronave e utilizá-los no projeto inicial de uma nova aeronave. Assim, são apresentados tópicos como a determinação da posição do centro de gravidade, critérios necessários para se garantir a estabilidade longitudinal estática com a determinação do ponto neutro, da margem estática e do ângulo de trimagem da aeronave.

Antes de iniciar qualquer estudo sobre estabilidade, é muito importante uma recordação dos eixos de coordenadas de uma aeronave e seus respectivos movimentos de rotação ao redor desses eixos, definindo assim os graus de liberdade do avião. A Figura 6.1 mostra um avião com suas principais superfícies de controle e o sistema de coordenadas com os respectivos possíveis movimentos.

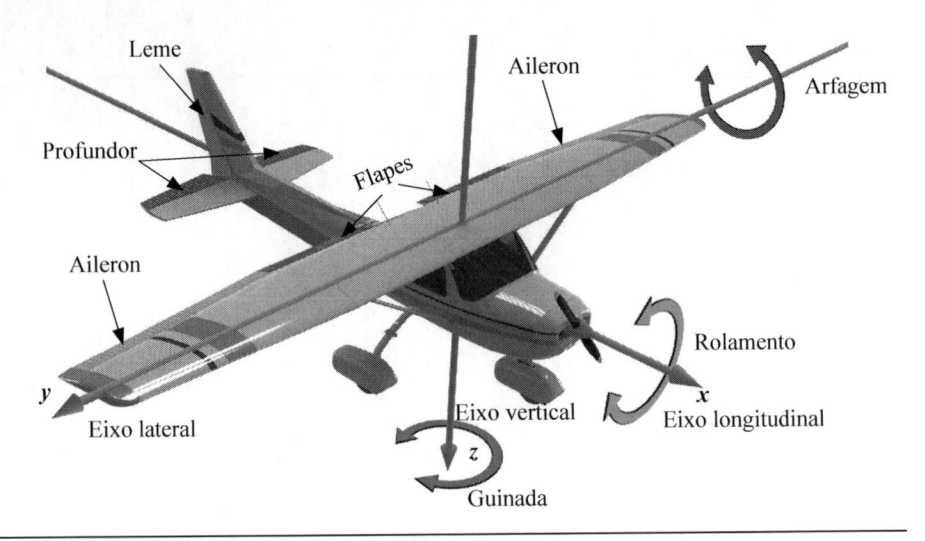

Figura 6.1 Eixos de coordenadas e superfícies de comando.

Os movimentos de rotação são realizados mediante a aplicação dos comandos de profundor, leme e ailerons. Com a aeronave em movimento, a atuação de qualquer uma dessas superfícies de comando pode provocar uma condição de até seis graus de liberdade, como comentado no Capítulo 1.

Nas próximas seções deste capítulo, será apresentado, em detalhes, todo o equacionamento necessário para o estudo dos critérios de estabilidade estática, com a apresentação de exemplos de aplicação dos conteúdos apresentados. Espera-se que, ao final do estudo deste capítulo, o estudante esteja apto a determinar e calcular os critérios necessários para garantir a estabilidade longitudinal estática de uma aeronave.

6.2 Definição de estabilidade

Pode-se entender por estabilidade a tendência de um objeto retornar a sua posição de equilíbrio após qualquer perturbação sofrida. Para o caso de um avião, a garantia da estabilidade está diretamente relacionada ao conforto, controlabilidade e segurança do voo. Basicamente existem dois tipos de estabilidade, a estática e a dinâmica, e como citado aqui apenas são apresentados os conceitos fundamentais para se garantir a estabilidade estática, pois normalmente cálculos dinâmicos de estabilidade envolvem uma álgebra complexa e são estudados em cursos mais avançados.

Os conceitos apresentados neste capítulo têm como objetivo principal sua aplicação em aeronaves de pequeno e médio porte e fornecem respostas confiáveis e muito úteis para se garantir o projeto de uma aeronave estável e controlável.

Embora neste livro apenas sejam tratados os conceitos da estabilidade estática, a seguir são apresentadas as definições básicas para os dois tipos de estabilidade citados.

Estabilidade estática: É definida como a tendência de um corpo voltar a sua posição de equilíbrio após qualquer distúrbio sofrido, ou seja, se após uma perturbação sofrida existirem forças e momentos que tendem a trazer o corpo de volta a sua posição inicial, este é considerado estaticamente estável. Um exemplo da estabilidade estática pode ser visto na Figura 6.2.

(a) Estaticamente estável   (b) Estaticamente instável   (c) Estabilidade neutra

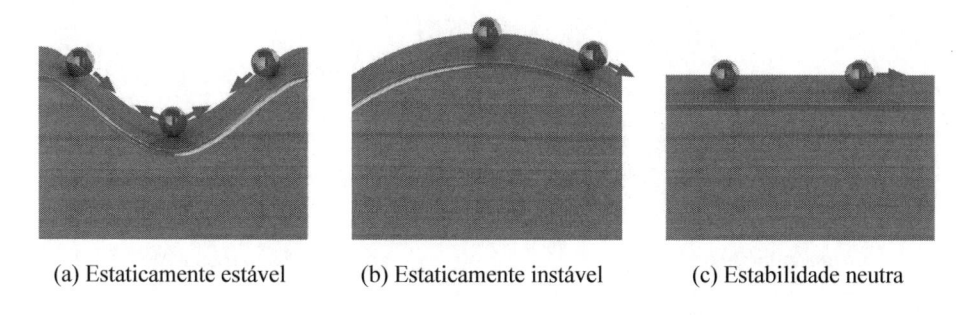

Figura 6.2 Estabilidade estática.

Na Figura 6.2 (a), pode-se perceber que após um distúrbio sofrido, a esfera tem a tendência natural de retornar a sua posição de equilíbrio, indicando claramente uma condição de estabilidade estática. Na Figura 6.2 (b), nota-se que após qualquer distúrbio sofrido, a esfera possui a tendência de se afastar cada vez mais de sua posição de equilíbrio, indicando assim uma condição de instabilidade estática. E na Figura 6.2 (c), a esfera após qualquer distúrbio sofrido atinge uma nova posição de equilíbrio e ali permanece indicando um sistema estaticamente neutro.

Para o caso de um avião, é fácil observar a partir dos comentários realizados que necessariamente este deve possuir estabilidade estática, garantindo que após qualquer distúrbio quer seja provocado pela ação dos comandos, quer seja por uma rajada de vento, a aeronave possua a tendência de retornar a sua posição de equilíbrio original.

A estabilidade de uma aeronave pode ser maior ou menor dependendo da aplicação desejada para o projeto. Aviões muito estáveis demoram mais para responder a um comando aplicado pelo piloto, e aviões menos estáveis respondem mais rápido a qualquer comando ou distúrbio ocorrido. Geralmente, maior estabilidade é encontrada em aviões cargueiros e menor estabilidade é encontrada em caças supersônicos, os quais, pelo próprio objetivo da missão, devem possuir uma capacidade de manobra elevada e rápida.

Estabilidade dinâmica: O critério para se obter estabilidade dinâmica está diretamente relacionado ao intervalo de tempo decorrido após uma perturbação ocorrida a partir da posição de equilíbrio da aeronave.

Para ilustrar essa situação, considere um avião que devido a uma rajada de vento saiu de sua posição de equilíbrio com o seu nariz deslocado para cima. Caso esse avião seja estaticamente estável, ele terá a tendência de retornar para a sua posição inicial, porém esse retorno não ocorre de forma imediata, até que a posição de equilíbrio seja novamente obtida, decorre certo intervalo de tempo. Normalmente o retorno acontece através de dois processos distintos de movimento, o aperiódico ou o oscilatório. A Figura 6.3 mostra esses dois casos que garantem a estabilidade dinâmica de uma aeronave, e a Figura 6.4 mostra um caso de estabilidade dinâmica com movimento oscilatório de uma aeronave.

(a) Movimento aperiódico   (b) Movimento oscilatório

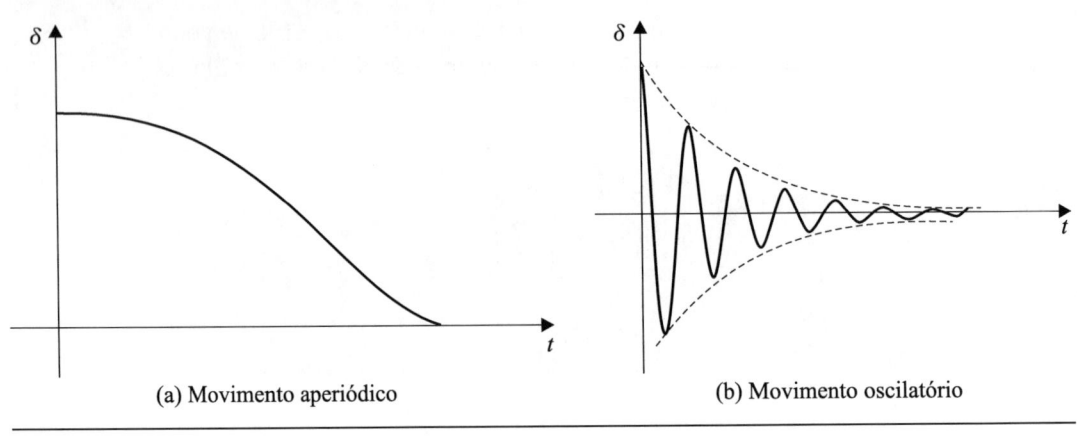

Figura 6.3 Exemplos de estabilidade dinâmica.

Figura 6.4 Estabilidade dinâmica de uma aeronave com movimento oscilatório.

Dessa forma, pode-se dizer que um corpo é dinamicamente estável quando, após uma perturbação sofrida, retornar a sua posição de equilíbrio após um determinado intervalo de tempo e lá permanecer.

Ainda considerando o mesmo exemplo, se após ocorrer a tendência inicial da aeronave retornar a sua posição de equilíbrio, devido a sua estabilidade estática, o avião passe a oscilar com aumento de amplitude, sua posição de equilíbrio não será mais atingida, resultando em um caso de instabilidade dinâmica, como mostram as Figura 6.5 e 6.6.

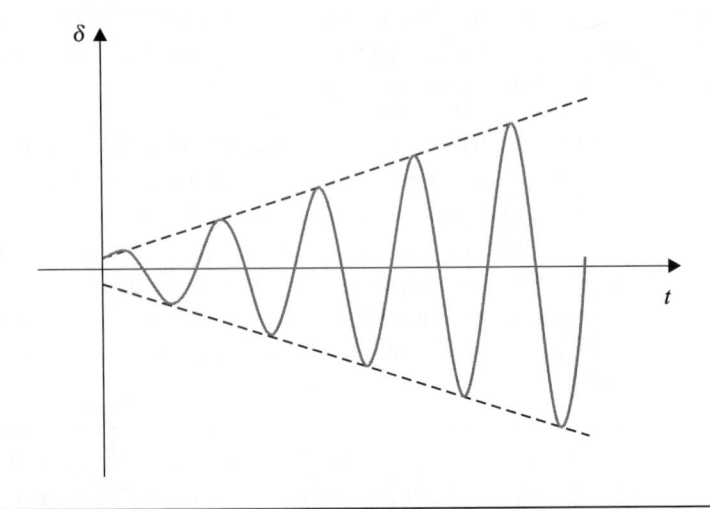

Figura 6.5 Exemplo de instabilidade dinâmica com movimento oscilatório.

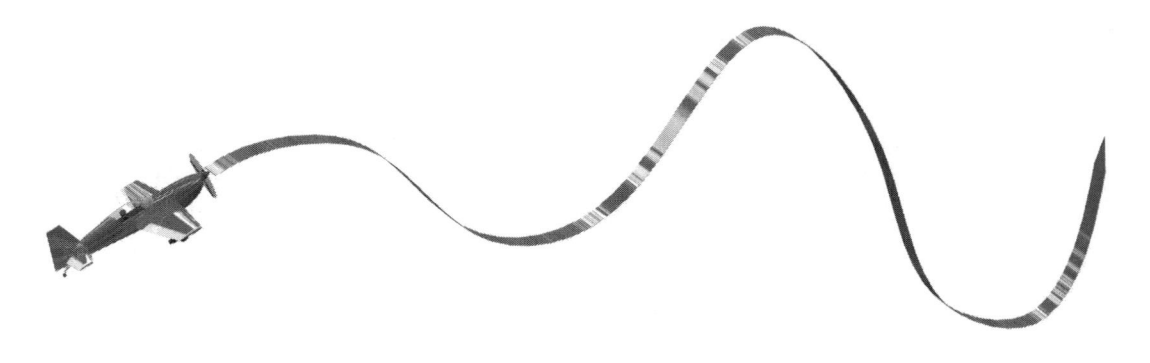

Figura 6.6 Instabilidade dinâmica de uma aeronave com movimento oscilatório.

Se após ocorrer a tendência inicial da aeronave retornar a sua posição de equilíbrio, devido sua estabilidade estática, o avião passe a oscilar com a manutenção da amplitude inicial, sua posição de equilíbrio não será mais atingida, resultando em um caso de instabilidade dinâmica neutra, como mostram as Figura 6.7 e 6.8.

Pela análise realizada, é muito importante observar que um avião pode ser estaticamente estável, porém dinamicamente instável e, assim, uma análise pura de estabilidade estática não garante a estabilidade dinâmica da aeronave. Dessa forma, um avião estaticamente estável pode não ser dinamicamente estável, mas com certeza um avião dinamicamente estável será estaticamente estável.

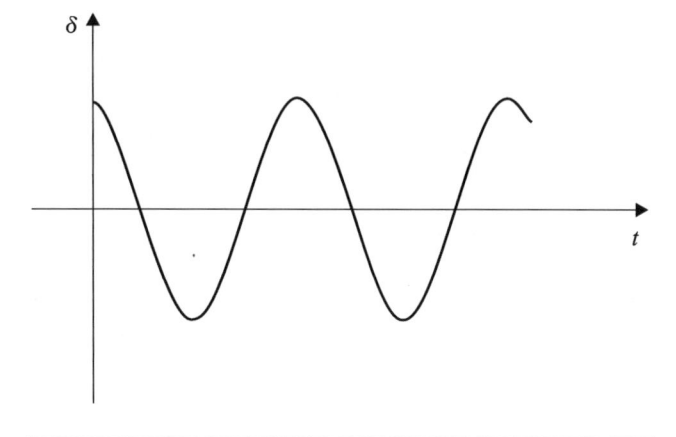

Figura 6.7 Instabilidade dinâmica neutra.

Uma redução da perturbação em função do tempo indica que existe resistência ao movimento do corpo e, consequentemente, energia está sendo dissipada. Quando ocorrer dissipação de energia, o movimento é caracterizado por um amortecimento positivo e quando mais energia for adicionada ao sistema (aumento de amplitude), o amortecimento é considerado negativo.

Figura 6.8 Instabilidade dinâmica neutra de uma aeronave.

Particularmente um ponto muito importante para o projeto de um avião é a definição do grau de estabilidade dinâmica, que em geral é representado pelo tempo necessário para que o distúrbio sofrido seja completamente amortecido.

Uma análise bem feita dos critérios de estabilidade estática garantem excelentes resultados operacionais para a aeronave. Como o estudo da estabilidade (estática e dinâmica) envolve uma álgebra mais pesada, é aconselhável que primeiro o estudante esteja atento apenas aos critérios de estabilidade estática, deixando a pesquisa mais avançada de estabilidade dinâmica para um estudo futuro.

6.3 Determinação da posição do centro de gravidade

Para se iniciar os estudos de estabilidade, peso e balanceamento de uma aeronave, é muito importante a determinação prévia da posição do centro de gravidade (CG) da aeronave e o passeio do centro de gravidade para condições de peso mínimo e máximo. Nesta seção é apresentado um modelo analítico que permite realizar o cálculo da posição do CG de um avião. O CG de uma aeronave pode ser definido através do cálculo analítico das condições de balanceamento de momentos, ou seja, considere um ponto imaginário no qual a soma dos momentos do nariz da aeronave (sentido anti-horário – negativo) em relação ao CG possua a mesma intensidade da soma dos momentos de cauda (sentido horário – positivo). Nessas condições, pode-se dizer que a aeronave está em equilíbrio quando suspensa pelo CG, ou seja, não existe nenhuma tendência de rotação em qualquer direção, quer seja nariz para cima, quer seja nariz para baixo, e, portanto, em uma situação prática pode-se considerar que todo o peso da aeronave está concentrado no centro de gravidade. Normalmente a posição do CG de uma aeronave é apresentada na literatura aeronáutica com relação à porcentagem da corda, e sua localização é obtida com a aplicação da Equação (6.1) que relaciona os momentos gerados por cada componente da aeronave com o peso total dela.

$$\bar{x}_{CG} = \frac{\sum W \cdot d}{\sum W} \qquad (6.1)$$

Para a aplicação da Equação (6.1), é necessário adotar uma linha de referência onde a partir desta é possível obter as distâncias características da localização de cada componente da aeronave, permitindo assim a determinação dos momentos gerados por cada um desses componentes em relação a essa linha de referência. Uma vez encontrados os momentos individuais, realiza-se a somatória de todos esses momentos e então se divide o resultado obtido pelo peso total da aeronave. Neste livro, a linha de referência é adotada no nariz da aeronave, como mostra a Figura 6.9.

É importante citar que a Figura 6.9 ilustra apenas alguns componentes mais importantes da aeronave. Para se obter um cálculo mais preciso da posição do CG, é interessante que se utilize o maior número de componentes possíveis.

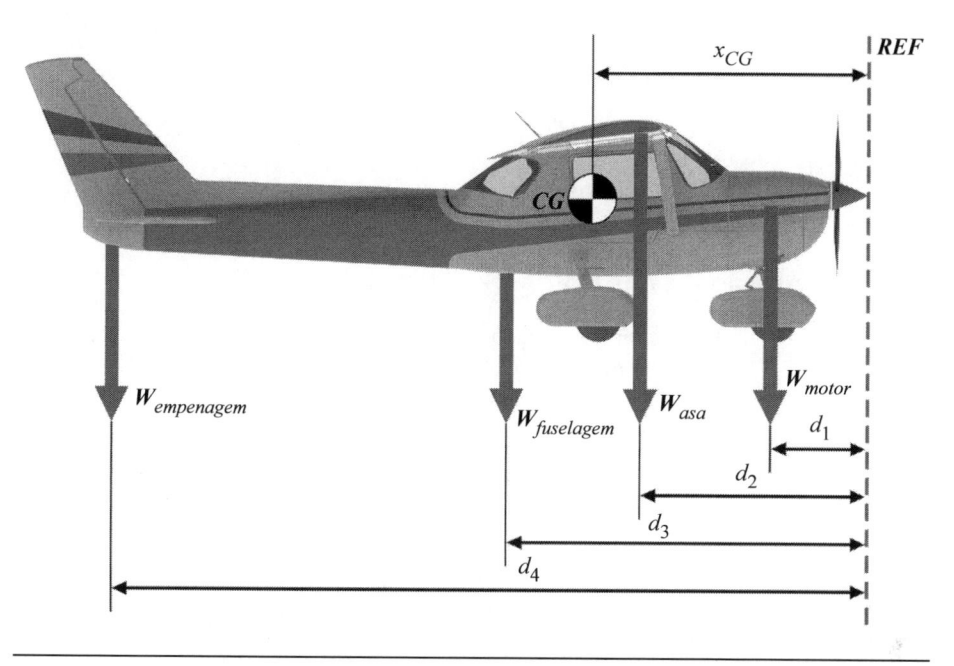

Figura 6.9 Determinação da posição do centro de gravidade de uma aeronave.

Uma vez determinada a posição do centro de gravidade, este pode ser representado em função da corda na raiz da asa aplicando-se a Equação (6.2) apresentada a seguir.

$$CG\%_c = \frac{(\bar{x}_{CG} - x_w)}{c} \cdot 100\% \qquad (6.2)$$

A Equação (6.2) relaciona a diferença entre as distâncias da posição do CG e do bordo de ataque da asa em relação à linha de referência com a corda na raiz da asa, resultando na posição do CG em uma porcentagem da corda. A Figura 6.10 ilustra esse conceito.

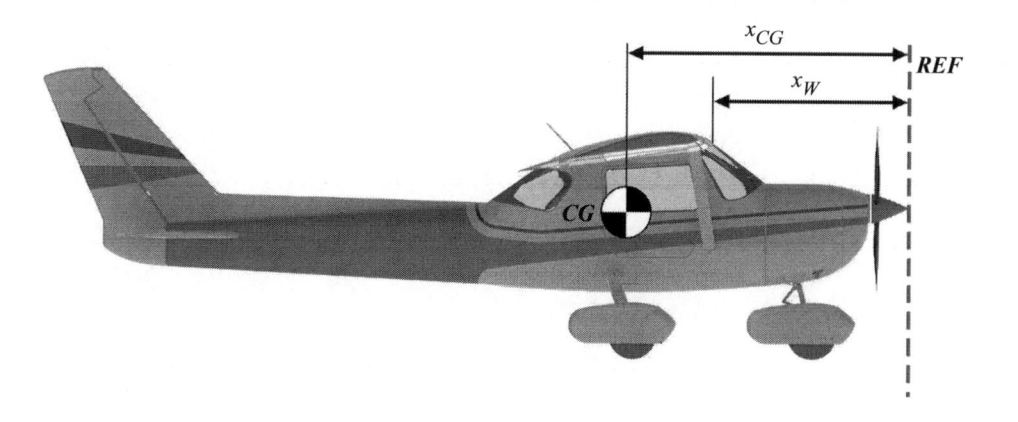

Figura 6.10 Posição do CG em função de uma porcentagem da corda na raiz da asa.

Para aeronaves convencionais, normalmente com o CG localizado entre 20% e 35% da corda, é possível obter boas qualidades de estabilidade e controle.

► EXEMPLO 6.1

Determinação da posição do centro de gravidade

Considere que a aeronave mostrada na figura a seguir possui as características de peso e distância de seus componentes em relação a uma linha de referência situada no nariz da aeronave apresentada na Tabela 6.1.

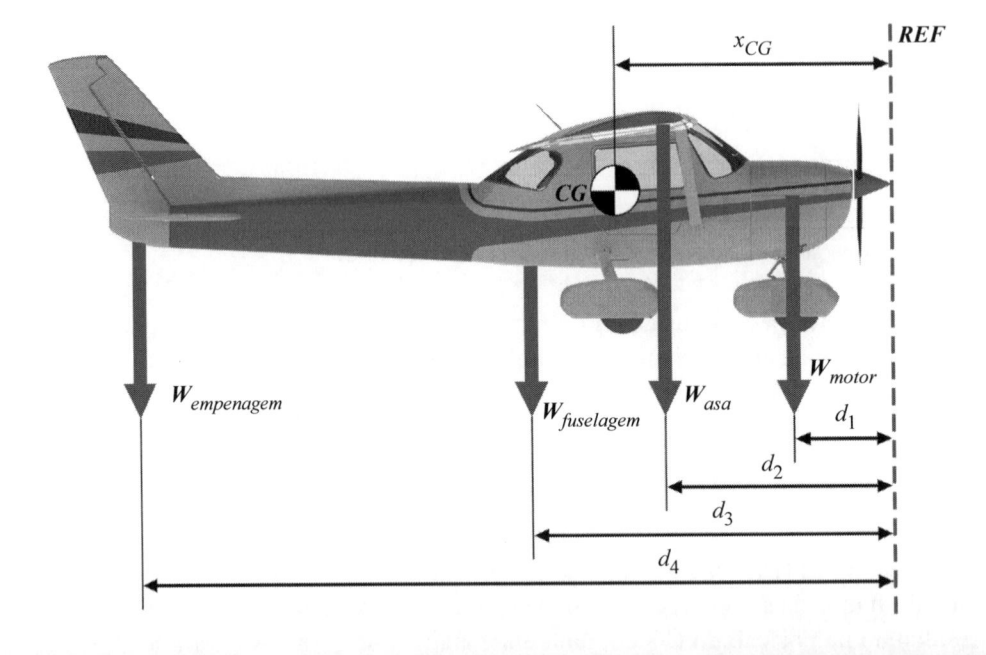

Tabela 6.1 Determinação do centro de gravidade

Componente	Peso (N)	Braço (m)	Momento (Nm)
Motor, hélice	3500	1,0	3500
Asa	1700	2,2	3740
Fuselagem	1700	3,1	5270
Empenagem	600	7,2	4320
Total	7500	–	16830

Com base nos dados da tabela, determine de forma aproximada a posição do centro de gravidade desta aeronave em relação à linha de referência e também como porcentagem da corda. Considere asa retangular com $c = 1,2$ m e que o bordo de ataque da asa se encontra a uma distância de 1,9 m em relação à linha de referência posicionada no nariz do avião.

CAPÍTULO 6 — Estabilidade longitudinal estática

Solução: A posição do centro de gravidade para a aeronave vazia pode ser calculada com a aplicação da Equação (6.1) apresentada a seguir.

$$\bar{x}_{CG} = \frac{\sum W \cdot d}{\sum W}$$

A partir dos dados fornecidos na tabela, tem-se:

$$\bar{x}_{CG} = \frac{16830}{7500}$$

$$\bar{x}_{CG} = 2,244 \text{ m}$$

Com relação à corda média aerodinâmica, a Equação (6.2) pode ser aplicada:

$$CG\%_c = \frac{(\bar{x}_{CG} - x_w)}{\bar{c}} \cdot 100\%$$

$$CG\%_c = \frac{(2,244 - 1,9)}{1,2} \cdot 100\%$$

$$CG\%_c = 28,66\% \text{ da cma}$$

É importante citar que na solução desse exemplo utilizaram-se apenas quatro componentes principais da aeronave. Para se obter um resultado com maior precisão, é aconselhável dividir a aeronave no maior número de componentes possíveis.

6.4 Momentos em uma aeronave

Para se avaliar as qualidades de estabilidade de uma aeronave, o ponto fundamental é a análise dos momentos atuantes ao redor do CG. Como forma de ilustrar essa situação, a Figura 6.11 mostra a vista lateral de uma aeronave e as principais forças utilizadas para a determinação dos critérios de estabilidade longitudinal estática.

Através da Figura 6.11 é possível calcular o momento resultante ao redor do CG da aeronave:

$$m_{CG} = -T \cdot d_1 + L \cdot d_2 + D \cdot d_3 - L_t \cdot d_4 + m_{ac} \tag{6.3}$$

É importante observar na Equação (6.3) que, conforme citado no Capítulo 2, momentos no sentido horário são considerados positivos e momentos no sentido anti-horário são considerados negativos. Nessa equação estão presentes os momentos provocados pelas forças de sustentação e arrasto da asa, pela força de sustentação da superfície horizontal da empenagem, pela tração do motor e pelo momento ao redor do centro aerodinâmico do perfil. A força de arrasto da empenagem foi negligenciada, pois sua contribuição geralmente é muito pequena devido ao seu baixo valor e ao seu pequeno braço de momento, e o peso da aeronave atua diretamente sobre o CG e, portanto, não provoca momento na aeronave.

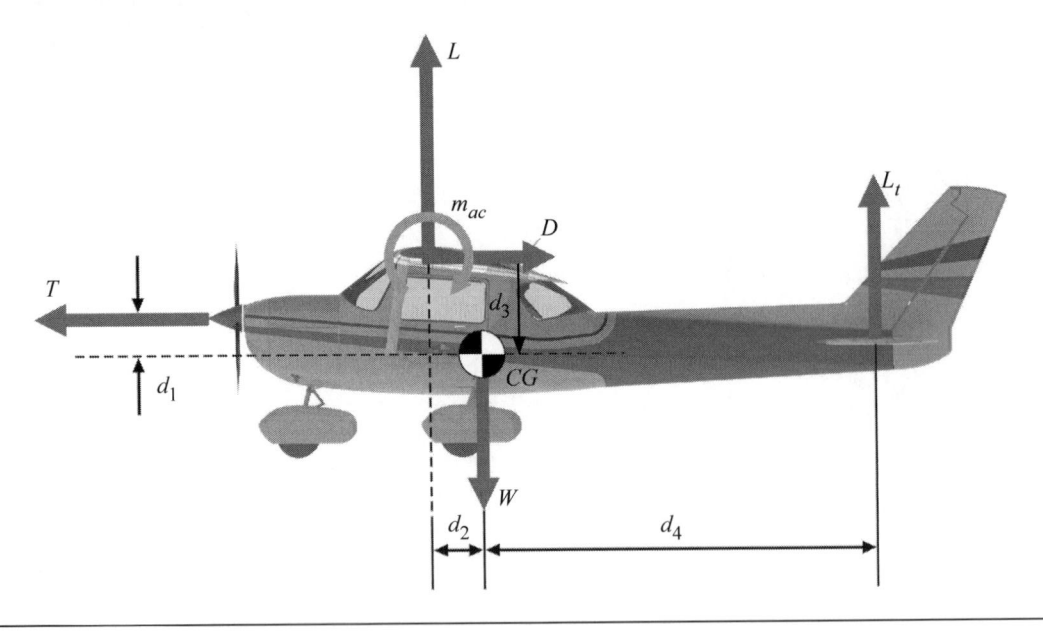

Figura 6.11 Forças e momentos atuantes em uma aeronave durante o voo.

Normalmente nos cálculos de estabilidade utilizam-se equações fundamentadas em coeficientes adimensionais e, assim, é conveniente trabalhar com o coeficiente de momento ao redor do CG, e este pode ser obtido com a aplicação da Equação (6.4).

$$C_{mCG} = \frac{m_{CG}}{q \cdot S \cdot \bar{c}} \qquad (6.4)$$

Onde, q representa a pressão dinâmica, S é a área da asa e $\bar{c}$ a corda média aerodinâmica.

É importante ressaltar que uma aeronave somente está em equilíbrio quando o momento ao redor do CG for igual a zero. Portanto, como será apresentado a seguir, um avião somente estará trimado quando o coeficiente de momento ao redor do CG for nulo:

$$m_{CG} = C_{mCG} = 0 \qquad (6.5)$$

6.5 Estabilidade longitudinal estática

Para que uma aeronave possua estabilidade longitudinal estática, é necessária a existência de um momento restaurador que possui a tendência de trazê-la novamente para sua posição de equilíbrio após qualquer perturbação sofrida.

Como forma de ilustrar este critério, considere dois aviões e suas respectivas curvas características do coeficiente de momento ao redor do CG em função do ângulo de ataque da Figura 6.12.

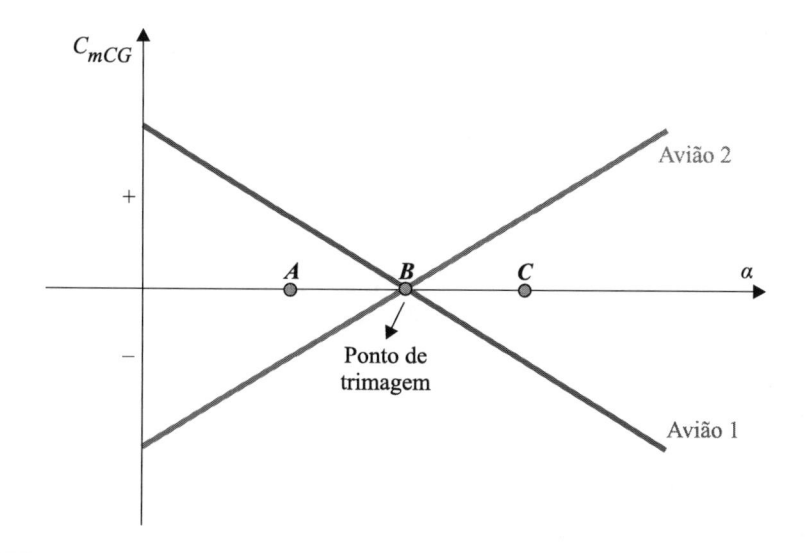

Figura 6.12 Coeficiente de momento ao redor do *CG* em função do ângulo de ataque.

Considere inicialmente que ambas as aeronaves estão voando no ângulo de ataque de trimagem representado pela posição **B**, ou seja, $C_{mCG} = 0$. Supondo-se que repentinamente essas aeronaves sejam deslocadas de sua posição de equilíbrio por uma rajada de vento que aumenta o ângulo de ataque para a posição **C** (nariz para cima), o avião 1 apresentará um momento negativo (sentido anti-horário) que tenderá a rotacionar o nariz da aeronave para baixo, trazendo-a novamente para sua posição de equilíbrio. Já o avião 2 apresentará um momento positivo (sentido horário) que tenderá a rotacionar o nariz da aeronave para cima afastando-a cada vez mais da sua posição de equilíbrio.

Analogamente, se a perturbação provocada pela mesma rajada de vento reduzir o ângulo de ataque para a posição **A** (nariz para baixo), o avião 1 apresentará um momento positivo (sentido horário) que tenderá a rotacionar o nariz da aeronave para cima, trazendo-a de volta a sua posição de equilíbrio. E o avião 2 apresentará um momento negativo (sentido anti-horário) tendendo a rotacionar o nariz da aeronave para baixo, afastando-a cada vez mais da sua posição de equilíbrio.

Dessa forma pode-se concluir, a partir da análise da Figura 6.12 e das considerações apresentadas, que um dos critérios necessários para se garantir a estabilidade longitudinal estática de uma aeronave é relacionado ao coeficiente angular da curva do coeficiente de momento ao redor do CG em função do ângulo de ataque que, obrigatoriamente, deve ser negativo, resultando, portanto, em uma curva decrescente. Assim

$$\frac{dC_m}{d_\alpha} = C_{m\alpha} < 0 \qquad (6.6)$$

A Figura 6.13 mostra o processo para a determinação do coeficiente angular da curva C_m *versus* α para se garantir a estabilidade longitudinal estática de uma aeronave.

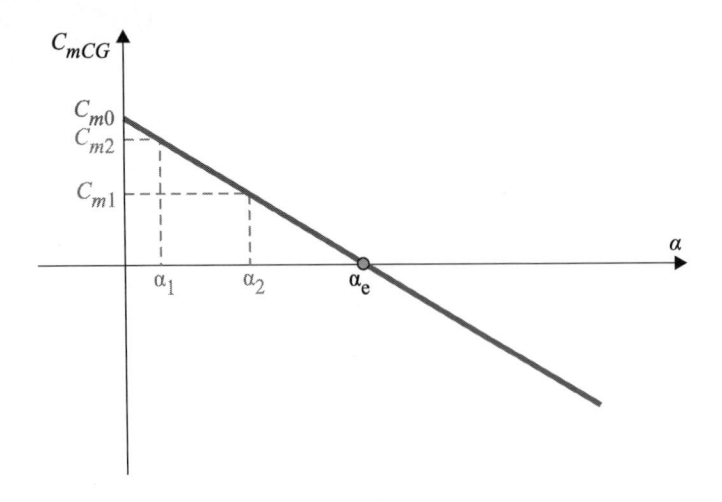

Figura 6.13 Determinação do coeficiente angular da curva do coeficiente de momento ao redor do CG em função do ângulo de ataque.

Pela análise da Figura 6.13, pode-se escrever:

$$\frac{dC_m}{d\alpha} = C_{m\alpha} = \frac{C_{m2} - C_{m1}}{\alpha_2 - \alpha_1} < 0 \qquad (6.7)$$

O outro critério importante para a caracterização da estabilidade longitudinal estática está relacionado ao ângulo de trimagem, que necessariamente deve ser positivo, pois assim a aeronave em estudo possuirá as qualidades estáveis do avião 1 representado na Figura 6.12. Portanto, pode-se concluir que o coeficiente de momento ao redor do CG para uma condição de ângulo de ataque igual a zero C_{m0} deve ser positivo, dessa forma, uma condição de estabilidade longitudinal estática somente será obtida quando os seguintes critérios forem respeitados.

$$\frac{dC_m}{d\alpha} = C_{m\alpha} < 0 \qquad (6.8)$$

e

$$C_{m0} > 0 \qquad (6.9)$$

Na discussão apresentada, os requisitos necessários para se obter a estabilidade longitudinal estática de uma aeronave são fundamentados na curva de momento de arfagem do avião completo, porém é importante a realização de uma análise independente de cada componente da aeronave, pois assim é possível visualizar quais partes contribuem de maneira positiva e quais contribuem de maneira negativa para a estabilidade da aeronave.

Em geral os três componentes analisados para a obtenção dos critérios de estabilidade longitudinal estática de uma aeronave são a asa, a fuselagem e a superfície horizontal da empenagem.

6.5.1 Contribuição da asa na estabilidade longitudinal estática

Para se avaliar a contribuição da asa na estabilidade longitudinal estática de uma aeronave, é necessário o cálculo dos momentos gerados ao redor do CG da aeronave devido às forças de sustentação e arrasto, além de considerar o momento ao redor do centro aerodinâmico da asa. A Figura 6.14 serve como referência para a realização desse cálculo e neste ponto é importante citar que ela está representada em uma escala conveniente que permite visualizar as forças e os braços de momento em relação ao CG.

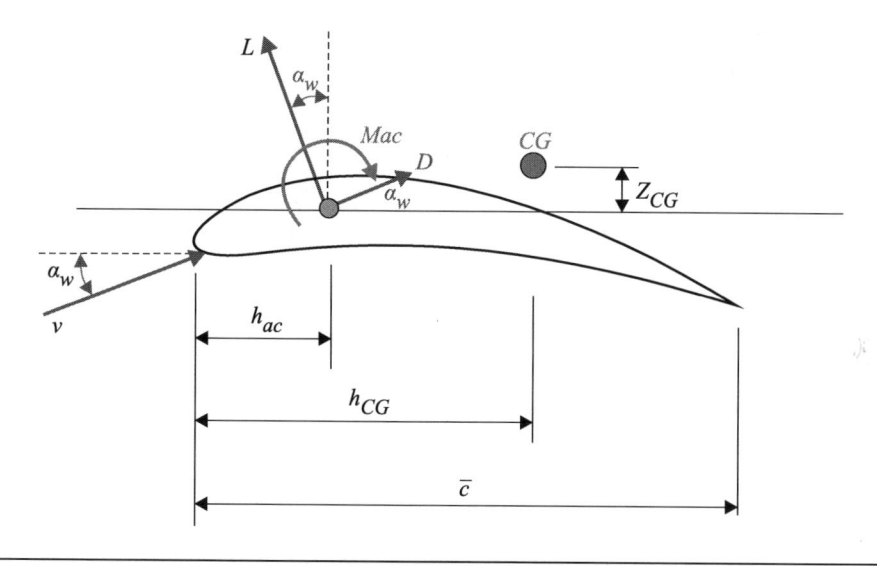

Figura 6.14 Contribuição da asa na estabilidade longitudinal estática.

Nessa figura é possível observar a presença do momento característico ao redor do centro aerodinâmico M_{ac} e as forças de sustentação L e arrasto D, respectivamente, perpendicular e paralela à direção do vento relativo. Dessa maneira, os momentos atuantes ao redor do centro de gravidade são obtidos do seguinte modo:

$$M_{CGw} = M_{ac} + L \cdot \cos\alpha_w \cdot (h_{CG} - h_{ac}) + L \cdot sen\alpha_w \cdot Z_{CG} + \\ + D \cdot sen\alpha_w \cdot (h_{CG} - h_{ac}) - D \cdot \cos\alpha_w \cdot Z_{CG} \quad (6.10)$$

Como forma de simplificar a análise, as seguintes simplificações são válidas:

$$\cos\alpha_w = 1 \quad (6.11)$$

$$sen\alpha_w = \alpha_w \quad (6.12)$$

$$L \gg D \quad (6.13)$$

Essas aproximações são válidas, pois o ângulo α_w é muito pequeno e a força de sustentação é bem maior que a força de arrasto. E como, para a maioria dos aviões, a posição Z_{CG} do centro de gravidade possui um braço de momento muito pequeno, a Equação (6.10) pode ser reescrita em sua forma simplificada desprezando-se a contribuição da força de arrasto e do braço de momento Z_{CG} do seguinte modo:

$$M_{CGw} = M_{ac} + L \cdot 1 \cdot (h_{CG} - h_{ac}) + L \cdot \alpha_w \cdot Z_{CG} + D \cdot \alpha_w \cdot (h_{CG} - h_{ac}) - D \cdot 1 \cdot Z_{CG}$$

(6.14)

Que resulta:

$$M_{CGw} = M_{ac} + L \cdot (h_{CG} - h_{ac})$$

(6.15)

A Equação (6.15) pode ser reescrita na forma de coeficientes através da divisão de todos os termos pela relação $q_\infty \cdot S \cdot \bar{c}$, portanto:

$$\frac{M_{CGw}}{q_\infty \cdot S \cdot \bar{c}} = \frac{M_{ac}}{q_\infty \cdot S \cdot \bar{c}} + \frac{L \cdot (h_{CG} - h_{ac})}{q_\infty \cdot S \cdot \bar{c}}$$

(6.16)

Que resulta:

$$C_{MCGw} = C_{Mac} + C_L \cdot \left(\frac{h_{CG}}{\bar{c}} - \frac{h_{ac}}{\bar{c}} \right)$$

(6.17)

A variação do coeficiente de sustentação em função do ângulo de ataque da asa é calculada pela Equação (6.18) apresentada a seguir.

$$C_L = C_{L0} + a \cdot \alpha_w$$

(6.18)

Onde C_{L0} representa o coeficiente de sustentação para ângulo de ataque nulo ($\alpha_w = 0°$) e a representa o coeficiente angular da curva C_L versus α da asa.

Substituindo a Equação (6.18) na Equação (6.17), tem-se:

$$C_{MCGw} = C_{Mac} + (C_{L0} + a \cdot \alpha_w) \cdot \left(\frac{h_{CG}}{\bar{c}} - \frac{h_{ac}}{\bar{c}} \right)$$

(6.19)

Aplicando-se as condições necessárias para se garantir a estabilidade longitudinal estática, é possível observar que o coeficiente de momento para uma condição de ângulo de ataque $\alpha_w = 0°$ é:

$$C_{M0w} = C_{Mac} + C_{L0} \cdot \left(\frac{h_{CG}}{\bar{c}} - \frac{h_{ac}}{\bar{c}} \right)$$

(6.20)

E o coeficiente angular da curva de momentos gerados pela asa ao redor do CG é dado por:

$$\frac{dC_M}{d\alpha} = C_{M\alpha w} = a \cdot \left(\frac{h_{CG}}{\bar{c}} - \frac{h_{ac}}{\bar{c}} \right) \quad (6.21)$$

Analisando a Equação (6.21), é possível observar que para o coeficiente angular ser negativo e, portanto, contribuir positivamente para a estabilidade longitudinal estática da aeronave, é necessário que o centro de gravidade esteja localizado à frente do centro aerodinâmico, porém, geralmente, em aeronaves convencionais não é isso que ocorre e, portanto, a asa isolada se caracteriza por um componente desestabilizante na aeronave. Daí a importância da presença da superfície horizontal da empenagem.

▶ EXEMPLO 6.2

Contribuição da asa na estabilidade longitudinal estática

Considere que a asa de uma aeronave possui o coeficiente angular da curva $C_L \times \alpha$ dado por $a = 0{,}0738$ grau^{-1}, $C_{L0} = 0{,}64$ e um coeficiente de momento ao redor do centro aerodinâmico da asa dado por $C_M = -0{,}16$. Determine o coeficiente de momento para $\alpha_w = 0°$, o coeficiente angular da curva $C_M \times \alpha$ e trace o gráfico do coeficiente de momento em função do ângulo de ataque dessa asa. Dados: $\bar{c} = 1{,}2$ m, $h_{CG} = 0{,}344$ m, $h_{ac} = 0{,}300$ m (valores de h em relação ao bordo de ataque da asa).

Solução: Pela aplicação da Equação (6.20) obtém-se o valor de C_{M0w} do seguinte modo:

$$C_{M0w} = C_{Mac} + C_{L0} \cdot \left(\frac{h_{CG}}{\bar{c}} - \frac{h_{ac}}{\bar{c}} \right)$$

$$C_{M0w} = -0{,}16 + 0{,}64 \cdot \left(\frac{0{,}344}{1{,}2} - \frac{0{,}300}{1{,}2} \right)$$

$$C_{M0w} = -0{,}1365$$

E o coeficiente angular da curva de momentos gerados pela asa ao redor do CG é obtido com a aplicação da Equação (6.21) da seguinte maneira:

$$\frac{dC_M}{d\alpha} = C_{M\alpha w} = a \cdot \left(\frac{h_{CG}}{\bar{c}} - \frac{h_{ac}}{\bar{c}} \right)$$

$$\frac{dC_M}{d\alpha} = C_{M\alpha w} = 0{,}0738 \cdot \left(\frac{0{,}344}{1{,}2} - \frac{0{,}300}{1{,}2} \right)$$

$$\frac{dC_M}{d\alpha} = C_{M\alpha w} = 0{,}00270 \text{ grau}^{-1}$$

Portanto, a equação que define a variação do coeficiente de momento em função do ângulo de ataque é:

$$C_{mCGw} = C_{m0w} + C_{m\alpha w} \cdot \alpha$$
$$C_{mCGw} = -0{,}1365 + 0{,}00270 \cdot \alpha$$

A tabela de pontos e o gráfico resultante da análise são mostrados a seguir:

Tabela 6.2 Contribuição da asa na estabilidade longitudinal estática

α (graus)	C_{mCGw}
0	−0,13653
1	−0,13383
2	−0,13112
3	−0,12842
4	−0,12571
5	−0,123
6	−0,1203
7	−0,11759
8	−0,11489
9	−0,11218
10	−0,10947
11	−0,10677
12	−0,10406
13	−0,10136
14	−0,09865
15	−0,09594

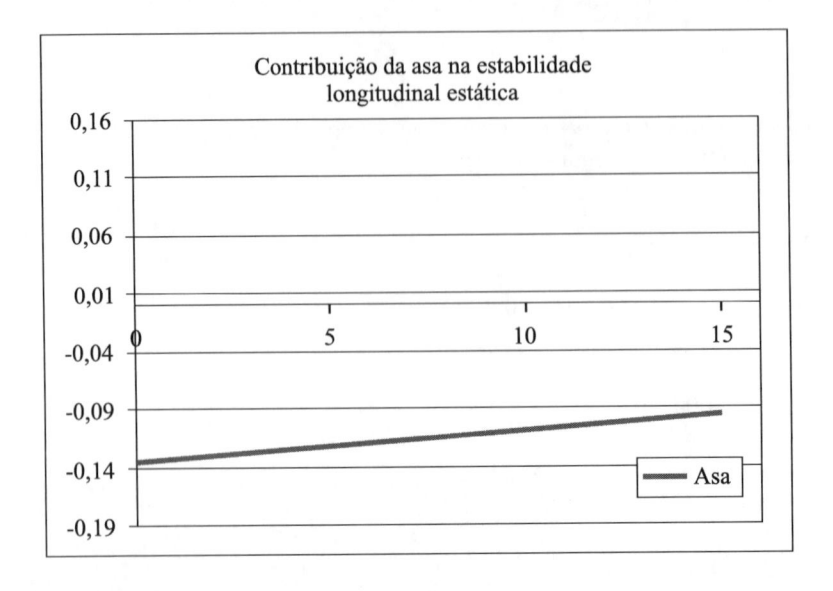

Contribuição da asa na estabilidade longitudinal estática

Como citado anteriormente é possível observar que a asa isoladamente possui um efeito desestabilizante na aeronave, pois nenhum dos dois critérios necessários são atendidos, ou seja, o primeiro ponto da curva é negativo e o coeficiente angular é positivo contribuindo de maneira negativa para a estabilidade da aeronave.

Dessa maneira, se faz necessária a adição da superfície horizontal da empenagem para garantir a estabilidade da aeronave. Na próxima seção será apresentada e desenvolvida a formulação matemática para se avaliar a contribuição da empenagem na estabilidade longitudinal estática de uma aeronave.

6.5.2 Contribuição do profundor na estabilidade longitudinal estática

De maneira análoga ao estudo realizado para a determinação da contribuição da asa para a estabilidade longitudinal estática de uma aeronave, será apresentado nesta seção o modelo analítico para a determinação da contribuição da superfície horizontal da empenagem nos critérios de estabilidade longitudinal estática. Em uma situação real é obvio que tanto a asa quanto a superfície horizontal da empenagem estão acopladas à fuselagem e ao avião como um todo, porém didaticamente torna-se mais simples a realização de uma análise isolada de cada componente e, posteriormente, uma análise completa da aeronave através da adição de cada uma das contribuições estudadas. Assim, nesta seção apenas será abordada a contribuição isolada da superfície horizontal da empenagem e na Seção 6.5.4 será abordado o critério para a obtenção da estabilidade longitudinal estática de uma aeronave completa.

Como a superfície horizontal da empenagem está montada na aeronave em uma posição atrás da asa, é importante observar alguns critérios importantes para se garantir o controle da aeronave, pois, nessa condição de montagem, a empenagem está sujeita a dois principais efeitos de interferência que afetam diretamente a sua aerodinâmica. Esses efeitos são:

a) Devido ao escoamento induzido na asa, o vento relativo que atua na superfície horizontal da empenagem não possui a mesma direção do vento relativo que atua na asa.
b) Devido ao atrito de superfície e ao arrasto de pressão atuantes sobre a asa, o escoamento que atinge a empenagem possui uma velocidade menor que o escoamento que atua sobre a asa e, portanto, a pressão dinâmica na empenagem é menor que a pressão dinâmica atuante na asa.

Uma forma de minimizar esses efeitos é posicionar a empenagem fora da região da esteira de vórtices da asa. Isso pode ser feito por meio de um ensaio simples e qualitativo em um túnel de vento com um modelo em escala da aeronave em projeto. Geralmente com a empenagem localizada em um ângulo compreendido entre 7° e 10° acima do bordo de fuga da asa praticamente não existe influência da esteira de vórtices sobre a empenagem para uma condição de voo reto e nivelado.

Neste ponto é importante citar que mesmo com esse posicionamento da empenagem, em uma condição de elevado ângulo de ataque, a esteira de vórtices gerada pela asa atingirá a empenagem em uma condição de escoamento turbulento, pois a aeronave está em uma condição próxima do estol. A Figura 6.15

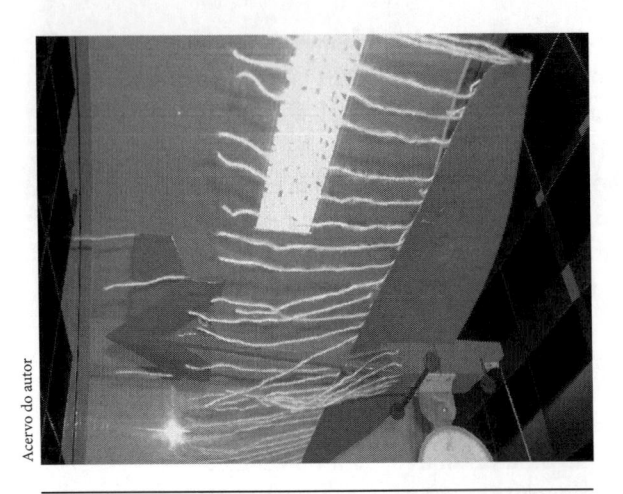

Figura 6.15 Influência da esteira de vórtices na empenagem em uma condição de voo reto e nivelado - ensaio qualitativo realizado em túnel de vento.

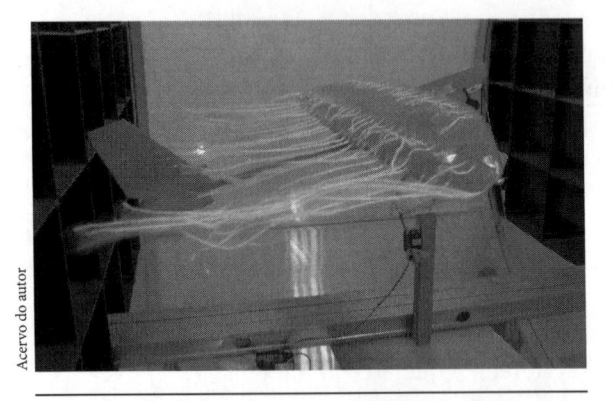

Figura 6.16 Influência da esteira de vórtices na empenagem em uma condição de voo com elevado ângulo de ataque - ensaio qualitativo realizado em túnel de vento.

mostra um ensaio qualitativo realizado em túnel de vento com um modelo em escala e pode-se observar que em uma condição de voo reto e nivelado a esteira de vórtices passa abaixo da empenagem, permitindo um escoamento livre nas superfícies de comando contribuindo de maneira significativa para a controlabilidade e estabilidade da aeronave e minimizando os efeitos de interferência citados.

Já para uma condição de elevado ângulo de ataque, é possível observar na Figura 6.16 que a esteira turbulenta interfere sobre a empenagem reduzindo a controlabilidade e a estabilidade da aeronave.

Em função das considerações apresentadas, a contribuição da superfície horizontal da empenagem deve ser calculada de maneira precisa para se garantir o correto balanceamento da aeronave durante o voo. O cálculo pode ser realizado por meio da determinação dos momentos gerados ao redor do centro de gravidade da aeronave, e um modelo matemático para esta análise pode ser obtido a partir do diagrama de corpo livre da aeronave mostrada na Figura 6.17.

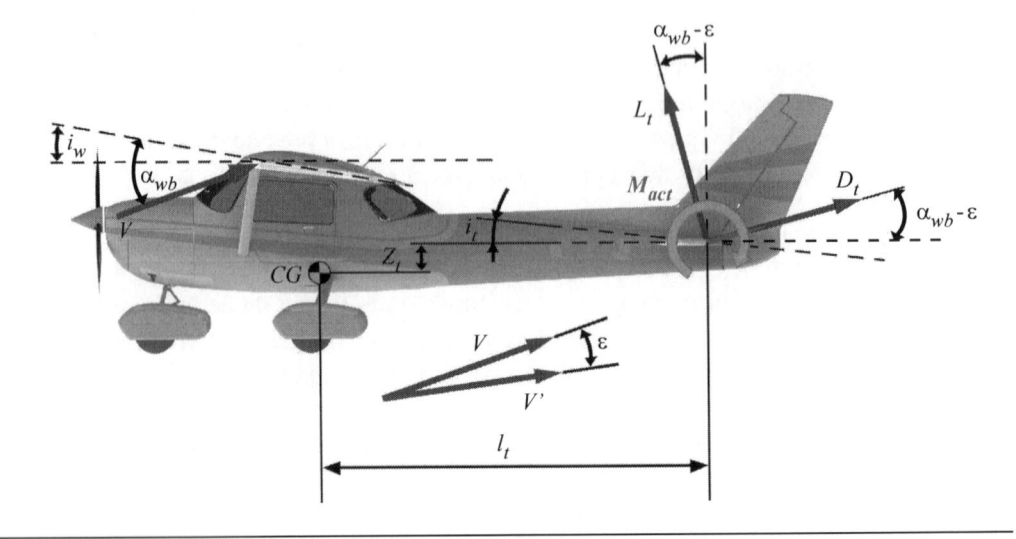

Figura 6.17 Contribuição da empenagem horizontal na estabilidade longitudinal estática.

Através do estudo detalhado da Figura 6.17, é possível observar que a soma dos momentos da superfície horizontal da empenagem em relação ao CG da aeronave pode ser escrito matematicamente:

$$M_{CGt} = M_{act} - l_t \cdot \left[L_t \cdot \cos(\alpha_{wb} - \varepsilon) + D_t \cdot sen(\alpha_{wb} - \varepsilon) \right] - z_t \cdot L_t \cdot sen(\alpha_{wb} - \varepsilon)$$
$$+ z_t \cdot D_t \cdot \cos(\alpha_{wb} - \varepsilon)$$

(6.22)

Pela análise da Equação (6.22), é possível verificar que o termo $l_t \cdot L_t \cdot \cos(\alpha_{wb} - \varepsilon)$ é o que possui a maior intensidade e, portanto, representa o elemento predominante nesta equação. Assim, algumas hipóteses simplificadoras podem ser realizadas para facilitar a solução dessa equação. As hipóteses de simplificação são as seguintes:

a) O braço de momento z_t é muito menor que o braço de momento L_t, portanto z_t pode ser considerado praticamente nulo durante a realização do cálculo.
b) A força de arrasto D_t da superfície horizontal da empenagem é muito menor que a força de sustentação L_t, portanto também pode ser considerada nula durante a realização do cálculo.
c) O ângulo $(\alpha_{wb} - \varepsilon)$ em geral é muito pequeno, portanto, são válidas as seguintes aproximações: $sen(\alpha_{wb} - \varepsilon) \approx 0$ e $cos(\alpha_{wb} - \varepsilon) \approx 1$.
d) O momento ao redor do centro aerodinâmico do perfil da empenagem M_{act} geralmente tem um valor muito pequeno e também pode ser considerado nulo durante a realização do cálculo.

A partir das considerações apresentadas, a Equação (6.22) pode ser reescrita:

$$M_{CGt} = 0 - l_t \cdot \left[L_t \cdot 1 + D_t \cdot 0 \right] - z_t \cdot L_t \cdot 0 + z_t \cdot D_t \cdot 1 \quad (6.22a)$$

$$M_{CGt} = -l_t \cdot L_t + z_t \cdot D_t \quad (6.22b)$$

Como $D_t \lll L_t$ e $z_t \lll l_t$, o primeiro termo do lado direito da Equação (6.22b) é predominante, e assim pode-se escrever:

$$M_{CGt} = -l_t \cdot L_t \quad (6.23)$$

Percebe-se que a contribuição da superfície horizontal da empenagem com relação ao momento de equilíbrio ao redor do CG da aeronave é uma função simplificada dependente apenas do comprimento l_t e da força de sustentação L_t gerada na empenagem horizontal.

Na forma de coeficientes adimensionais, a Equação (6.23) pode ser reescrita em função do coeficiente de momento da superfície horizontal da empenagem ao redor do CG da aeronave e do coeficiente de sustentação C_{Lt} gerado na empenagem.

O coeficiente de sustentação na empenagem horizontal C_{Lt} é obtido a partir da equação geral da força de sustentação do seguinte modo:

$$L_t = \frac{1}{2} \cdot \rho \cdot v^2 \cdot S_t \cdot C_{Lt} \tag{6.24}$$

Na forma de coeficiente de sustentação, a Equação (6.24) é reescrita a seguir.

$$C_{Lt} = \frac{L_t}{q_\infty \cdot S_t} \tag{6.25}$$

Nessa equação é importante lembrar que q_∞ representa a pressão dinâmica atuante dada pela relação $q_\infty = \frac{1}{2} \cdot \rho \cdot v^2$.

Substituindo a Equação (6.24) na Equação (6.23), tem-se que:

$$M_{CGt} = -l_t \cdot \frac{1}{2} \cdot \rho \cdot v_t^2 \cdot S_t \cdot C_{Lt} = -l_t \cdot q_{\infty t} \cdot S_t \cdot C_{Lt} \tag{6.26}$$

Adimensionalizando-se o momento ao redor do CG através das condições de escoamento na asa:

$$\frac{M_{CGt}}{q_{\infty w} \cdot S_w \cdot \bar{c}} = \frac{-l_t \cdot q_{\infty t} \cdot S_t \cdot C_{Lt}}{q_{\infty w} \cdot S_w \cdot \bar{c}} \tag{6.27}$$

Que resulta:

$$C_{MCGt} = \frac{-l_t \cdot S_t}{S_w \cdot \bar{c}} \cdot C_{Lt} \cdot \eta \tag{6.28}$$

Na Equação (6.28) é importante notar a presença da variável η chamada de eficiência de cauda que é oriunda da relação entre a pressão dinâmica da asa e a pressão dinâmica atuante na superfície da empenagem, que, como foi comentado no início desta seção, representa o efeito provocado pela condição de interferência da esteira de vórtices da asa sobre a empenagem. Nesse ponto, a pressão dinâmica atuante na empenagem é menor que a pressão dinâmica da asa devido à redução de velocidade no escoamento que atinge a empenagem. Em geral a eficiência de cauda corresponde a um valor compreendido entre 80% e 95% dependendo da localização da empenagem em relação a asa, portanto:

$$\eta = \frac{q_{\infty t}}{q_{\infty w}} = \frac{\frac{1}{2} \cdot \rho \cdot v_t^2}{\frac{1}{2} \cdot \rho \cdot v_w^2} \tag{6.29}$$

Também é importante observar que no primeiro termo presente no lado direito da Equação (6.28), a relação $-l_t \cdot S_t$, representa um volume característico da dimensão e da posição da cauda e o termo $\bar{c} \cdot S_w$ representa um volume característico da dimensão da asa. A razão entre esses dois volumes representa o conceito de volume de cauda horizontal estudado para o dimensionamento aerodinâmico da empenagem no Capítulo 1, portanto:

$$V_H = \frac{-l_t \cdot S_t}{S_w \cdot \bar{c}} \qquad (6.30)$$

Desse modo, a Equação (6.28) pode ser reescrita:

$$C_{MCGt} = -V_H \cdot C_{Lt} \cdot \eta \qquad (6.31)$$

Percebe-se que a contribuição da superfície horizontal da empenagem com relação ao CG da aeronave para se garantir a estabilidade longitudinal estática depende diretamente do volume de cauda adotado e do coeficiente de sustentação gerado no estabilizador horizontal.

Como os critérios de estabilidade são calculados e representados em um gráfico do coeficiente de momento ao redor do CG em função do ângulo de ataque, é conveniente que a Equação (6.31) seja expressa em termos do ângulo de ataque, pois assim se torna mais simples para se realizar uma análise de estabilidade em diferentes ângulos de ataque da aeronave e facilita a obtenção do coeficiente angular da curva, permitindo um traçado rápido do gráfico $C_{MCGt} \times \alpha$.

Para se quantificar a Equação (6.31) em função do ângulo de ataque, é essencial o estudo da Figura 6.17, na qual se pode observar que:

$$\alpha_t = \alpha_w - i_w - \varepsilon + i_t \qquad (6.32)$$

O coeficiente de sustentação do estabilizador horizontal pode ser escrito de acordo com a teoria estudada no capítulo de aerodinâmica da seguinte forma:

$$C_{Lt} = \frac{dC_{Lt}}{d\alpha} \cdot \alpha_t = a_t \cdot \alpha_t \qquad (6.33)$$

$$C_{Lt} = a_t \cdot \left(\alpha_w - i_w - \varepsilon + i_t\right) \qquad (6.33a)$$

Por questões de nomenclatura, o coeficiente angular a_t será representado na simbologia das equações subsequentes por $C_{L\alpha t}$, portanto:

$$a_t = C_{L\alpha t} \qquad (6.34)$$

O ângulo provocado pelo escoamento induzido ε é muito complicado de ser determinado analiticamente e, normalmente, é determinado em experimentos. Uma expressão que permite a determinação de ε pode ser escrita do seguinte modo:

$$\varepsilon = \varepsilon_0 + \frac{d\varepsilon}{d\alpha} \cdot \alpha_w \qquad (6.35)$$

O ângulo de ataque induzido ε e seu correspondente ε_0 para uma condição de ângulo de ataque zero pode ser calculado a partir da teoria da asa finita para uma distribuição elíptica de sustentação pela aplicação das Equações (6.36) e (6.37):

$$\varepsilon = \frac{57{,}3 \cdot 2 \cdot C_{Lw}}{\pi \cdot AR_w} \tag{6.36}$$

$$\varepsilon_0 = \frac{57{,}3 \cdot 2 \cdot C_{L0}}{\pi \cdot AR_w} \tag{6.37}$$

A relação de mudança do ângulo de ataque induzido em função do ângulo de ataque $d\varepsilon/d\alpha$ é determinada a partir da derivada da Equação (6.36):

$$\frac{d\varepsilon}{d\alpha} = \frac{57{,}3 \cdot 2 \cdot dC_{Lw}/d\alpha}{\pi \cdot AR_w} = \frac{57{,}3 \cdot 2 \cdot C_{L\alpha w}}{\pi \cdot AR_w} \tag{6.38}$$

Substituindo-se as Equações (6.34) e (6.35) na Equação (6.33a) tem-se:

$$C_{Lt} = C_{L\alpha t} \cdot \left[\alpha_w - i_w + i_i - \left(\varepsilon_0 + \frac{d\varepsilon}{d\alpha} \cdot \alpha_w \right) \right] \tag{6.39}$$

$$C_{Lt} = C_{L\alpha t} \cdot \alpha_w - C_{L\alpha t} \cdot i_w + C_{L\alpha t} \cdot i_i - C_{L\alpha t} \cdot \varepsilon_0 - C_{L\alpha t} \cdot \frac{d\varepsilon}{d\alpha} \cdot \alpha_w \tag{6.39a}$$

Que resulta:

$$C_{Lt} = C_{L\alpha t} \cdot \alpha_w \cdot \left(1 - \frac{d\varepsilon}{d\alpha} \right) - C_{L\alpha t} \cdot \left(i_w - i_i + \varepsilon_0 \right) \tag{6.39b}$$

Substituindo a Equação (6.39b) na equação (6.31):

$$C_{MCGt} = -V_H \cdot \eta \cdot \left[C_{L\alpha t} \cdot \alpha_w \cdot \left(1 - \frac{d\varepsilon}{d\alpha} \right) - C_{L\alpha t} \cdot \left(i_w - i_i + \varepsilon_0 \right) \right] \tag{6.40}$$

Aplicando-se a propriedade distributiva, a Equação (6.40) pode ser reescrita do seguinte modo:

$$C_{MCGt} = -V_H \cdot \eta \cdot C_{L\alpha t} \cdot \alpha_w \cdot \left(1 - \frac{d\varepsilon}{d\alpha} \right) + V_H \cdot \eta \cdot C_{L\alpha t} \cdot \left(i_w - i_i + \varepsilon_0 \right) \tag{6.40a}$$

A Equação (6.40a) pode ser expressa em termos de uma equação linear que permite a determinação do coeficiente de momento ao redor do CG da aeronave em função do ângulo de ataque:

$$C_{MCGt} = C_{M0t} + C_{M\alpha t} \cdot \alpha \tag{6.41}$$

CAPÍTULO 6
Estabilidade longitudinal estática — 203

Comparando-se a Equação (6.40a) com a Equação (6.41), é possível observar que:

$$C_{M0t} = V_H \cdot \eta \cdot C_{L\alpha t} \cdot (i_w - i_i + \varepsilon_0) \quad (6.42)$$

e

$$C_{M\alpha t} = -V_H \cdot \eta \cdot C_{L\alpha t} \cdot \left(1 - \frac{d\varepsilon}{d\alpha}\right) \quad (6.43)$$

A adição da empenagem na aeronave contribui significativamente para a obtenção de um coeficiente de momento C_{M0} positivo, resultante da aeronave; essa condição pode ser obtida com o ajuste do ângulo de incidência do estabilizador horizontal i_t. Para o caso de uma asa que possui arqueamento positivo em seu perfil aerodinâmico, a contribuição do C_{M0} é negativa como foi apresentado no Exemplo 6.2, e, assim, é muito importante observar que quando o estabilizador é montado com um ângulo negativo em relação à linha de referência da fuselagem, este contribui de maneira positiva para a obtenção de um C_{M0} positivo para a aeronave e um $C_{M\alpha}$ negativo, o que garante a estabilidade longitudinal estática.

Dessa forma, percebe-se que a contribuição do estabilizador horizontal para se obter uma condição de estabilidade longitudinal estática pode ser controlada pela correta seleção do volume de cauda V_H e do coeficiente angular $C_{L\alpha t}$. O coeficiente angular da curva de momento será cada vez mais negativo se forem aumentados os valores do braço de momento l_t, da área do estabilizador horizontal S_t e do coeficiente angular $C_{L\alpha t}$ da curva $C_L \times \alpha$ do estabilizador horizontal. Portanto, o projetista pode ajustar qualquer um desses fatores como forma de atingir a condição de estabilidade desejada.

▶ **EXEMPLO 6.3**

Contribuição da superfície horizontal da empenagem na estabilidade longitudinal estática de uma aeronave

Para a aeronave do Exemplo 6.2, considere a adição do estabilizador horizontal, determine a equação de contribuição para estabilidade longitudinal estática e trace o gráfico mostrando a influência que o estabilizador horizontal possui em relação a sua contribuição na curva do coeficiente de momento ao redor do CG da aeronave em função do ângulo de ataque.

Considere que o profundor possui o coeficiente angular da curva $C_L \times \alpha$ dado por $C_{L\alpha t} = 0{,}0845$ grau^{-1}, $i_w = 3°$, $i_t = 0°$, $\eta = 0{,}95$, $V_H = 0{,}35$, $C_{L0} = 0{,}64$, $C_{L\alpha w} = 0{,}0738$ grau^{-1} (Exemplo 6.2) e $AR_w = 6{,}7$.

Solução: A equação para a estabilidade longitudinal estática devido à contribuição do estabilizador horizontal pode ser determinada por meio do cálculo das Equações (6.42) e (6.43) que definem os valores de C_{M0t} e $C_{M\alpha t}$.

Com a aplicação da Equação (6.42) tem-se:

$$C_{M0t} = V_H \cdot \eta \cdot C_{L\alpha t} \cdot (i_w - i_i + \varepsilon_0)$$

O valor de ε_0 é calculado pela Equação (6.37):

$$\varepsilon_0 = \frac{57,3 \cdot 2 \cdot C_{L0}}{\pi \cdot AR_w}$$

$$\varepsilon_0 = \frac{57,3 \cdot 2 \cdot 0,64}{\pi \cdot 6,70}$$

$$\varepsilon_0 = 3,486°$$

Portanto:

$$C_{M0t} = 0,35 \cdot 0,95 \cdot 0,0845 \cdot (3° - 0° + 3,486°)$$

$$C_{M0t} = 0,1822$$

Com a aplicação da Equação (6.43) tem-se:

$$C_{M\alpha t} = -V_H \cdot \eta \cdot C_{L\alpha t} \cdot \left(1 - \frac{d\varepsilon}{d\alpha}\right)$$

Com o valor de $d\varepsilon/d\alpha$ determinado pela aplicação da Equação (6.38)

$$\frac{d\varepsilon}{d\alpha} = \frac{57,3 \cdot 2 \cdot dC_{Lw}/d\alpha}{\pi \cdot AR_w} = \frac{57,3 \cdot 2 \cdot C_{L\alpha w}}{\pi \cdot AR_w}$$

$$\frac{d\varepsilon}{d\alpha} = \frac{57,3 \cdot 2 \cdot 0,0738}{\pi \cdot 6,70}$$

$$\frac{d\varepsilon}{d\alpha} = 0,402$$

Portanto:

$$C_{M\alpha t} = -0,35 \cdot 0,95 \cdot 0,0845 \cdot (1 - 0,402)$$

$$C_{M\alpha t} = -0,0168$$

Assim, a equação de estabilidade longitudinal estática do estabilizador horizontal pode ser escrita da seguinte maneira:

$$C_{MCGt} = C_{M0t} + C_{M\alpha t} \cdot \alpha$$

$$C_{MCGt} = 0,1822 - 0,0168 \cdot \alpha$$

A tabela de pontos e o gráfico resultante da análise são mostrados a seguir:

Tabela 6.3 Contribuição do profundor na estabilidade longitudinal estática

α (graus)	C_{mCGt}
0	0,18219
1	0,165383
2	0,148576
3	0,131769
4	0,114962
5	0,098155
6	0,081348
7	0,064541
8	0,047734
9	0,030927
10	0,01412
11	–0,00269
12	–0,01949
13	–0,0363
14	–0,05311
15	–0,06992

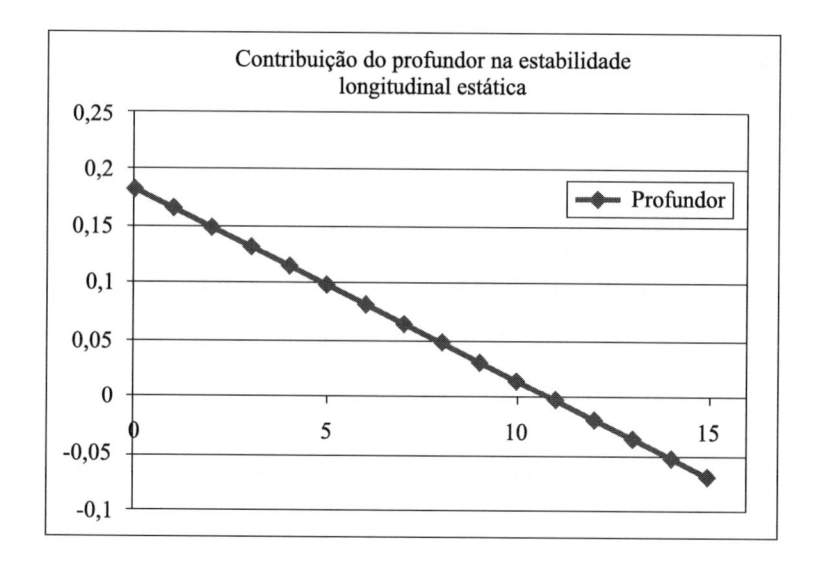

Contribuição do profundor na estabilidade longitudinal estática

Com base na análise realizada, é possível verificar que o estabilizador horizontal possui contribuição positiva para se garantir a estabilidade longitudinal estática da aeronave, pois nos resultados obtidos tem-se $C_{M0t} = 0{,}1822$ e $C_{M\alpha t} = -0{,}0168$, ou seja, os dois critérios necessários são atingidos.

6.5.3 Contribuição da fuselagem na estabilidade longitudinal estática

Até o momento foram apresentadas as contribuições isoladas da asa e da empenagem nos critérios necessários para a obtenção da estabilidade longitudinal estática de uma aeronave, porém, além desses dois componentes, a fuselagem também possui sua influência na estabilidade de um avião.

A função principal da fuselagem em uma aeronave é a capacidade de armazenar a carga útil, passageiros e os aviônicos embarcados na aeronave.

É muito importante que se projete uma fuselagem com as menores dimensões possíveis, pois, desse modo, é possível reduzir o arrasto parasita do avião e também o peso estrutural. A partir da teoria aerodinâmica, o melhor modelo para uma fuselagem é aquele no qual o comprimento é maior que a largura ou altura.

Por meio de estudos considerando um escoamento de fluido ideal a partir da equação da quantidade de movimento e considerações de energia, verificou-se que a variação do coeficiente de momento em função do ângulo de ataque para corpos compridos com seção transversal circular (modelos de fuselagem empregados na indústria aeronáutica) é proporcional ao volume do corpo e à pressão dinâmica atuante.

Um resumo das equações que podem ser utilizadas para a determinação das características de estabilidade longitudinal estática da fuselagem de uma aeronave é apresentado a seguir e serve para a determinação dos valores de C_{M0f} e $C_{M\alpha f}$.

Para a determinação do coeficiente de momento da fuselagem na condição de ângulo de ataque nulo pode-se utilizar a Equação (6.44):

$$C_{M0f} = \frac{(k_2 - k_1)}{36,5 \cdot S_w \cdot \bar{c}} \cdot \int_0^{l_f} w_f^2 \cdot (\alpha_{0w} + i_f) dx \qquad (6.44)$$

A qual pode ser aproximada pela somatória:

$$C_{M0f} = \frac{(k_2 - k_1)}{36,5 \cdot S_w \cdot \bar{c}} \cdot \sum_{x=0}^{x=l_f} w_f^2 \cdot (\alpha_{0w} + i_f) \cdot \Delta x \qquad (6.45)$$

Na Equação (6.45), a relação $(k_2 - k_1)$ representa fatores de correção que estão relacionados com a forma da fuselagem e dependem da razão entre o comprimento l_f e a máxima largura $d_{máx}$ da fuselagem; S_w é a área da asa, $\bar{c}$ a corda média aerodinâmica da asa, w_f a largura média da fuselagem em cada seção analisada, α_{0w} representa o ângulo para sustentação nula da asa em relação à linha de referência da fuselagem, i_f é o ângulo de incidência da fuselagem em relação a uma linha de referência no centro de cada seção avaliada e Δx é o incremento de comprimento que define cada seção avaliada ao longo da fuselagem.

Os valores para a relação ($k_2 - k_1$) podem ser obtidos através do gráfico da Figura 6.18.

Para a determinação do coeficiente angular da curva de momentos ao redor do CG em função do ângulo de ataque da fuselagem $C_{M\alpha f}$, o método analítico sugere que:

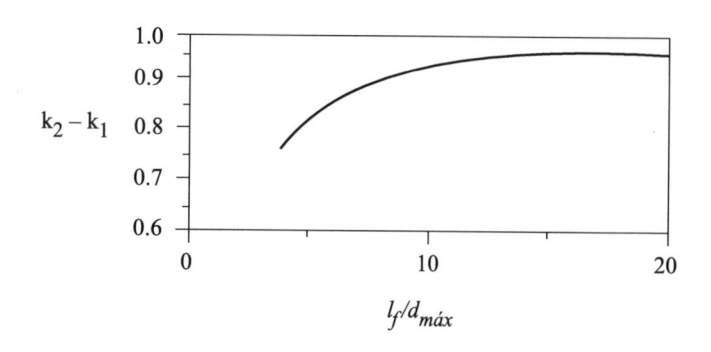

Figura 6.18 Determinação da relação ($k_2 - k_1$) em função da relação $l_f/d_{máx}$.

$$C_{M\alpha f} = \frac{1}{36,5 \cdot S_w \cdot \bar{c}} \cdot \int_0^{l_f} w_f^2 \cdot \left(\frac{\partial \varepsilon_u}{\partial \alpha}\right) dx \qquad (6.46)$$

A qual pode ser aproximada pela seguinte somatória:

$$C_{M\alpha f} = \frac{1}{36,5 \cdot S_w \cdot \bar{c}} \cdot \sum_{x=0}^{x=l_f} w_f^2 \cdot \frac{\partial \varepsilon_u}{\partial \alpha} \cdot \Delta x \qquad (6.47)$$

A relação $\partial \varepsilon_u / \partial \alpha$ presente na Equação (6.47) representa a variação do ângulo do escoamento local em função do ângulo de ataque. Essa relação varia ao longo da fuselagem e pode ser estimada de acordo com as curvas da Figura 6.19.

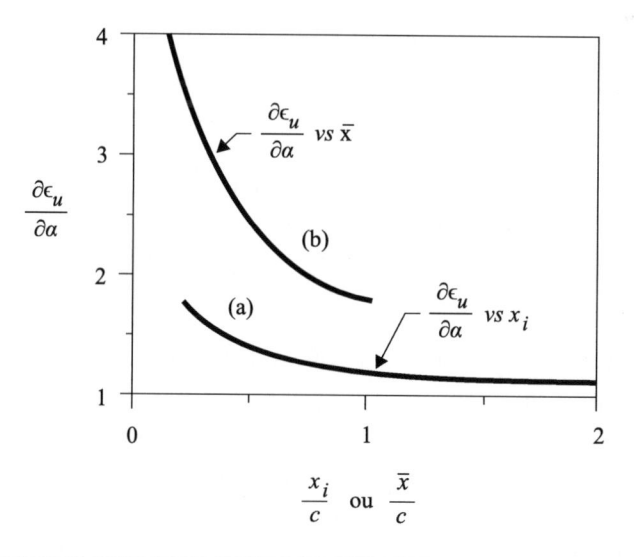

Figura 6.19 Determinação da relação $\partial \varepsilon_u / \partial \alpha$.

A aplicação das Equações (6.45) e (6.47) são mais simples de serem compreendidas a partir da análise da Figura 6.20 que mostra como a fuselagem de uma aeronave pode ser dividida em vários segmentos para a avaliação de sua contribuição na estabilidade longitudinal estática.

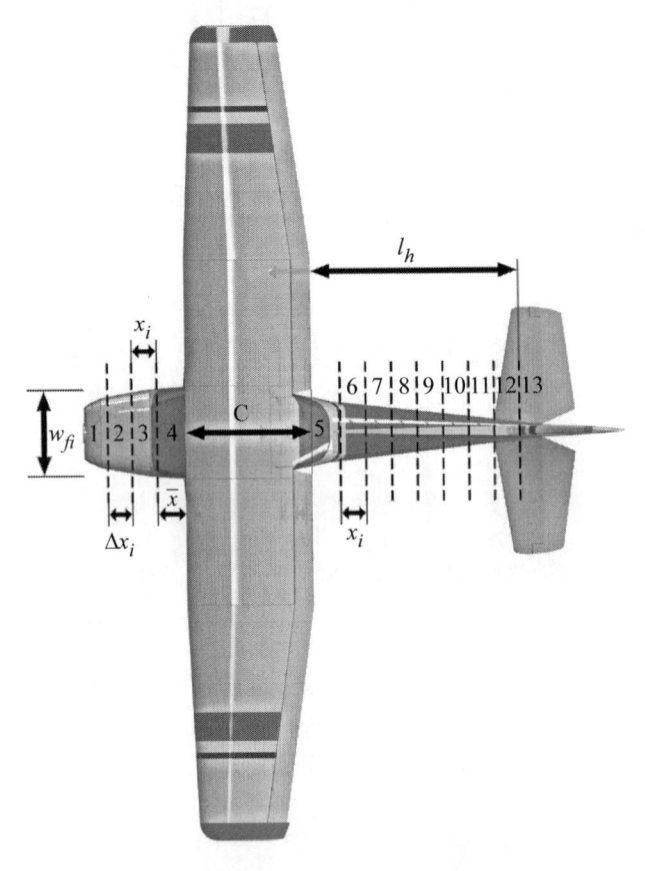

Figura 6.20 Representação dos segmentos da fuselagem para a determinação de C_{M0f} e $C_{M\alpha f}$.

Na análise da Figura 6.20, para os segmentos de 1 a 3 que antecedem a asa, a relação $\partial\varepsilon_u/\partial\alpha$ é estimada pela Figura 6.19a; para o segmento 4, a relação $\partial\varepsilon_u/\partial\alpha$ é estimada pela Figura 6.19b; para a região localizada entre o bordo de ataque e o bordo de fuga da asa assume-se que não existe influência do escoamento gerado pela asa e portanto $\partial\varepsilon_u/\partial\alpha = 0$; e para os segmentos de 5 a 13, a relação $\partial\varepsilon_u/\partial\alpha$ é estimada pela Equação (6.48) apresentada a seguir.

$$\frac{\partial\varepsilon_u}{\partial\alpha} = \frac{x_i}{l_h} \cdot \left(1 - \frac{\partial\varepsilon}{\partial\alpha}\right) \quad (6.48)$$

Geralmente em aeronaves de pequeno porte a contribuição da fuselagem é pequena e em alguns casos pode ser desprezada durante o cálculo da aeronave completa. Ao se desprezarem os efeitos da fuselagem, o cálculo fica bem simplificado e fornece um resultado com uma margem de erro entre 2% e 6%.

6.5.4 Estabilidade longitudinal estática da aeronave completa

Nas seções anteriores, estudou-se a contribuição de cada elemento da aeronave isoladamente (asa, estabilizador horizontal e fuselagem), porém para se avaliar os critérios de estabilidade longitudinal estática deve-se realizar uma análise da aeronave como um todo.

Para se determinar os critérios que garantem a estabilidade longitudinal estática de uma aeronave, é importante que o estudante tenha em mente a equação fundamental do momento de arfagem ao redor do CG da aeronave reescrita a seguir.

$$C_{MCGa} = C_{M0a} + C_{M\alpha a} \cdot \alpha_a \qquad (6.49)$$

O subscrito a utilizado na Equação (6.49) representa uma análise realizada para a aeronave completa. Neste ponto entende-se por aeronave completa a junção da asa e da empenagem na fuselagem e, dessa forma, o cálculo da contribuição total para a estabilidade longitudinal estática pode ser realizado a partir da soma das contribuições de cada elemento isoladamente. Assim, a Equação (6.49) pode ser desmembrada e o cálculo de C_{M0a} e $C_{M\alpha a}$ podem ser determinados:

$$C_{M0a} = C_{M0w} + C_{M0f} + C_{M0t} \qquad (6.50)$$

e

$$C_{M\alpha a} = C_{M\alpha w} + C_{M\alpha f} + C_{M\alpha t} \qquad (6.51)$$

Desse modo, uma vez conhecidos os valores de C_{M0} e $C_{M\alpha}$ para cada um dos componentes isolados da aeronave cujas equações estão apresentadas nas Seções 6.5.1, 6.5.2 e 6.5.3, torna-se imediato o cálculo e a determinação da curva do coeficiente de momento ao redor do CG da aeronave em função do ângulo de ataque para a aeronave completa.

O resumo das equações que permitem a determinação da contribuição de cada um dos componentes de uma aeronave para a determinação dos critérios de estabilidade longitudinal estática está apresentado a seguir:

a) Asa

$$C_{M0w} = C_{Macw} + C_{L0w} \cdot \left(\bar{h}_{CG} - \bar{h}_{ac}\right) \qquad (6.52)$$

e

$$C_{M\alpha w} = C_{L\alpha w} \cdot \left(\bar{h}_{CG} - \bar{h}_{ac}\right) \qquad (6.53)$$

Nas Equações (6.52) e (6.53), é importante citar que as variáveis $\bar{h}_{CG}$ e $\bar{h}_{ac}$ foram utilizadas para simplificar a notação usada nas Equações (6.20) e (6.21), portanto, considere:

$$\bar{h}_{CG} = \frac{h_{CG}}{\bar{c}} \qquad (6.54)$$

e

$$\bar{h}_{ac} = \frac{h_{ac}}{\bar{c}} \qquad (6.55)$$

b) Estabilizador horizontal

$$C_{M0t} = V_H \cdot \eta \cdot C_{L\alpha t} \cdot (i_w - i_t + \varepsilon_0) \qquad (6.56)$$

e

$$C_{M\alpha t} = -V_H \cdot \eta \cdot C_{L\alpha t} \cdot \left(1 - \frac{d\varepsilon}{d\alpha}\right) \qquad (6.57)$$

c) Fuselagem

$$C_{M0f} = \frac{(k_2 - k_1)}{36{,}5 \cdot S_w \cdot \bar{c}} \cdot \sum_{x=0}^{x=l_f} w_f^2 \cdot (\alpha_{0w} + i_f) \cdot \Delta x \qquad (6.58)$$

e

$$C_{M\alpha f} = \frac{1}{36{,}5 \cdot S_w \cdot \bar{c}} \cdot \sum_{x=0}^{x=l_f} w_f^2 \cdot \frac{\partial \varepsilon_u}{\partial \alpha} \cdot \Delta x \qquad (6.59)$$

Com base na aplicação da Equação (6.49), é possível construir o gráfico que mostra a variação do coeficiente de momento para a aeronave completa em função do ângulo de ataque; um modelo deste gráfico está apresentado na Figura 6.21 e é similar ao gráfico da Figura 6.12.

A análise da Figura 6.21 permite comentar que o ângulo de ataque necessário para a trimagem da aeronave α_{trim}, representa o ângulo necessário para se manter a aeronave em condições de equilíbrio estático $\left(\sum M_{CG} = 0\right)$ quando livre de qualquer perturbação, quer seja externa quer por movimentação de comando.

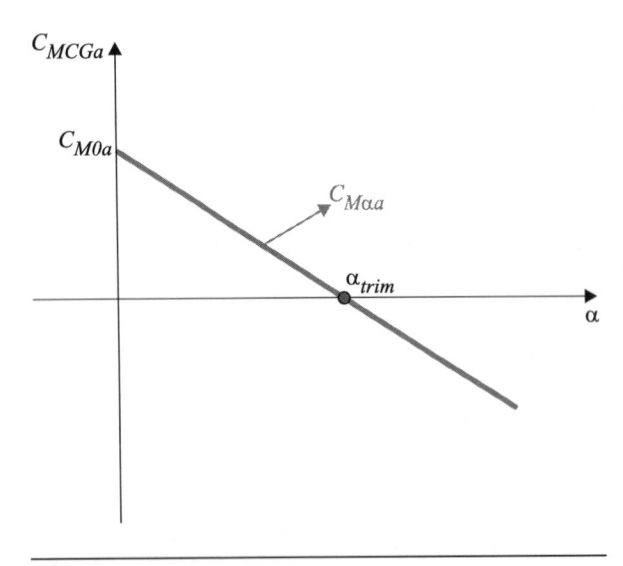

Figura 6.21 Análise da estabilidade longitudinal estática de uma aeronave completa.

CAPÍTULO 6 — Estabilidade longitudinal estática

A determinação do ângulo de trimagem está diretamente envolvida com o controle da aeronave, e por ser algo de extrema importância para o voo estável de uma aeronave, esse conceito será discutido em maiores detalhes na seção destinada ao controle longitudinal da aeronave.

A partir dos conceitos apresentados, as equações completas para o cálculo de C_{M0a} e $C_{M\alpha a}$ podem ser escritas:

$$C_{M0a} = C_{Macw} + C_{L0w} \cdot (\bar{h}_{CG} - \bar{h}_{ac}) + V_H \cdot \eta \cdot C_{L\alpha t} \cdot (i_w - i_t + \varepsilon_0)$$
$$+ \frac{(k_2 - k_1)}{36{,}5 \cdot S_w \cdot \bar{c}} \cdot \sum_{x=0}^{x=l_f} w_f^2 \cdot (\alpha_{0w} + i_f) \cdot \Delta x \qquad (6.60)$$

e

$$C_{M\alpha a} = C_{L\alpha w} \cdot (\bar{h}_{CG} - \bar{h}_{ac}) - V_H \cdot \eta \cdot C_{L\alpha t} \cdot \left(1 - \frac{d\varepsilon}{d\alpha}\right) + \frac{1}{36{,}5 \cdot S_w \cdot \bar{c}} \cdot \sum_{x=0}^{x=l_f} w_f^2 \cdot \frac{\partial \varepsilon_u}{\partial \alpha} \cdot \Delta x \qquad (6.61)$$

A seguir é apresentado um exemplo de cálculo para o traçado da curva do coeficiente de momento ao redor do CG da aeronave em função do ângulo de ataque, além da determinação do ângulo de trimagem da aeronave.

▶ EXEMPLO 6.4

Coeficiente de momento em função do ângulo de ataque para uma aeronave

Para a aeronave dos Exemplos 6.2 e 6.3, trace o gráfico mostrando a curva do coeficiente de momento ao redor do CG da aeronave em função do ângulo de ataque, considerando a soma das contribuições da asa e do profundor. Para simplificação dos cálculos, despreze os efeitos da fuselagem.

Solução: Os Exemplos 6.2 e 6.3 forneceram como resultados os seguintes valores:

Tabela 6.4 Contribuições da asa e do profundor		
α (graus)	(Asa) C_{mCGw}	(Profundor) C_{mCGt}
0	−0,13653	0,18219
1	−0,13383	0,165383
2	−0,13112	0,148576
3	−0,12842	0,131769

Continua

Continuação

Tabela 6.4 Contribuições da asa e do profundor		
α (graus)	(Asa) C_{mCGw}	(Profundor) C_{mCGt}
4	−0,12571	0,114962
5	−0,123	0,098155
6	−0,1203	0,081348
7	−0,11759	0,064541
8	−0,11489	0,047734
9	−0,11218	0,030927
10	−0,10947	0,01412
11	−0,10677	−0,00269
12	−0,10406	−0,01949
13	−0,10136	−0,0363
14	−0,09865	−0,05311
15	−0,09594	−0,06992

Para a aeronave completa, o cálculo é realizado com a aplicação das Equações (6.50) e (6.51):

$$C_{M0a} = C_{M0w} + C_{M0f} + C_{M0t}$$

e

$$C_{M\alpha a} = C_{M\alpha w} + C_{M\alpha f} + C_{M\alpha t}$$

Como a contribuição da fuselagem está sendo desprezada na realização dos cálculos, as equações apresentadas se resumem a:

$C_{M0a} = -0,13653 + 0,1822$ (1° ponto da Tabela 6.4)

$C_{M0a} = 0,04567$

e

$C_{M\alpha a} = 0,002706 - 0,0168$ (valores obtidos nos Exemplos 6.2 e 6.3)

$C_{M\alpha a} = -0,0141$

A equação para a aeronave é:

$C_{MCGa} = 0,04567 - 0,0141 \cdot \alpha_a$

CAPÍTULO 6 — Estabilidade longitudinal estática

Tabela 6.5 Estabilidade longitudinal estática da aeronave	
α (graus)	(Aeronave) C_{mCG}
0	0,045657
1	0,031556
2	0,017455
3	0,003354
4	−0,01075
5	−0,02485
6	−0,03895
7	−0,05305
8	−0,06715
9	−0,08125
10	−0,09535
11	−0,10945
12	−0,12356
13	−0,13766
14	−0,15176
15	−0,16586

O gráfico resultante da análise realizada está na figura a seguir.

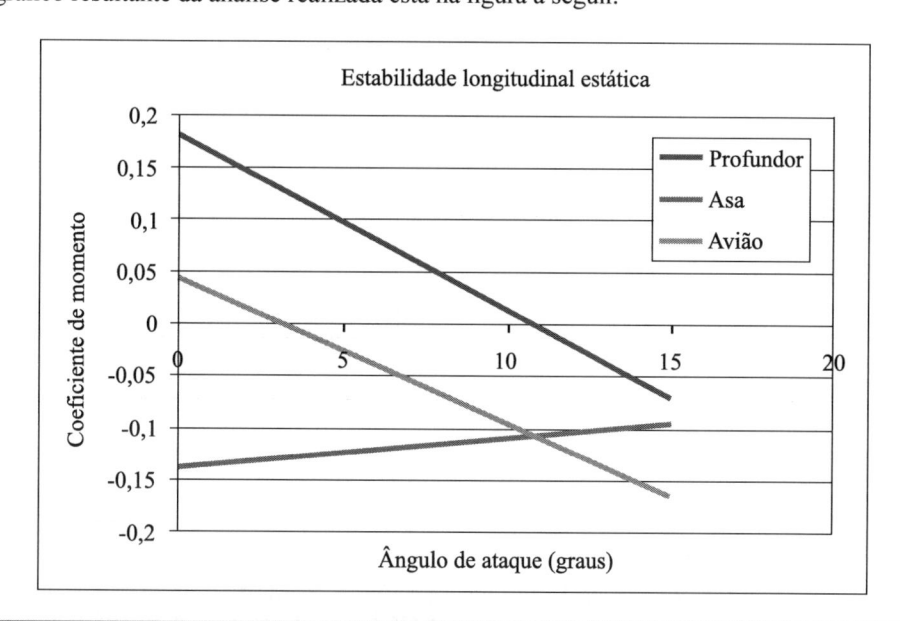

6.5.5 Ponto neutro e margem estática

Ponto neutro: O ponto neutro de uma aeronave pode ser definido como a localização mais posterior do CG com a qual a superfície horizontal da empenagem ainda consegue exercer controle sobre a aeronave e garantir a estabilidade longitudinal estática, ou seja, representa a condição para a qual a aeronave possui estabilidade longitudinal estática neutra.

Com o CG da aeronave localizado no ponto neutro, o coeficiente angular da curva $C_{MCG} \times \alpha$ é igual a zero, ou seja, $C_{M\alpha} = 0$, e como visto nos critérios de estabilidade, uma aeronave somente possui estabilidade longitudinal estática quando $C_{M\alpha} < 0$. Portanto, o ponto neutro define a condição mais crítica para a garantia da estabilidade longitudinal estática de uma aeronave.

O conceito do ponto neutro pode ser utilizado como um processo alternativo para se verificar a estabilidade longitudinal estática de uma aeronave, pois de acordo com a posição do CG em relação à posição do ponto neutro, o coeficiente angular da curva $C_{MCG} \times \alpha$ pode ser negativo, nulo ou positivo como pode ser observado na Figura 6.22.

Tanto a medida da posição do CG ($\bar{h}_{CG}$) quanto do ponto neutro ($\bar{h}_{PN}$) são referenciadas como porcentagem da corda média aerodinâmica e medidas a partir do bordo de ataque da asa. Dessa forma, a condição de coeficiente angular negativo para a curva $C_{MCG} \times \alpha$ somente será obtida quando $\bar{h}_{CG} < \bar{h}_{PN}$, ou seja, uma aeronave possuirá estabilidade longitudinal estática enquanto o centro de gravidade estiver localizado antes da posição do ponto neutro. As notações $\bar{h}_{CG}$ e $\bar{h}_{PN}$ são utilizadas para indicar a posição em relação à corda média aerodinâmica, assim, considere a partir desse ponto da análise que:

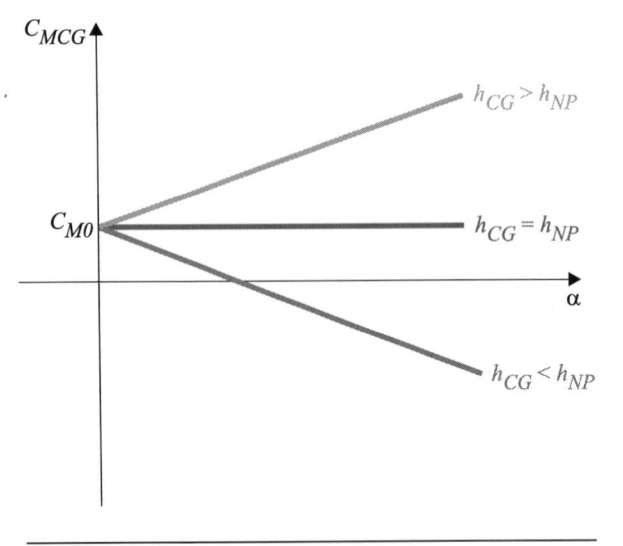

Figura 6.22 Representação do coeficiente angular para o ponto neutro.

$$\bar{h}_{CG} = \frac{h_{CG}}{\bar{c}} \qquad (6.62)$$

e

$$\bar{h}_{PN} = \frac{h_{PN}}{\bar{c}} \qquad (6.63)$$

A Figura 6.23 mostra as posições do CG e do ponto neutro de uma aeronave necessárias para se garantir a estabilidade longitudinal estática.

CAPÍTULO 6 — Estabilidade longitudinal estática

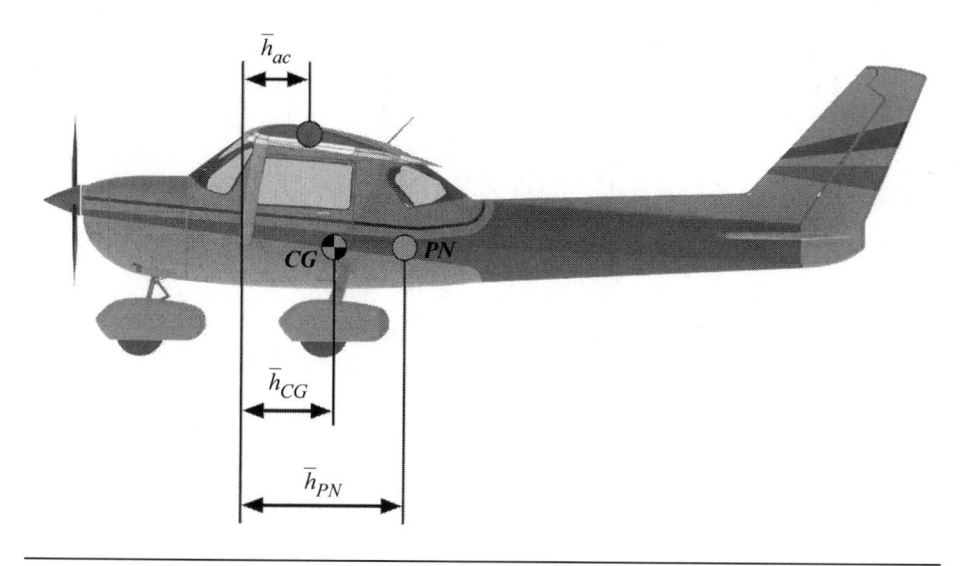

Figura 6.23 Localização do CG e do ponto neutro de uma aeronave.

Matematicamente a posição do ponto neutro pode ser obtida fazendo-se $C_{M\alpha a} = 0$ na Equação (6.61):

$$0 = C_{L\alpha w} \cdot \left(\bar{h}_{CG} - \bar{h}_{ac}\right) + C_{M\alpha f} - V_H \cdot \eta \cdot C_{L\alpha t} \cdot \left(1 - \frac{d\varepsilon}{d\alpha}\right) \quad (6.64)$$

Nessa equação é possível observar que a posição do ponto neutro depende da posição do centro de gravidade e das características aerodinâmicas da aeronave. Dessa forma, considerando que o centro de gravidade está exatamente sobre o ponto neutro $\bar{h}_{CG} = \bar{h}_{PN}$, a Equação (6.64) pode ser solucionada de acordo com a dedução apresentada a seguir.

$$0 = \bar{h}_{CG} \cdot C_{L\alpha w} - \bar{h}_{ac} \cdot C_{L\alpha w} + C_{M\alpha f} - V_H \cdot \eta \cdot C_{L\alpha t} \cdot \left(1 - \frac{d\varepsilon}{d\alpha}\right) \quad (6.64a)$$

Como $\bar{h}_{CG} = \bar{h}_{PN}$, tem-se:

$$-\bar{h}_{PN} \cdot C_{L\alpha w} = -\bar{h}_{ac} \cdot C_{L\alpha w} + C_{M\alpha f} - V_H \cdot \eta \cdot C_{L\alpha t} \cdot \left(1 - \frac{d\varepsilon}{d\alpha}\right) \quad (6.64b)$$

$$\bar{h}_{PN} = \frac{-\bar{h}_{ac} \cdot C_{L\alpha w}}{-C_{L\alpha w}} + \frac{C_{M\alpha f}}{-C_{L\alpha w}} - \frac{V_H \cdot \eta \cdot C_{L\alpha t}}{-C_{L\alpha w}} \cdot \left(1 - \frac{d\varepsilon}{d\alpha}\right) \quad (6.64c)$$

Que resulta:

$$\bar{h}_{PN} = \bar{h}_{ac} - \frac{C_{M\alpha f}}{C_{L\alpha w}} + \frac{V_H \cdot \eta \cdot C_{L\alpha t}}{C_{L\alpha w}} \cdot \left(1 - \frac{d\varepsilon}{d\alpha}\right) \quad (6.64d)$$

Na Equação (6.64d) é importante citar que não se realizou nenhum processo de correção no volume de cauda horizontal V_H devido à movimentação do CG. Essa movimentação provoca uma mudança imediata no comprimento de cauda l_h, porém como a diferença em geral é muito pequena, o seu efeito pode ser desprezado no cálculo fornecendo ainda resultados confiáveis.

A localização do ponto neutro obtida com a solução da Equação (6.64d) é chamada de ponto neutro de manche fixo. Essa nomenclatura é utilizada para aeronaves que possuem superfícies de comando que podem ser fixadas em qualquer ângulo de deflexão desejado, ou seja, quando o piloto realiza uma movimentação nos comandos da aeronave, a superfície de controle acionada se desloca para a posição desejada e lá permanece até que um novo comando seja aplicado.

Ainda em relação à Equação (6.64d), o resultado obtido será um valor que referencia a porcentagem da corda média aerodinâmica e é medido como citado anteriormente, a partir do bordo de ataque da asa, além de representar a posição mais traseira do CG para o qual ainda é possível se garantir a estabilidade longitudinal estática. Portanto, torna-se claro e intuitivo observar que enquanto o CG da aeronave estiver localizado antes do ponto neutro, a aeronave será longitudinalmente estaticamente estável e, assim, $C_{M\alpha a} < 0$. Quando o CG coincidir com o ponto neutro, a aeronave possuirá estabilidade longitudinal estática neutra e, portanto, $C_{M\alpha a} = 0$, e quando o CG estiver localizado após o ponto neutro a aeronave possuirá instabilidade longitudinal estática e, portanto, $C_{M\alpha a} > 0$.

De acordo com a análise da Figura 6.22, é possível observar que quando o CG coincidir com o ponto neutro, o coeficiente de momento C_{MCG} em função do ângulo de ataque α é constante, pois $C_{M\alpha a} = 0$, e, dessa forma, fazendo-se uma analogia com o centro aerodinâmico de uma asa, que representa o ponto sobre o perfil no qual o momento é constante e independe do ângulo de ataque, o ponto neutro pode ser considerado o centro aerodinâmico do avião completo.

As aeronaves são projetadas para uma posição inicial do CG. Quando este é deslocado para trás da posição de projeto, o coeficiente angular $C_{M\alpha a}$ torna-se cada vez mais positivo e a aeronave torna-se menos estável, na posição específica em que $C_{M\alpha a} = 0$. Significa dizer que o CG da aeronave atingiu o ponto neutro e tem-se uma condição de estabilidade longitudinal estática neutra.

Margem estática: Representa um elemento importante para se definir o grau de estabilidade longitudinal estática de uma aeronave. A margem estática (ME) representa a distância entre o ponto neutro e o CG da aeronave e pode ser determinada analiticamente por meio da aplicação da Equação (6.65):

$$ME = \bar{h}_{PN} - \bar{h}_{CG} \tag{6.65}$$

A Figura 6.24 mostra a relação de margem estática de uma aeronave.

Pela análise da figura, é possível observar que a margem estática representa uma medida direta da estabilidade longitudinal estática de uma aeronave. Como forma de atender aos critérios $C_{M0a} > 0$ e $C_{M\alpha a} < 0$, a margem estática dever ser sempre positiva, indicando que o CG está posicionado antes do ponto neutro. Em geral uma margem estática compreendida entre 10% e 20% traz bons resultados quanto à estabilidade e manobrabilidade da aeronave.

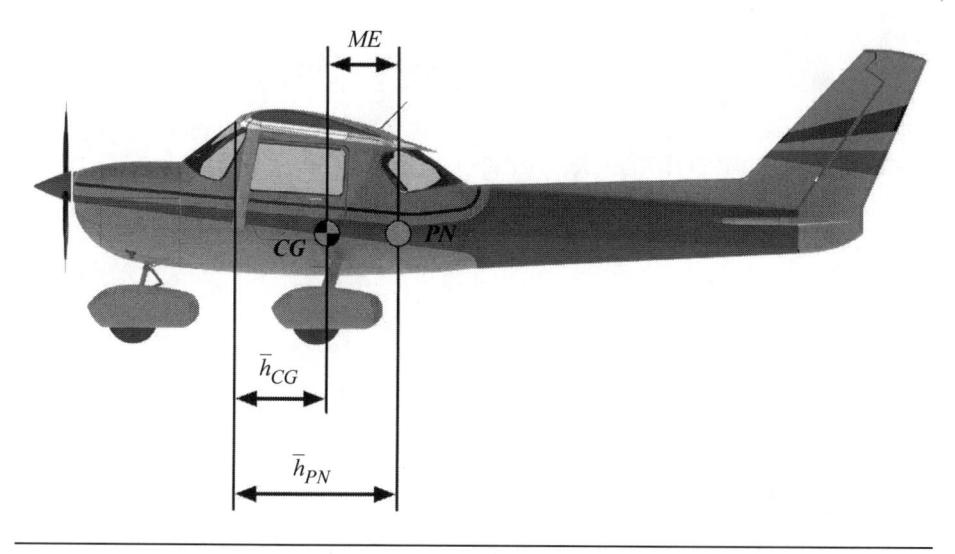

Figura 6.24 Representação da margem estática de uma aeronave.

Como a margem estática indica a característica de estabilidade longitudinal estática de uma aeronave, pode-se concluir que quanto menor for o seu valor menor será a distância entre o CG e o ponto neutro e, consequentemente, menor será a estabilidade estática da aeronave.

A Figura 6.25 mostra a influência da posição do CG e, por consequência, da margem estática com relação ao ponto neutro e aos critérios necessários para a estabilidade longitudinal estática de uma aeronave.

Pela análise da Figura 6.25, é possível observar que o aumento da margem estática proporciona um coeficiente angular $C_{M\alpha a}$ cada vez mais negativo contribuindo para o aumento da estabilidade estática. Neste ponto é muito importante comentar que o deslocamento excessivo do CG para a frente pode trazer complicações de controlabilidade e manobrabilidade da aeronave, como será discutido na próxima seção.

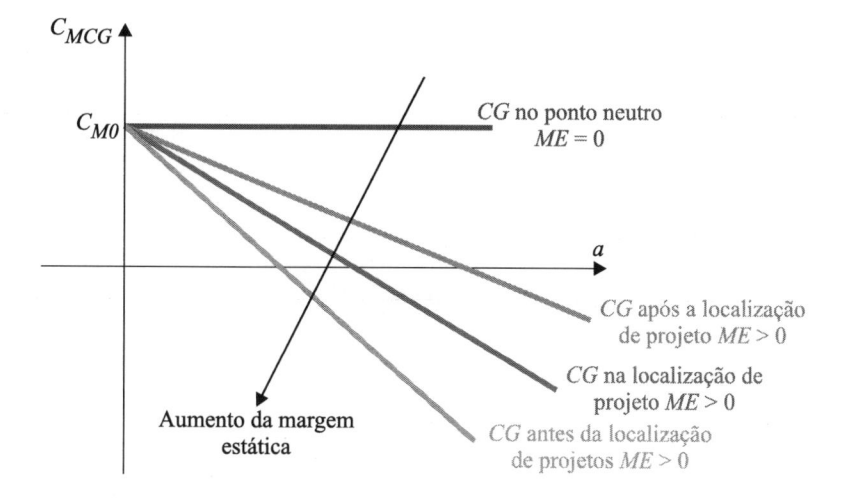

Figura 6.25 Influência do CG e da margem estática na estabilidade longitudinal estática de uma aeronave.

► EXEMPLO 6.5

Determinação do ponto neutro e da margem estática

Para a aeronave mostrada na figura a seguir, determine a posição do ponto neutro e calcule a margem estática. Despreze os efeitos da fuselagem durante a realização do cálculo.

Dados: $\bar{h}_{ac}$ = 24% da cma, $\bar{h}_{CG}$ = 30% da cma, V_H = 0,34, η = 0,8, $C_{L\alpha t}$ = 0,1 grau^{-1}, $C_{L\alpha w}$ = 0,08 grau^{-1} e $\dfrac{d\varepsilon}{d\alpha}$ = 0,35.

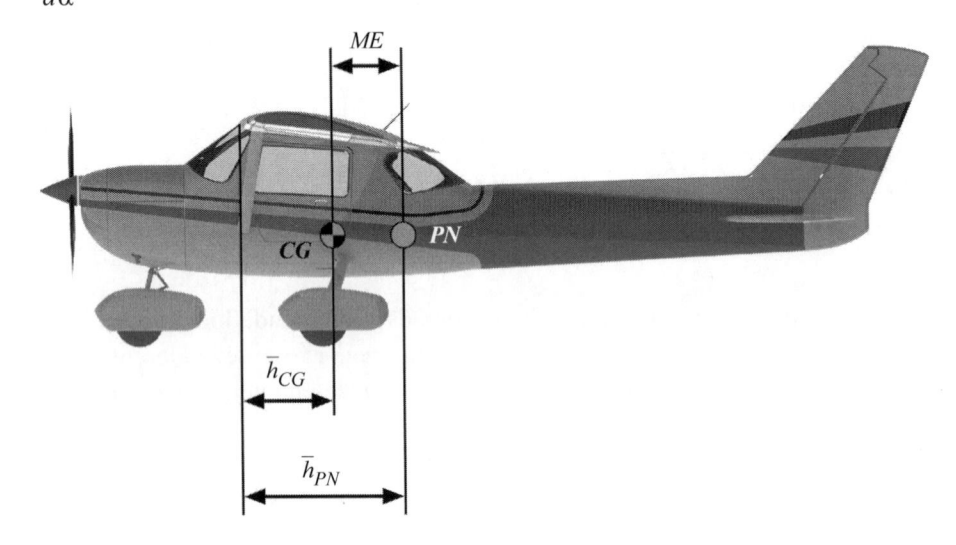

Solução: A localização do ponto neutro é determinada pela solução da Equação (6.64d):

$$\bar{h}_{PN} = \bar{h}_{ac} - \frac{C_{M\alpha f}}{C_{L\alpha w}} + \frac{V_H \cdot \eta \cdot C_{L\alpha t}}{C_{L\alpha w}} \cdot \left(1 - \frac{d\varepsilon}{d\alpha}\right)$$

Desprezando os efeitos da fuselagem, pode-se escrever:

$$\bar{h}_{PN} = \bar{h}_{ac} + \frac{V_H \cdot \eta \cdot C_{L\alpha t}}{C_{L\alpha w}} \cdot \left(1 - \frac{d\varepsilon}{d\alpha}\right)$$

$$\bar{h}_{PN} = 0,24 + \frac{0,34 \cdot 0,8 \cdot 0,1}{0,08} \cdot (1 - 0,35)$$

$$\bar{h}_{PN} = 0,461$$

$$\bar{h}_{PN} = 46,1\% \text{ da cma}$$

A margem estática é determinada pela aplicação da Equação (6.65):

$$ME = \bar{h}_{PN} - \bar{h}_{CG}$$

$$ME = 0,461 - 0,300$$

$$ME = 0,161$$

$$ME = 16,1\%$$

6.5.6 Conceitos fundamentais sobre o controle longitudinal

O controle de uma aeronave pode ser realizado mediante a deflexão das suas superfícies sustentadoras. A deflexão de qualquer uma das superfícies de controle cria um incremento na força de sustentação que produz ao redor do CG da aeronave um momento que modifica a atitude de voo.

O controle longitudinal ou controle de arfagem é obtido pela mudança da força de sustentação originada no estabilizador horizontal da aeronave. A superfície horizontal da empenagem pode ser completamente móvel ou parcialmente móvel como mostram os modelos apresentados na Figura 6.26.

(a) Completamente móvel   (b) Parcialmente móvel

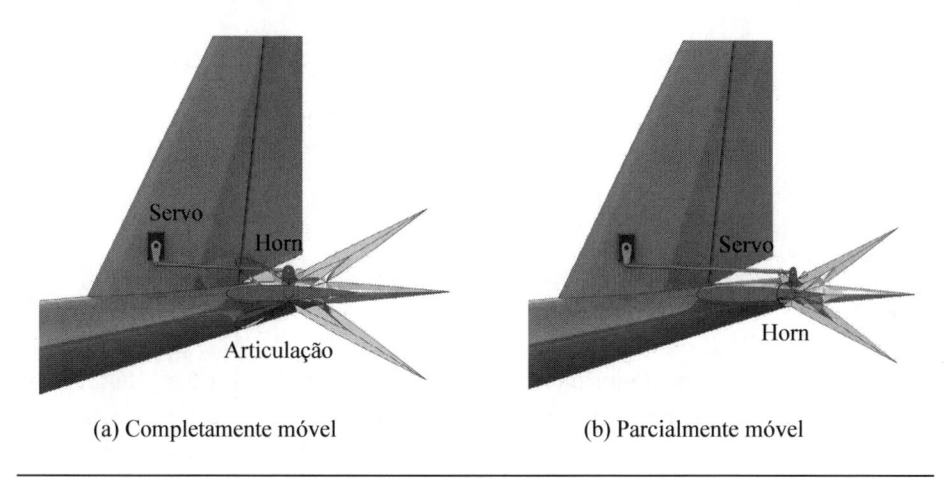

Figura 6.26 Modelos de superfícies horizontais da empenagem.

Tanto em um caso como em outro, a mudança do ângulo de ataque do profundor ou então a deflexão da superfície móvel do estabilizador horizontal provoca um momento ao redor do CG da aeronave devido ao aumento da força de sustentação na superfície horizontal da empenagem. Os principais fatores que afetam diretamente a qualidade do controle longitudinal estático de uma aeronave são: a eficiência de controle, os momentos de articulação e o balanceamento aerodinâmico e de massa da aeronave.

A eficiência de controle representa a medida de quão eficiente é a deflexão do controle para se obter o momento necessário para se balancear a aeronave, os momentos de articulação definem a intensidade da força necessária para a aplicação do comando, e permitem definir a força tangencial que movimentará a superfície de controle, o balanceamento aerodinâmico e de massa da aeronave permite definir uma faixa de valores aceitáveis para não exigir muita força para a deflexão dos comandos.

Como ponto inicial para a avaliação das condições necessárias para se garantir o controle longitudinal estático de uma aeronave em uma condição de voo reto e nivelado, considere a aeronave trimada em um determinado ângulo de ataque $\alpha = \alpha_{trim}$ como mostra a Figura 6.27.

Pela análise da Figura 6.27, é intuitivo observar que o ângulo de ataque para trimagem $\alpha = \alpha_{trim}$ mostrado corresponde a determinado coeficiente de sustentação C_{Ltrim} definido para a condição de voo do instante mostrado. Ou seja, a aeronave está voando com determinada velocidade em um ângulo de ataque fixo $\alpha = \alpha_{trim}$, e, pela equação fundamental da força de sustentação pode-se escrever:

$$W = L = \frac{1}{2} \cdot \rho \cdot v_{trim}^{2} \cdot S_{w} \cdot C_{Ltrim}$$

(6.66)

Resolvendo a Equação (6.66) para v_{trim}, tem-se:

$$v_{trim} = \sqrt{\frac{2 \cdot W}{\rho \cdot S \cdot C_{Ltrim}}}$$

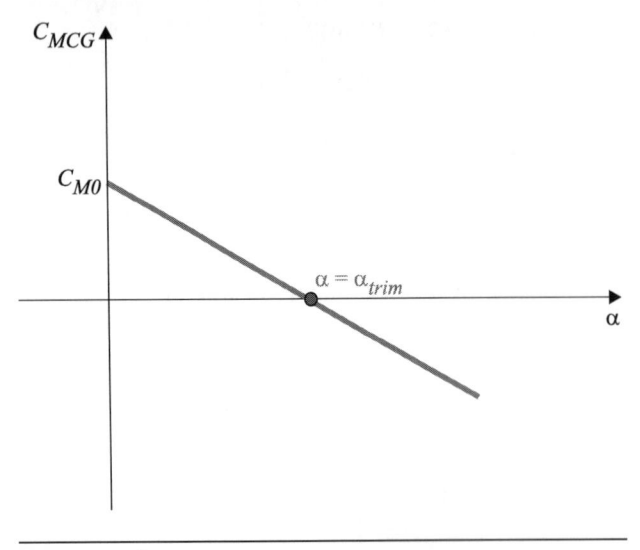

(6.67)

Figura 6.27 Ângulo de trimagem de uma aeronave

Assim, pela solução da Equação (6.67), é possível determinar a velocidade na qual a aeronave se encontra trimada (balanceada ao redor do CG) em um determinado ângulo de ataque.

Porém, como comentado, o ângulo de trimagem da Figura 6.27 define uma condição de balanceamento apenas para determinado C_{Ltrim} e determinada velocidade de trimagem v_{trim}. Caso o piloto queira reduzir ou aumentar a velocidade da aeronave, um novo ângulo de trimagem será obtido, pois no caso de uma redução na velocidade de voo será necessário o aumento do ângulo de ataque para se manter o voo reto e nivelado da aeronave. Portanto, consequentemente um desbalanceamento será criado ao redor do CG necessitando uma deflexão da superfície de comando como forma de criar um incremento na força de sustentação que fará com que a aeronave se torne balanceada novamente, garantindo o seu controle longitudinal.

Do mesmo modo, o aumento da velocidade provoca uma redução do ângulo de ataque e novamente um desbalanceamento será criado ao redor do CG fazendo com que a aeronave saia de sua condição de equilíbrio. Em ambos os casos, se não houver uma deflexão da superfície de comando, o avião não poderá ser trimado em qualquer outro ângulo diferente de α_{trim} nem em qualquer outra velocidade diferente de v_{trim}.

Em uma situação de voo é obvio que isso representa uma condição indesejável, pois a aeronave deve ser capaz de voar balanceada em qualquer condição que se deseja, quer seja para baixas ou para altas velocidades. Em função das considerações apresentadas, para que uma aeronave possa ser trimada em diferentes condições de voo, é necessário que ocorra uma deflexão da superfície de comando criando um incremento na força de sustentação capaz de gerar o momento de equilíbrio ao redor do CG para balancear a aeronave em um novo ângulo de ataque.

Considerando o CG um ponto fixo resultante do projeto desenvolvido e a margem estática fechada em determinado valor, a única maneira de criar um momento de controle ao redor do CG e balancear a aeronave em um novo ângulo de ataque é obter o incremento na força de sustentação a partir da variação de C_{M0a}, mantendo o coeficiente angular $C_{M\alpha a}$ da curva $C_{MCG} \times \alpha$ constante, pois, como mostrado na Figura 6.25, a mudança de inclinação do coeficiente angular $C_{M\alpha a}$ somente é possível com deslocamento do CG para uma posição diferente da posição original de projeto. Isso proporciona uma mudança na margem estática afetando diretamente os critérios de estabilidade da aeronave.

Para compreender o mecanismo de variação de C_{M0a}, é apresentado o equacionamento utilizado para se determinar o incremento da força de sustentação, tanto para o profundor totalmente móvel como para a condição de superfície composta por estabilizador e profundor articulado. A formulação e o princípio de controle são os mesmos, assim, para modelar matematicamente a situação exposta, considere o profundor totalmente articulado em determinada posição inicial como mostra a Figura 6.28.

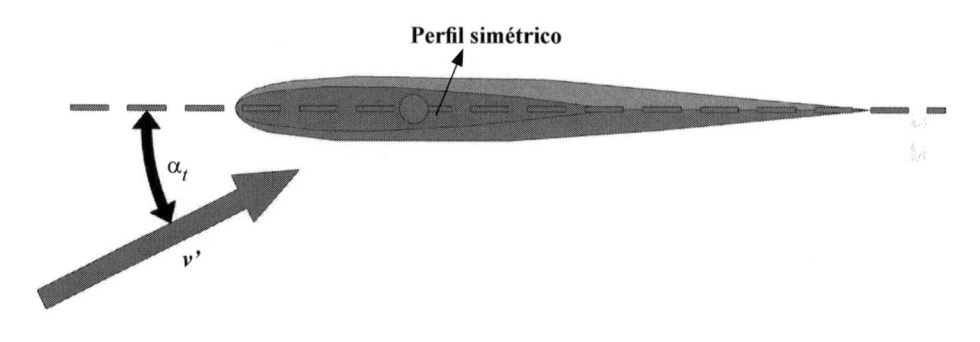

Figura 6.28 Profundor totalmente móvel.

Na Figura 6.28 é possível identificar o ângulo de ataque absoluto do profundor α_t definido anteriormente pela Equação (6.32) reescrita a seguir:

$$\alpha_t = \left(\alpha_w - i_w - \varepsilon + i_t\right) \tag{6.68}$$

Como o perfil aerodinâmico utilizado para o profundor é simétrico, para $\alpha_t = 0°$, $C_{Lt} = 0$, e, portanto, a curva característica do coeficiente de sustentação em função do ângulo de ataque absoluto do profundor pode ser representada pelo modelo da Figura 6.29.

O subscrito i é utilizado para indicar a posição inicial do profundor. Nessa condição, o ângulo α_{ti} proporciona a obtenção de um determinado coeficiente de sustentação C_{Lti}.

Caso se queira alterar a condição de trimagem da aeronave para um novo ângulo de ataque em uma nova velocidade de voo, será necessário a deflexão do profundor em uma quantidade angular δ como se pode observar na Figura 6.30.

Para essa nova situação, o ângulo de ataque absoluto do profundor passa a ser dado por $\alpha_{ti} + \delta$:

$$\alpha_t = \left(\alpha_w - i_w - \varepsilon + i_t + \delta\right) \tag{6.69}$$

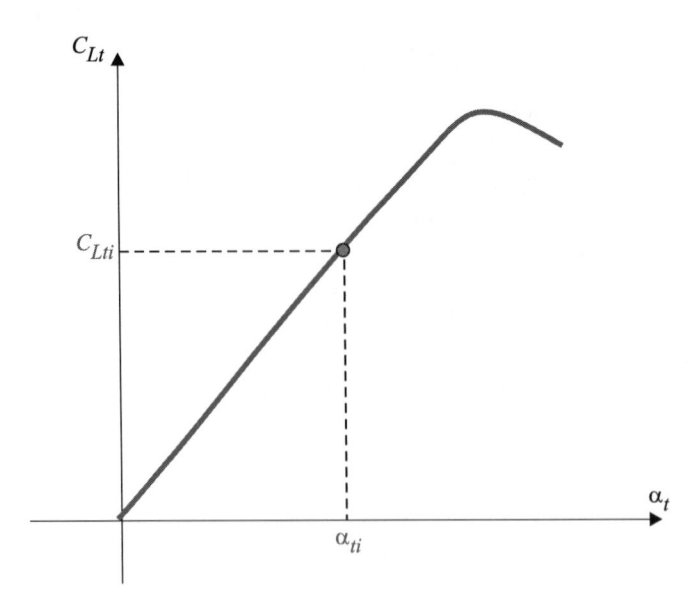

Figura 6.29 Curva característica $C_L \times \alpha$ para um perfil simétrico.

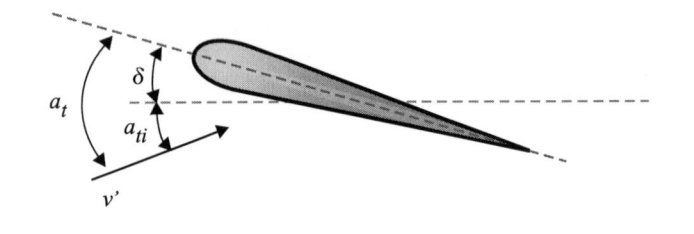

Figura 6.30 Deflexão do profundor.

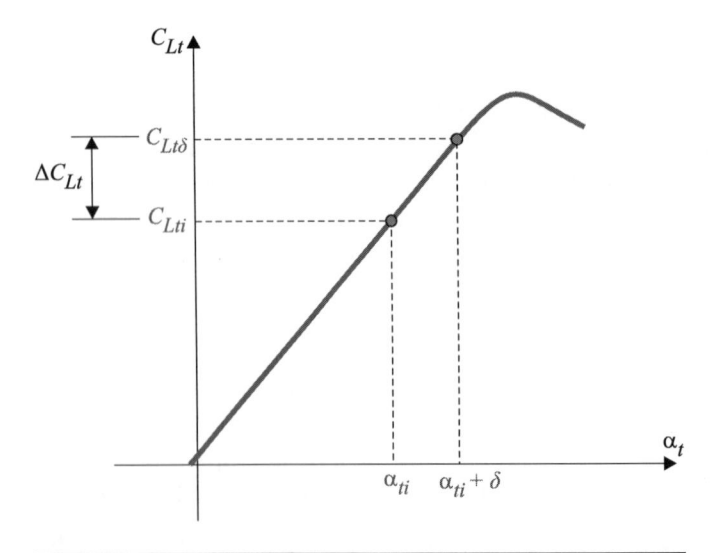

Figura 6.31 Representação do incremento do coeficiente de sustentação devido a deflexão do profundor.

Na Equação (6.69) é possível perceber que a deflexão δ do profundor provoca o aumento de α_t e, consequentemente, um incremento no coeficiente de sustentação C_{Lt} é criado. A Figura 6.29 pode ser reapresentada conforme a Figura 6.31.

Portanto, pode-se notar que a deflexão do profundor pode ser utilizada como forma de criar o incremento na força de sustentação necessário para a trimagem da aeronave em uma nova condição de voo, e o coeficiente de sustentação do profundor considerando a deflexão pode agora ser escrito da seguinte maneira:

$$C_{Lt} = C_{L\alpha t} \cdot \alpha_t + \Delta C_{Lt} \quad (6.70)$$

Onde

$$\Delta C_{Lt} = \frac{dC_{Lt}}{d\delta} \cdot \delta = C_{L\delta} \cdot \delta \quad (6.71)$$

Que resulta:

$$C_{Lt} = C_{L\alpha t} \cdot \alpha_t + C_{L\delta} \cdot \delta \qquad (6.72)$$

Como na situação o profundor é totalmente móvel, $C_{L\alpha t} = C_{L\delta}$, e, portanto, a Equação (6.72) pode ser reescrita:

$$C_{Lt} = C_{L\alpha t} \cdot (\alpha_t + \delta) \qquad (6.73)$$

Por meio da substituição das Equações (6.17) e (6.31) na Equação (6.51), pode-se escrever:

$$C_{MCGa} = C_{Macw} + C_{Lw} \cdot (\bar{h}_{CG} - \bar{h}_{ac}) + C_{MCGf} - V_H \cdot \eta \cdot C_{Lt} \qquad (6.74)$$

Substituindo a Equação (6.73) na Equação (6.74):

$$C_{MCGa} = C_{Macw} + C_{Lw} \cdot (\bar{h}_{CG} - \bar{h}_{ac}) + C_{MCGf} - V_H \cdot \eta \cdot C_{L\alpha t} \cdot (\alpha_t + \delta)$$
$$(6.75)$$

Onde a partir das quais é possível observar que a deflexão do profundor por um ângulo δ proporciona uma mudança em C_{MCGa}, porém mantém o mesmo coeficiente angular da curva uma vez que não houve mudança da posição do centro de gravidade da aeronave. Dessa forma, com a deflexão do profundor, é possível timar a aeronave em diferentes condições de voo como mostra a Figura 6.32.

Por convenção, seguindo o sistema de coordenadas utilizado na indústria aeronáutica, considera-se que uma deflexão do profundor no sentido horário é positiva e uma deflexão no sentido anti-horário é negativa. A relação ($\alpha_t + \delta$) pode ser positiva ou negativa dependendo do sentido de deflexão utilizado, assim, a variação de C_{MCGa} calculada pela Equação (6.75) tanto pode ser para mais ou para menos, transladando a curva $C_{MCGa} \times \alpha_a$ ou para cima ou para baixo, dependendo exclusivamente da rotação utilizada no profundor. A convenção de sinais adotada está apresentada na Figura 6.33.

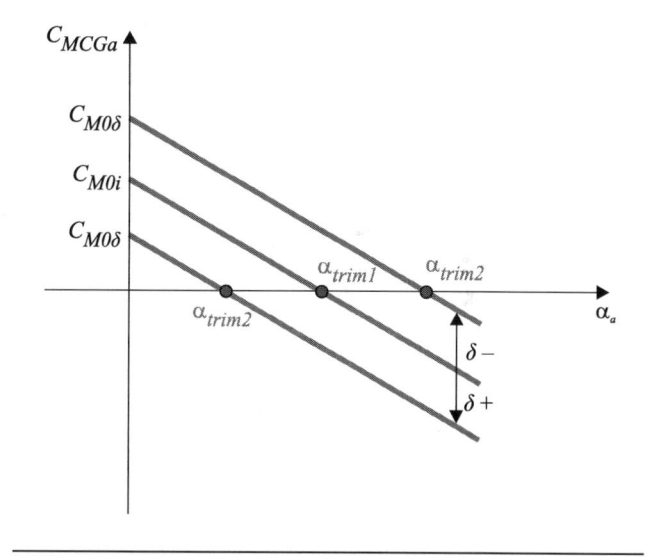

Figura 6.32 Efeito da deflexão do profundor na trimagem da aeronave.

Sentido horário – positivo   Sentido anti-horário – negativo

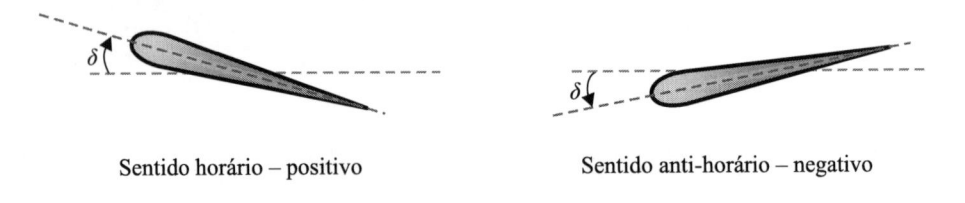

Figura 6.33 Convenção de sinais para o ângulo de deflexão do profundor.

Para se garantir a capacidade de controle longitudinal de uma aeronave, esta deve possuir condições de ser balanceada em qualquer ângulo de ataque desejado compreendido entre uma condição de velocidade mínima de estol até a velocidade máxima.

Essa condição pode ser obtida por meio da determinação do ângulo de deflexão do profundor necessário para a trimagem da aeronave nas condições desejadas. Esse ângulo é referenciado aqui por δ_{trim} e, quando determinado para as condições extremas (velocidades de estol e máxima), identifica a faixa de deflexão positiva e negativa necessária para o profundor. Neste ponto é importante citar que deflexões excessivas da superfície de controle podem ocasionar estol no estabilizador horizontal acarretando perda de sustentação dessa superfície e a consequente perda de controle da aeronave, pois cria-se condição de instabilidade longitudinal estática na aeronave.

Como forma de exemplificar as situações extremas comentadas, é apresentado a seguir o conceito para a determinação do ângulo de trimagem da aeronave. A princípio, considere que o piloto deseje voar em uma condição próximo à velocidade de estol. Nessa situação, o ângulo de ataque é elevado e o coeficiente de sustentação equivale a $C_{Lmáx}$. Como a contribuição asa + fuselagem fornece um coeficiente de momento ao redor do CG negativo (sentido anti-horário), será necessária a criação de um momento positivo (sentido horário) para balancear a aeronave ao redor do CG e manter seu voo na condição desejada. A única maneira de obter essa condição é uma deflexão do profundor no sentido anti-horário (δ negativo) para o qual o incremento no coeficiente de sustentação criado pela deflexão do comando cria ao redor do CG da aeronave um momento positivo que desloca o nariz da aeronave para cima, aumentando o ângulo de ataque e balanceando os momentos ao redor do CG para a condição de velocidade de estol e, assim, um novo ângulo de trimagem α_{trim} é obtido. A situação comentada está ilustrada na Figura 6.34.

Figura 6.34 Deflexão do profundor necessária para a trimagem da aeronave na velocidade de estol.

A segunda condição extrema é referente à deflexão do comando para se trimar a aeronave em uma situação de voo com velocidade máxima. Para esse caso, é necessário um baixo ângulo de ataque e consequentemente um pequeno C_L, pois a sustentação é quase que em sua totalidade produzida pela elevada velocidade da aeronave. Para se reduzir o ângulo de ataque da aeronave, é necessária uma deflexão positiva (sentido horário) do profundor criando ao redor do CG um momento negativo (sentido anti-horário), que propicia o balanceamento da aeronave para uma condição de velocidade máxima. Essa situação está apresentada na Figura 6.35.

Figura 6.35 Deflexão do profundor necessária para a trimagem da aeronave na velocidade máxima.

A consideração apresentada para velocidade máxima possui um aspecto muito interessante quando se avalia o projeto e concepção de aeronaves que utilizam perfis de alta sustentação. Em geral esse tipo de perfil possui um arqueamento muito grande e o CG está localizado após o centro aerodinâmico do perfil, o que propicia um coeficiente de momento negativo (sentido anti-horário) bastante elevado para os padrões dos perfis utilizados em aeronaves comerciais. Praticamente em todas as análises realizadas o ângulo de deflexão do profundor necessário para a trimagem de uma aeronave com essas características em uma condição de velocidade máxima possui um valor positivo muito pequeno ou, ainda em alguns casos, é negativo, ou seja, mesmo nessa situação, o balanceamento de momentos ao redor do CG é obtido com uma deflexão do profundor no sentido anti-horário.

Com base nos conceitos apresentados, é possível obter uma equação algébrica que permite a determinação do ângulo de deflexão do profundor necessário para balancear a aeronave em qualquer condição de voo desejada, compreendida entre a velocidade de estol e a velocidade máxima da aeronave. Para essa análise, considere um avião que possui estabilidade longitudinal estática, cuja curva do coeficiente de momento ao redor do CG em função do ângulo de ataque está apresentada na Figura 6.36.

Pela análise da Figura 6.36, é possível observar que em uma condição de deflexão nula do profundor $\delta_p = 0°$, a aeronave se encontra balanceada em um ângulo de ataque α_1 que corresponde a determinada velocidade e coeficiente de sustentação. Nessa situação, o ângulo de deflexão do profundor necessário para a trimagem da aeronave pode ser obtido analiticamente a partir da equação de equilíbrio de momentos ao redor do CG da aeronave, obtida previamente quando do estudo dos critérios necessários para a determinação da estabilidade longitudinal estática. Considere a equação fundamental que garante a estabilidade longitudinal estática reescrita a seguir.

$$C_{MCGa} = C_{M0a} + C_{M\alpha a} \cdot \alpha \qquad (6.76)$$

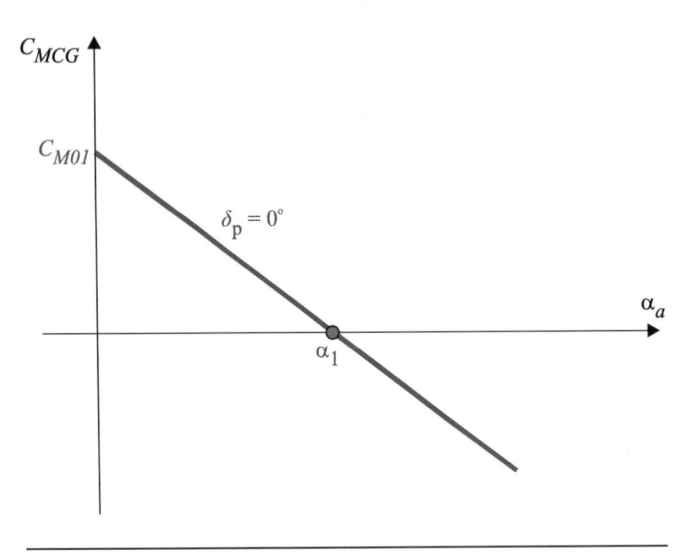

Figura 6.36 Condição de trimagem para uma aeronave que possui estabilidade longitudinal estática.

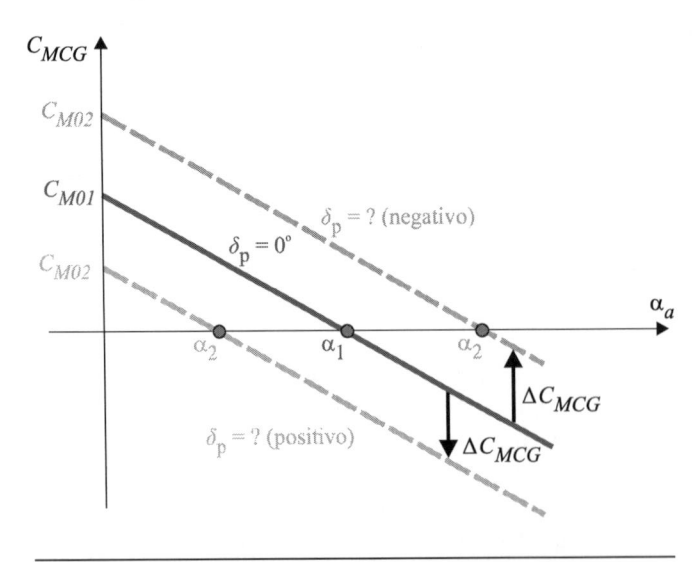

Figura 6.37 Efeito da deflexão do profundor no coeficiente de momento ao redor do CG de uma aeronave.

Para se trimar a aeronave em um novo ângulo de ataque α_2, será necessária a realização de uma deflexão do profundor por um ângulo δ_p que propiciará um incremento no coeficiente de sustentação do profundor C_{Lt} capaz de criar uma variação no coeficiente de momento ao redor do CG da aeronave deslocando a curva mostrada na Figura 6.36 para cima ou para baixo, de acordo com o sentido da deflexão realizada. O efeito provocado pela deflexão do profundor na curva do coeficiente de momento ao redor do CG em função do ângulo de ataque pode ser observado na Figura 6.37.

Pela análise do gráfico da Figura 6.37, é possível observar que uma deflexão positiva no profudor (sentido horário) permite que a aeronave seja balanceada em um novo ângulo de ataque $\alpha_2 < \alpha_1$. Caso a deflexão seja negativa (sentido anti-horário), a aeronave também será balanceada, porém, com um ângulo $\alpha_2 > \alpha_1$. Essa mudança no ângulo de trimagem é obtida pelo incremento do coeficiente de momento devido à deflexão da superfície de comando. Dessa forma, considere que a deflexão do profundor ocasiona uma variação no coeficiente de momento ao redor do CG definido por Δ_{CMCGa}. A Equação (6.76) pode ser escrita do seguinte modo:

$$C_{MCGa} = C_{M0a} + C_{M\alpha a} \cdot \alpha + \Delta_{CMCGa} \qquad (6.77)$$

O valor de Δ_{CMCGa} é calculado pela aplicação da Equação (6.77) que resulta:

$$C_{MCGa} = C_{M0a} + C_{M\alpha a} \cdot \alpha - V_H \cdot \eta \cdot C_{L\alpha t} \cdot \delta_p \qquad (6.78)$$

Relacionando a Equação (6.78) com o gráfico da Figura 6.37, é possível determinar o coeficiente de momento ao redor do CG para qualquer ângulo de ataque desejado, porém, nesta seção, o ponto de interesse é determinar o ângulo de deflexão do profundor para o qual o coeficiente de momento ao redor do CG é nulo, ou seja, aeronave trimada (balanceada). Dessa forma, a Equação (6.78) pode ser solucionada para $\delta_p = \delta_{trim}$ fazendo-se $C_{MCGa} = 0$, e assim:

$$0 = C_{M0a} + C_{M\alpha a} \cdot \alpha - V_H \cdot \eta \cdot C_{L\alpha t} \cdot \delta_p \quad (6.79)$$

Que resulta:

$$V_H \cdot \eta \cdot C_{L\alpha t} \cdot \delta_p = C_{M0a} + C_{M\alpha a} \cdot \alpha_a \quad (6.80)$$

Isolando-se $\delta_p = \delta_{trim}$:

$$\delta_{trim} = \frac{C_{M0a} + C_{M\alpha a} \cdot \alpha_a}{V_H \cdot \eta \cdot C_{L\alpha t}} \quad (6.81)$$

E, portanto, a Equação (6.81) fornece o ângulo de deflexão do profundor necessário para se trimar a aeronave em qualquer ângulo de ataque α_a compreendido entre a velocidade de estol e a velocidade máxima da aeronave. Essa análise é importante para a determinação dos batentes máximos positivo e negativo para a deflexão do profundor necessária para a trimagem da aeronave.

▶ EXEMPLO 6.6

Determinação do ângulo de trimagem

Considere uma aeronave com área de asa igual a 20 m² e peso total de 23000 N. Determine o ângulo de deflexão necessário ao profundor para trimar a aeronave na velocidade de 70 m/s.

Dados: $\rho = 1{,}225$ kg/m³, $C_{M0a} = 0{,}05$, $C_{M\alpha a} = -0{,}0133$ rad⁻¹, $C_{L\alpha t} = 7{,}102$ rad⁻¹, $V_H = 0{,}34$, $\eta = 0{,}8$, $C_{L\alpha w} = 4{,}308$ rad⁻¹ e $\dfrac{d\varepsilon}{d\alpha} = 0{,}35$.

Solução: Primeiro é necessário calcular o ângulo de ataque da aeronave para a velocidade de 70 m/s.

$$C_L = \frac{2 \cdot W}{\rho \cdot v^2 \cdot S}$$

$$C_L = \frac{2 \cdot 23000}{1{,}225 \cdot 70^2 \cdot 20}$$

$$C_L = 0{,}383$$

Considerando:

$$C_L = C_{L\alpha w} \cdot \alpha_a$$

Tem-se

$$\alpha_a = \frac{C_L}{C_{L\alpha w}}$$

$$\alpha_a = \frac{0,383}{4,308}$$

$\alpha_a = 0,0889$ rad

$\alpha_a = 5,09°$

Assim, o ângulo de trimagem necessário para essa velocidade de voo é dado por:

$$\delta_{trim} = \frac{C_{M0a} + C_{M\alpha a} \cdot \alpha_a}{V_H \cdot \eta \cdot C_{L\alpha t}}$$

$$\delta_{trim} = \frac{0,05 - (0,0133 \cdot 0,0889)}{0,34 \cdot 0,8 \cdot 7,102}$$

$\delta_{trim} = 0,0252$ rad

$\delta_{trim} = 1,44°$

Neste exemplo, utilizaram-se as derivadas com a unidade em radianos, porém a mesma equação pode ser aplicada considerando todas as unidades em graus.

EXERCÍCIOS PROPOSTOS

6.1 Qual a diferença entre estabilidade estática e estabilidade dinâmica?

6.2 Considere uma aeronave com peso total de 22000 N. Sabendo-se que a soma total dos momentos de todos os componentes do avião em relação a uma linha de referência situada no nariz da aeronave é igual a 63800 Nm. Determine a distância do CG em metros até o nariz da aeronave e calcule a posição do CG em porcentagem em relação ao bordo de ataque da asa, sabendo-se que o bordo de ataque da asa se encontra a 2,5 m da linha de referência e que a asa possui a forma geométrica retangular com corda igual a 1,6 m.

6.3 Descreva os critérios necessários para a obtenção da estabilidade longitudinal estática de uma aeronave.

6.4 Considere que asa de uma aeronave possui o coeficiente angular da curva $C_L \times \alpha$ dado por $a = 0,0547$ grau^{-1}, $C_{L0} = 0,58$ e um coeficiente de momento ao redor do centro aerodinâmico da asa dado por $C_M = -0,18$. Determine o coeficiente de momento para $\alpha_w = 0°$, o coeficiente angular da curva $C_M \times \alpha$ e trace o gráfico do coeficiente de momento em função do ângulo de ataque dessa asa. Realize comentários sobre os resultados obtidos na análise. Dados: $\bar{c} = 1,3$ m, $h_{CG} = 0,364$m, $h_{ac} = 0,310$ m (valores de h em relação ao bordo de ataque da asa).

6.5 Para a aeronave do Exercício 6.4, considere a adição do estabilizador horizontal, determine a equação de contribuição para estabilidade longitudinal estática e trace o gráfico mostrando a influência que o estabilizador horizontal possui em relação a sua contribuição na curva do coeficiente de momento ao redor do CG da aeronave em função do ângulo de ataque.

Considere que o profundor possui o coeficiente angular da curva $C_L \times \alpha$

dado por $C_{L\alpha t}$ = 0,0845 grau^{-1}, i_w = 5°, i_t = 0°, η = 0,95, V_H = 0,35, C_{L0} = 0,58, $C_{L\alpha w}$ = 0,0547 grau^{-1} e AR_w = 6,7.

6.6 Defina o que representam o ponto neutro e a margem estática nos critérios de estabilidade longitudinal estática de uma aeronave.

6.7 Para a aeronave mostrada na figura a seguir, determine a posição do ponto neutro e calcule a margem estática. Considere os efeitos da fuselagem durante a realização do cálculo e compare o resultado com o obtido no Exemplo 6.5 indicando a diferença percentual.
Dados: $\bar{h}_{ac}$ = 24% da cma, $\bar{h}_{CG}$ = 30% da cma, V_H = 0,34, η = 0,8, $C_{L\alpha t}$ = 0,1 grau^{-1}, $C_{L\alpha w}$ = 0,08 grau^{-1}, $C_{M\alpha f}$ = 0,001466 grau^{-1} e $\dfrac{d\varepsilon}{d\alpha}$ = 0,35.

6.8 Quais são as condições extremas de controle longitudinal e qual a importância do cálculo do ângulo de deflexão do profundor nessas condições?

6.9 Considere uma aeronave com área de asa igual a 23 m² e peso total de 27000 N. Determine o ângulo de deflexão necessário ao profundor para trimar a aeronave na velocidade de 60 m/s.
Dados: ρ = 1,111 kg/m³, C_{M0a} = 0,06, $C_{M\alpha a}$ = –0,0142 rad^{-1}, $C_{L\alpha t}$ = 6,38 rad^{-1}, V_H = 0,37, η = 0,84, $C_{L\alpha w}$ = 5,005 rad^{-1} e $\dfrac{d\varepsilon}{d\alpha}$ = 0,31.

6.10 Considere a aeronave do Exemplo 6.6 com área de asa igual a 20 m² e peso total de 23000 N. Determine o ângulo de deflexão necessário ao profundor para trimar a aeronave na faixa de velocidades compreendida entre 35 m/s e 105 m/s com incrementos de 10 m/s. Trace o gráfico que mostre a variação do ângulo de trimagem em função da velocidade de voo.
Dados: ρ = 1,225 kg/m³, C_{M0a} = 0,05, $C_{M\alpha a}$ = –0,0133 rad^{-1}, $C_{L\alpha t}$ = 7,102 rad^{-1}, V_H = 0,34, η = 0,8, $C_{L\alpha w}$ = 4,308 rad^{-1} e $\dfrac{d\varepsilon}{d\alpha}$ = 0,35.

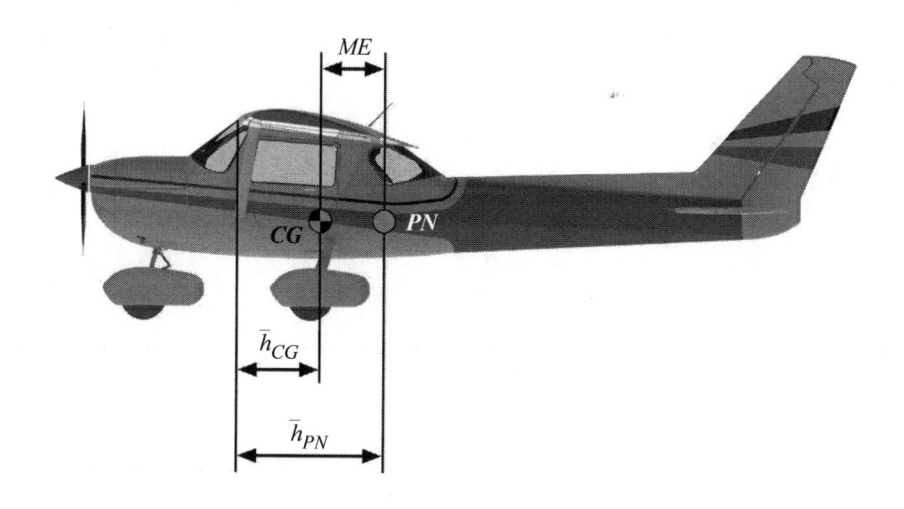

CAPÍTULO 7

Estabilidade direcional e lateral estática

7.1 Introdução

Este capítulo possui a finalidade de apresentar ao estudante os conceitos necessários para se garantir, no projeto de um novo avião, a estabilidade direcional e lateral estática de uma aeronave. São apresentados os tópicos relativos aos critérios necessários para se garantir a estabilidade direcional e lateral estática e a respectiva formulação matemática para a determinação dos critérios que definem o controle direcional e lateral.

7.2 Estabilidade direcional estática

A estabilidade direcional de uma aeronave está diretamente relacionada com os momentos gerados ao redor do seu eixo vertical. Tal como ocorre nos critérios de estabilidade longitudinal, é muito importante que a aeronave possua a tendência de retornar a sua posição de equilíbrio após sofrer uma perturbação que mude sua direção de voo.

Para possuir estabilidade direcional estática, a aeronave deve ser capaz de criar um momento que sempre a direcione para o vento relativo. Em geral os critérios de estabilidade direcional de um avião são determinados através da soma dos momentos provenientes da combinação asa-fuselagem e da superfície vertical da empenagem em relação ao centro de gravidade da aeronave.

Normalmente o conjunto asa-fuselagem possui um efeito desestabilizante na aeronave e a superfície vertical da empenagem é responsável por produzir o momento restaurador. Portanto, torna-se muito importante o seu correto dimensionamento e resistência estrutural.

Tal como foi apresentado na análise de estabilidade longitudinal estática, a formulação matemática para a avaliação dos critérios necessários para se garantir a estabilidade direcional estática será apresentada de forma adimensional. Para a avaliação desse tipo de estabilidade, é um fator de grande importância a determinação do coeficiente angular da curva de momentos de guinada da aeronave completa $C_{n\beta}$ em função do ângulo de derrapagem imposto pela perturbação sofrida, que pode ser proveniente de um comando mal aplicado, por uma rajada de vento, ou então pela manutenção de um voo deslocado da direção do vento relativo.

Matematicamente o critério necessário para se garantir a estabilidade direcional estática é a obtenção de um coeficiente angular $C_{n\beta}$ positivo. Devido às condições de simetria da aeronave, a reta gerada por esse coeficiente angular intercepta o sistema de coordenadas na origem. A Figura 7.1 mostra graficamente o critério necessário para uma condição de estabilidade direcional estática.

A análise da figura permite observar que, no caso do avião 1, se ocorrer uma perturbação na qual o vento relativo passe a atuar de sua posição de equilíbrio ($\beta = 0°$) para uma condição ($\beta > 0°$), instantaneamente será criado um momento restaurador positivo tendendo novamente a alinhar a aeronave para a direção do vento relativo.

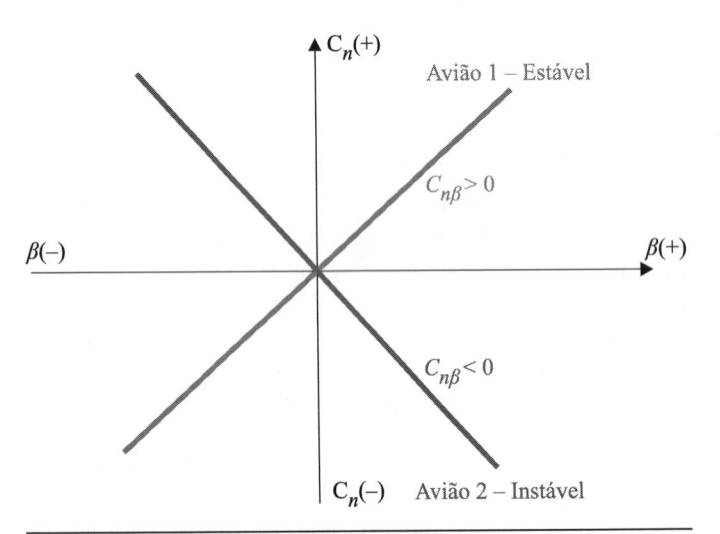

Figura 7.1 Critério necessário para se garantir a estabilidade direcional estática.

7.2.1 Contribuição do conjunto asa-fuselagem na estabilidade direcional estática

O conjunto asa-fuselagem é responsável por um efeito desestabilizante e contribui de forma negativa para atender aos critérios de estabilidade direcional de uma aeronave. Em geral a maior contribuição é proporcionada pela geometria da fuselagem, sendo a asa um componente de menor importância no conjunto. Matematicamente a contribuição do conjunto asa-fuselagem pode ser determinada a partir de uma equação empírica apresentada a seguir:

$$C_{n\beta wf} = -K_n \cdot K_{RL} \cdot \frac{S_F \cdot l_F}{S_w \cdot b} \quad (7.1)$$

Nessa equação, $C_{n\beta wf}$ representa o coeficiente angular da curva de momento direcional ao redor do eixo vertical da aeronave, K_n representa um fator empírico de interferência asa-fuselagem e é uma função direta da geometria da fuselagem.

Esse fator pode variar em uma faixa compreendida entre $0{,}001 \leq K_n \leq 0{,}005$. A variável K_{RL} também representa um fator empírico, que é uma função direta do número de Reynolds da fuselagem. Sugere-se a seguinte faixa para os valores de K_{RL}: $1 \leq K_{R\,L} \leq 2{,}2$.

As variáveis S_F, l_F, S_w e b representam, respectivamente, a área projetada lateral da fuselagem, o comprimento da fuselagem, a área da asa e a envergadura da asa.

Como o resultado obtido com a solução da Equação (7.1) sempre é um coeficiente angular negativo, o conjunto asa-fuselagem produz um efeito desestabilizante na direcional estática da aeronave e, dessa forma, a superfície vertical da empenagem passa a ser de fundamental importância para se garantir a restauração da aeronave a sua condição de equilíbrio direcional.

7.2.2 Contribuição do estabilizador vertical na estabilidade direcional estática

A Figura 7.2 mostra como a superfície vertical da empenagem contribui fisicamente de maneira positiva para a estabilidade direcional da aeronave.

Pela análise da Figura 7.2, é possível observar que se a aeronave sofrer uma perturbação que modifique sua direção de voo, a superfície vertical da empenagem estará submetida a um aumento de ângulo de ataque em relação à direção do vento relativo e uma força lateral será criada tendendo a trazer o avião de volta a sua posição de equilíbrio. Assim, é possível verificar a necessidade da utilização de uma superfície aerodinâmica simétrica na superfície vertical da empenagem, o que garante que em uma situação de equilíbrio nenhuma força lateral desestabilizante seja criada.

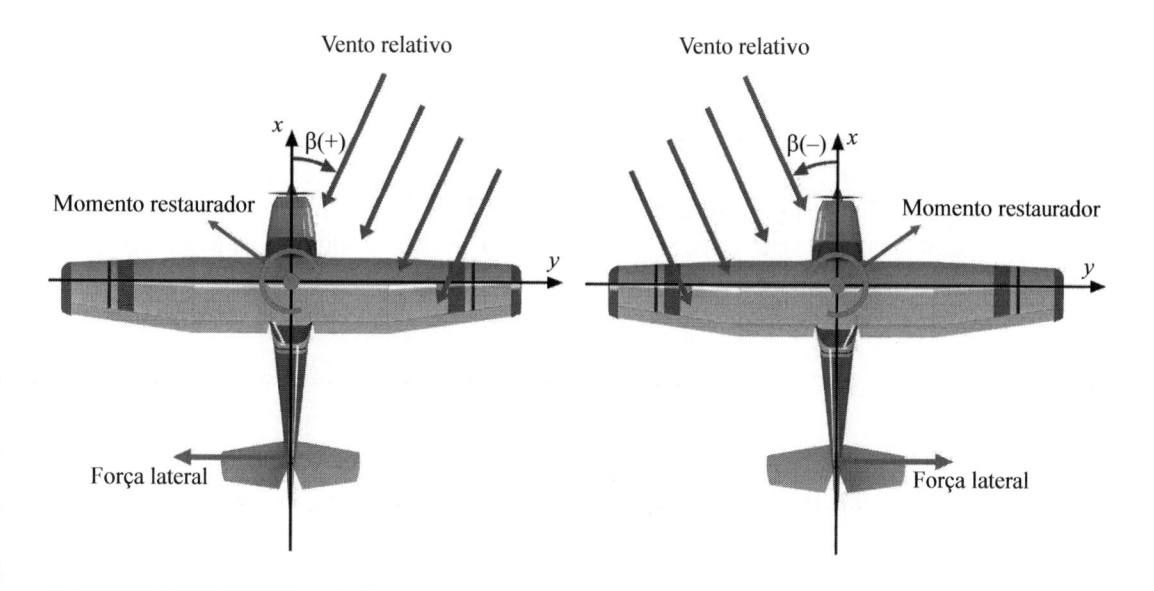

Figura 7.2 Contribuição da superfície vertical da empenagem para a estabilidade direcional estática de uma aeronave.

Matematicamente a força lateral na superfície vertical da empenagem quando a aeronave se encontra em uma condição de voo com ângulo de derrapagem positivo pode ser calculada da seguinte maneira:

$$F_v = -\frac{1}{2} \cdot \rho \cdot v_v^2 \cdot S_v \cdot C_{Lv} \tag{7.2}$$

O sinal negativo presente na Equação (7.2) indica que a força lateral gerada atua no sentido negativo do eixo lateral da aeronave (eixo y). Ainda com relação à Equação (7.2), o coeficiente de sustentação C_{Lv} pode ser determinado em função do coeficiente angular $C_{L\alpha v}$ e do ângulo de ataque da superfície vertical da empenagem α_v em relação ao vento relativo. Dessa forma, pode-se escrever:

$$F_v = -\frac{1}{2} \cdot \rho \cdot v_v^2 \cdot S_v \cdot C_{L\alpha v} \cdot \alpha_v \tag{7.3}$$

O ângulo de ataque α_v da superfície vertical da empenagem pode ser expresso em função do ângulo β que representa a direção do vento relativo e do ângulo de ataque induzido lateral σ (*sidewash*) do seguinte modo:

$$\alpha_v = \beta + \sigma \tag{7.4}$$

O ângulo de ataque induzido lateral σ (*sidewash*) é similar ao ângulo de ataque induzido longitudinal (*downwash*) e fisicamente é provocado pelo desvio dos vórtices de ponta de asa.

Por meio das Equações (7.3) e (7.4) é possível escrever a equação que define o momento restaurador:

$$N_v = F_v \cdot l_v \tag{7.5}$$

onde l_v representa o braço de momento do ponto de aplicação da força lateral até o centro de gravidade (CG) da aeronave.

Na Equação (7.5) é possível observar que o momento restaurador provocado por uma força lateral negativa é um valor positivo, portanto, substituindo-se as Equações (7.3) e (7.4) na Equação (7.5) tem-se:

$$N_v = \frac{1}{2} \cdot \rho \cdot v_v^2 \cdot S_v \cdot C_{L\alpha v} \cdot (\beta + \sigma) \cdot l_v \tag{7.6}$$

Nesse ponto é importante relembrar que a relação $1/2 \cdot \rho \cdot v_v^2$ representa a pressão dinâmica q_v na superfície vertical da empenagem, assim, a Equação (7.6) pode ser reescrita do seguinte modo:

$$N_v = -q_v \cdot S_v \cdot C_{L\alpha v} \cdot (\beta + \sigma) \cdot l_v \tag{7.7}$$

CAPÍTULO 7
Estabilidade direcional e lateral estática

A Equação (7.7) pode ser adimensionalizada com relação à pressão dinâmica, área e envergadura da asa, resultando:

$$C_n = \frac{N_v}{q_w \cdot S_w \cdot b} = \frac{q_v}{q_w} \cdot \frac{S_v \cdot l_v}{S_w \cdot b} \cdot C_{L\alpha v} \cdot (\beta + \sigma) \qquad (7.8)$$

As relações q_v/q_w e $(S_v \cdot l_v)/(S_w \cdot b)$ representam, respectivamente, a eficiência da superfície vertical da empenagem η_v e o volume de cauda vertical V_v, portanto, pode-se escrever:

$$C_n = \eta_v \cdot V_v \cdot C_{L\alpha v} \cdot (\beta + \sigma) \qquad (7.9)$$

A partir da Equação (7.9), fazendo-se sua derivada em relação a β, é possível encontrar o coeficiente angular da curva de momento de guinada em relação ao ângulo de derrapagem β e, assim, obter a contribuição da superfície vertical da empenagem na estabilidade direcional da aeronave.

$$C_{n\beta_v} = \eta_v \cdot V_v \cdot C_{L\alpha v} \cdot \left(1 + \frac{d\sigma}{d\beta}\right) \qquad (7.10)$$

A relação $\eta_v \cdot (1 + d\sigma/d\beta)$ pode ser estimada pela Equação (7.11):

$$\eta_v \cdot \left(1 + \frac{d\sigma}{d\beta}\right) = 0{,}724 + 3{,}06 \cdot \left(\frac{S_v/S_w}{1 + \cos\Lambda_{(c/4)}}\right) + 0{,}4 \cdot \frac{Z_w}{d_F} + 0{,}009 \cdot AR_w$$

(7.11)

Na Equação (7.11), S_w representa a área da asa, S_v a área da superfície vertical da empenagem, AR_w o alongamento da asa, Z_w é a distância paralela ao eixo z medida a partir da posição 25% da corda na raiz da asa até a linha de centro da fuselagem, d representa a profundidade máxima da fuselagem e a relação $\Lambda_{(c/4)}$ é o enflechamento da asa medido a partir da posição 25% da corda. A Figura 7.3 mostra as dimensões Z_w e d.

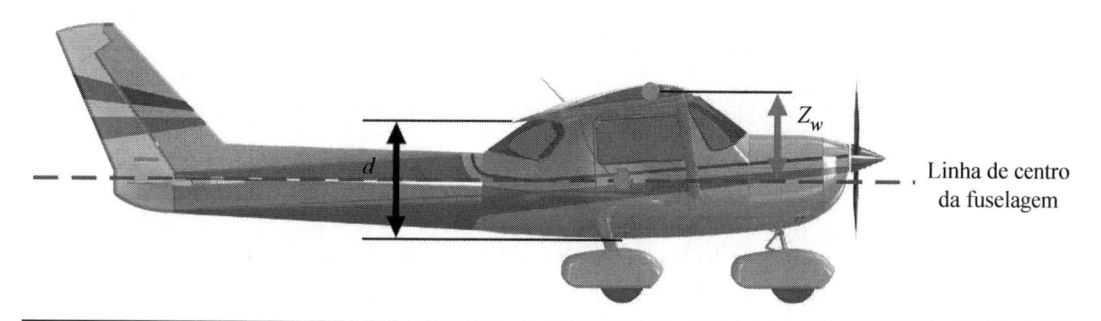

Figura 7.3 Dimensões Z_w e d para aplicação na Equação (7.11).

7.3 Controle direcional

O controle direcional de uma aeronave é obtido por meio da deflexão de uma superfície de comando denominada leme de direção. Essa superfície se encontra localizada no bordo de fuga da superfície vertical da empenagem, como pode ser observado na Figura 7.4. A deflexão do leme de direção produz uma força lateral na aeronave que provoca um momento de guinada ao redor do eixo vertical permitindo, desse modo, o deslocamento do nariz para a proa desejada.

A deflexão do leme de direção pode ser positiva ou negativa, e esse sinal é definido de acordo com o sentido de rotação aplicado na superfície de comando. Por exemplo, uma deflexão do leme de direção no sentido horário é definida como uma rotação positiva e uma deflexão no sentido anti-horário como uma rotação negativa. A Figura 7.5 mostra a convenção de sinais adotada para a deflexão do leme de direção.

A deflexão do leme de direção em qualquer sentido produz uma força lateral que quando multiplicada pelo braço de momento em relação ao CG da aeronave provoca o momento de guinada necessário para a mudança de altitude da aeronave.

A intensidade do momento de guinada provocado pela deflexão do leme de direção depende completamente da força de sustentação (força lateral) gerada. Para uma deflexão positiva do leme de direção, uma força lateral positiva é criada e consequentemente um momento de guinada negativo é gerado; para uma deflexão negativa do leme de direção, será criada uma força lateral negativa e um

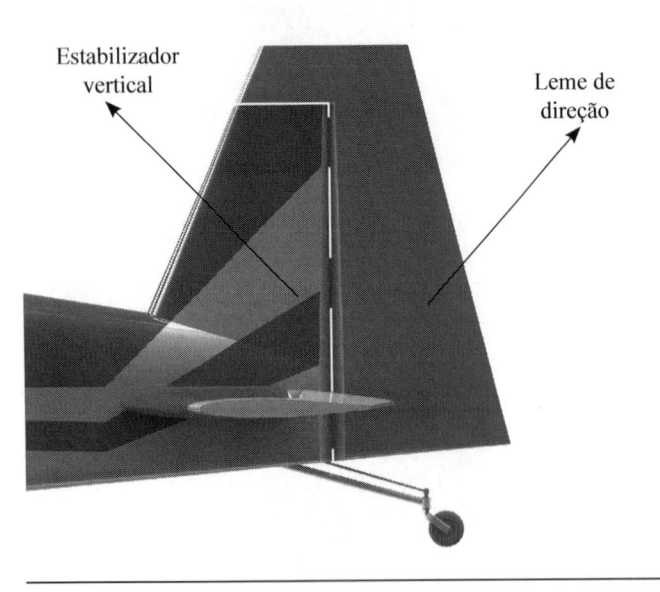

Figura 7.4 Exemplo do leme de direção.

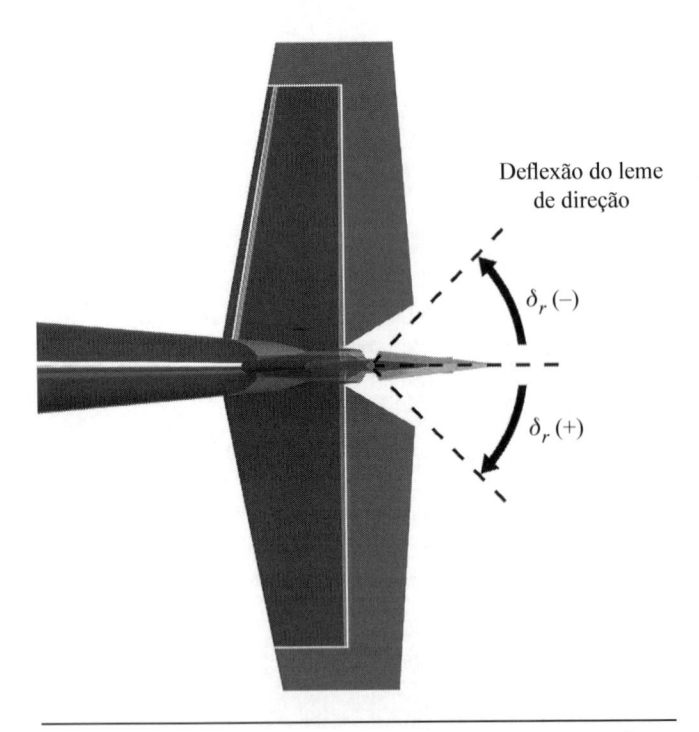

Figura 7.5 Convenção de sinais para a deflexão do leme de direção.

momento de guinada positivo é gerado. A compreensão dessa regra de sinais pode ser facilmente visualizada por meio da análise detalhada das Figuras 7.6 e 7.8.

Pela análise da Figura 7.6, é possível observar que uma deflexão positiva do leme de direção provoca um arqueamento no perfil simétrico da superfície vertical da empenagem acarretando uma força de sustentação direcionada no sentido positivo do eixo lateral da aeronave (eixo y). Essa força assume um sinal positivo e quando multiplicada pela distância até o CG da aeronave provocará um momento no sentido anti-horário em relação ao eixo vertical (eixo z). Este eixo, quando avaliado pela aplicação da regra da mão direita, se traduz em um momento de guinada negativo, uma vez que o sentido do momento gerado é oposto ao sentido positivo do eixo vertical e, assim, provoca um deslocamento do nariz da aeronave para a esquerda.

Matematicamente essa situação pode ser expressa através da aplicação do conceito de momento e, como citado, uma força lateral positiva produz um momento de guinada negativo. Portanto, pode-se escrever:

$$N = -F_v \cdot l_v \tag{7.12}$$

onde a força lateral na superfície vertical da empenagem é dada por:

$$F_v = \frac{1}{2} \cdot \rho \cdot v_v^2 \cdot S_v \cdot C_{Lv} \tag{7.13}$$

e o momento de guinada gerado é dado por:

$$N = \frac{1}{2} \cdot \rho \cdot v^2 \cdot S_w \cdot b \cdot C_n \tag{7.14}$$

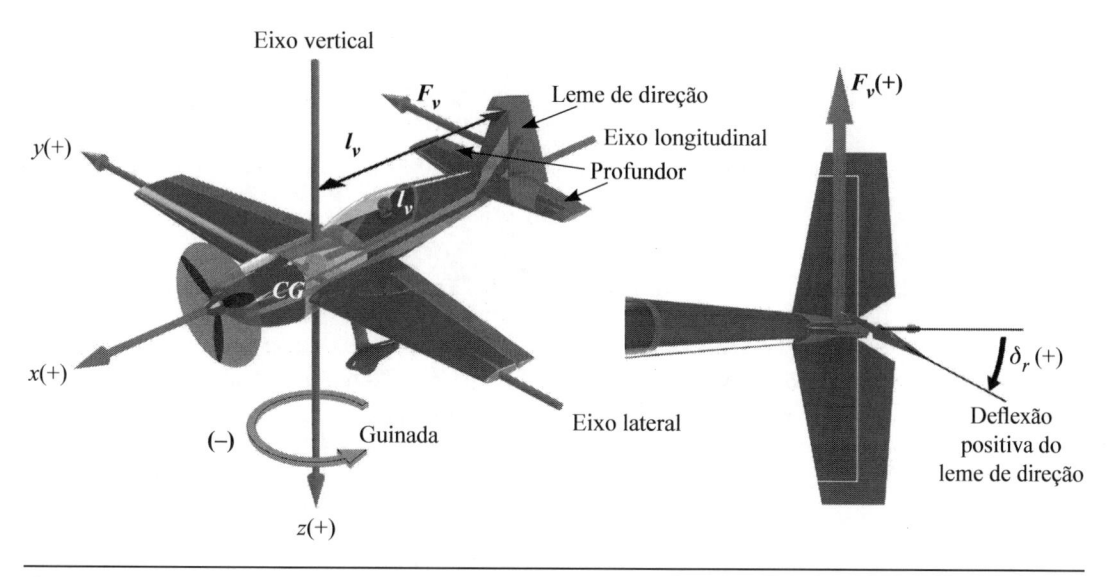

Figura 7.6 Análise de sinais para uma deflexão positiva do leme de direção.

Reescrevendo a Equação (7.14) em relação ao coeficiente de momento de guinada da aeronave, tem-se:

$$C_n = \frac{N}{\frac{1}{2} \cdot \rho \cdot v^2 \cdot S_w \cdot b} \tag{7.15}$$

Substituindo-se as Equações (7.12) e (7.13) na Equação (7.15), pode-se escrever:

$$C_n = -\frac{F_v \cdot l_v}{\frac{1}{2} \cdot \rho \cdot v^2 \cdot S_w \cdot b} \tag{7.16}$$

$$C_n = -\frac{\frac{1}{2} \cdot \rho \cdot v_v^2 \cdot S_v \cdot l_v \cdot C_{Lv}}{\frac{1}{2} \cdot \rho \cdot v^2 \cdot S_w \cdot b} \tag{7.17}$$

Neste ponto é importante relembrar que a relação $1/2 \cdot \rho \cdot v^2$ representa a pressão dinâmica q, portanto, pode-se reescrever a Equação (7.17) da seguinte forma:

$$C_n = -\frac{q_v \cdot S_v \cdot l_v}{q_w \cdot S_w \cdot b} \cdot C_{Lv} \tag{7.18}$$

O coeficiente de sustentação C_{Lv} pode ser representado em função da deflexão do leme de direção:

$$C_{Lv} = \frac{dC_{Lv}}{d\delta_r} \cdot \delta_r \tag{7.19}$$

A Equação (7.18) pode ser reescrita:

$$C_n = -\frac{q_v \cdot S_v \cdot l_v}{q_w \cdot S_w \cdot b} \cdot \frac{dC_{Lv}}{d\delta_r} \cdot \delta_r \tag{7.20}$$

As relações q_v/q_w e $(S_v \cdot l_v)/(S_w \cdot b)$ representam, respectivamente, a eficiência da superfície vertical da empenagem η_v e o volume de cauda vertical V_V, portanto, pode-se escrever:

$$C_n = -\eta_v \cdot V_V \cdot \frac{dC_{Lv}}{d\delta_r} \cdot \delta_r \tag{7.21}$$

A eficiência de controle do leme de direção pode ser representada através da taxa de variação do momento de guinada da aeronave com relação ao ângulo de deflexão do leme. Assim, a Equação (7.21) pode ser reescrita:

$$C_n = C_{n\delta_r} \cdot \delta_r = -\eta_v \cdot V_V \cdot \frac{dC_{Lv}}{d\delta_r} \cdot \delta_r \quad (7.22)$$

Que resulta,

$$C_{n\delta_r} = -\eta_v \cdot V_V \cdot \frac{dC_{Lv}}{d\delta_r} \quad (7.22a)$$

Onde a relação $\frac{dC_{Lv}}{d\delta_r}$ pode ser expressa:

$$\frac{dC_{Lv}}{d\delta_r} = \frac{dC_{Lv}}{d\alpha_v} \cdot \frac{d\alpha_v}{d\delta_r} = C_{L_{\alpha v}} \cdot \tau \quad (7.23)$$

No qual o fator τ que representa o fator de eficiência de deflexão do leme pode ser visto a partir do gráfico da Figura 7.7.

Para o caso de uma deflexão negativa do leme de direção, o processo analítico é exatamente o mesmo, a Figura 7.8 mostra a análise de sinais para esta condição.

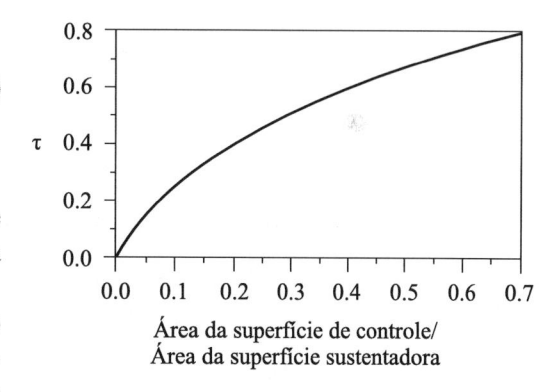

Figura 7.7 Determinação do fator de eficiência de deflexão do leme de direção.

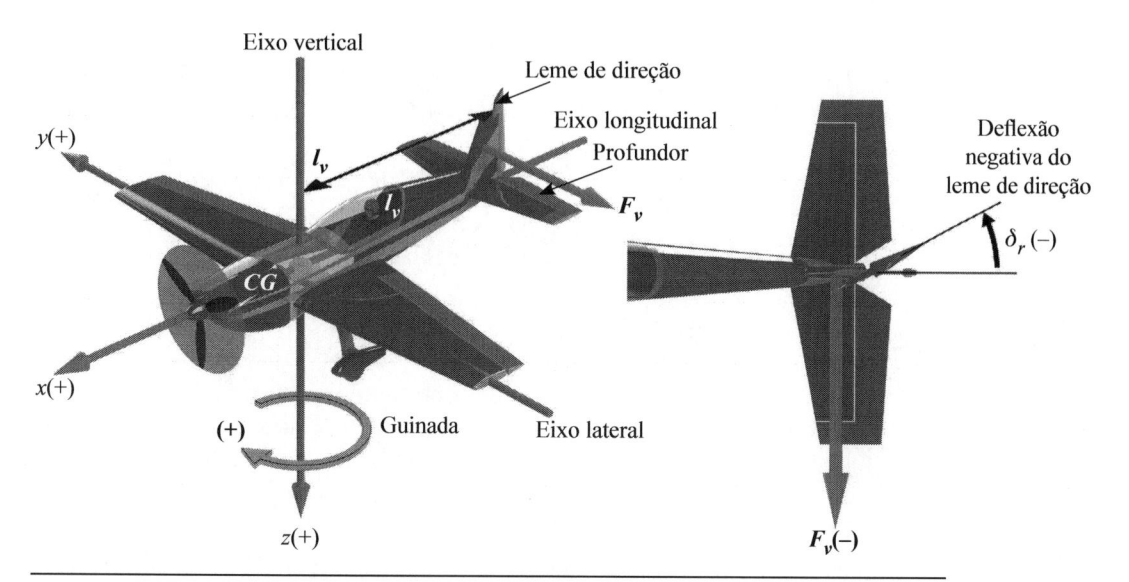

Figura 7.8 Análise de sinais para uma deflexão negativa do leme de direção.

▶ EXEMPLO 7.1

Determinação da força lateral na estabilidade direcional estática

Uma aeronave com área da superfície vertical da empenagem igual a 1,2 m², com velocidade de 36 m/s voando a 2000 m de altitude ρ = 1,0066 kg/m³, sofre uma perturbação que a tira de sua posição de equilíbrio e cria um coeficiente de sustentação na superfície vertical da empenagem igual a 0,48. Determine a força lateral na superfície vertical da empenagem para as condições citadas.

Solução: A força vertical é calculada com a aplicação da Equação (7.13):

$$F_v = \frac{1}{2} \cdot \rho \cdot v_v^2 \cdot S_v \cdot C_{Lv}$$

$$F_v = \frac{1}{2} \cdot 1,0066 \cdot 36^2 \cdot 1,2 \cdot 0,48$$

Que resulta:

$$F_v = 375,71 \text{ N}$$

7.4 Estabilidade lateral estática

Uma aeronave possui estabilidade lateral estática quando um momento restaurador for criado sempre que suas asas saiam de uma condição nivelada. Também para os critérios de estabilidade lateral, são empregados coeficientes adimensionais com os quais se avalia a variação do coeficiente de momento C_l ao redor do eixo longitudinal da aeronave em função do ângulo β de inclinação das asas provocado pela perturbação sofrida. Para que uma aeronave seja lateralmente estável, é necessário que o coeficiente angular da curva de momento lateral em função do ângulo de inclinação das asas seja levemente negativo, assim, tem-se:

$$\frac{dC_l}{d\beta} = C_{l\beta} < 0 \qquad (7.24)$$

A Figura 7.9 mostra graficamente a condição necessária para se obter a estabilidade lateral estática de uma aeronave.

Basicamente o momento de rolamento originado em uma aeronave quando em uma situação de desequilíbrio de alinhamento nas asas depende de alguns fatores como o ângulo de diedro, o enflechamento da asa, a posição da asa em relação à fuselagem (alta, média ou baixa) e a superfície vertical da empenagem. Dentre esses fatores, a maior contribuição para a estabilidade lateral estática advém do ângulo de diedro, que representa o ângulo formado entre o plano da asa e um plano horizontal. Caso a ponta da asa esteja em uma posição acima da raiz,

CAPÍTULO 7
Estabilidade direcional e lateral estática

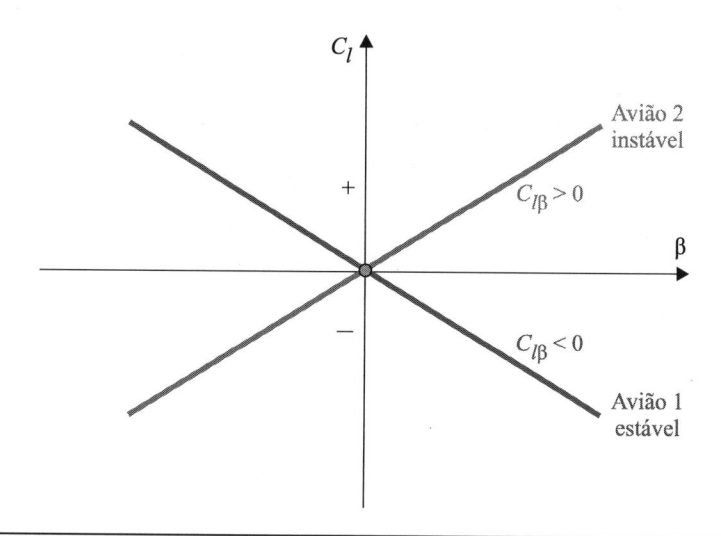

Figura 7.9 Critério necessário para se garantir a estabilidade lateral estática.

o ângulo de diedro é considerado positivo, e, caso a ponta da asa se encontre abaixo da raiz o diedro, é considerado negativo. A Figura 7.10 mostra a configuração de diedro positivo e negativo.

Normalmente em aeronaves de asa baixa ou média é utilizado o ângulo de diedro positivo, pois ele contribui sensivelmente para aumentar a estabilidade lateral da aeronave. Aeronaves de asa alta também podem possuir diedro, porém em muitos casos não é necessário, pois como o CG da aeronave se encontra localizado abaixo da asa, a própria configuração de fixação na fuselagem já proporciona estabilidade à aeronave.

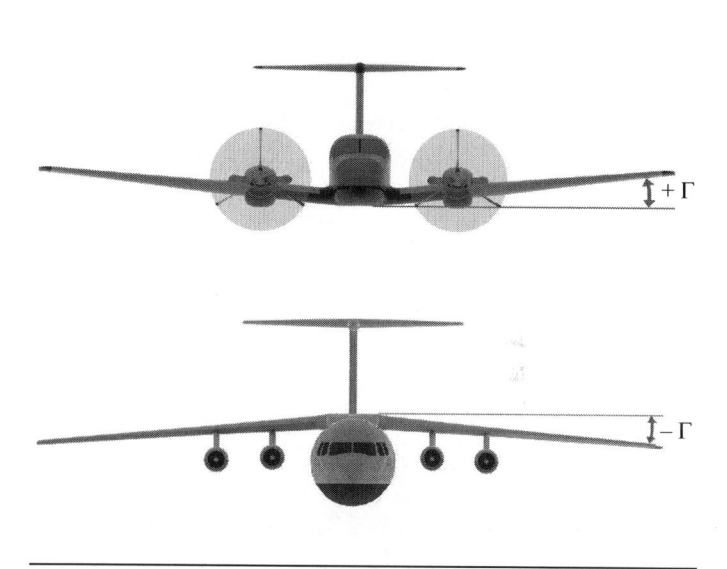

Figura 7.10 Ângulo de diedro (positivo e negativo).

Ângulos de diedro negativo são utilizados em poucos casos e geralmente em aeronaves de asa alta quando ela é muito estável como forma de melhorar sua controlabilidade. Não se aconselha o uso de diedro negativo em aeronaves de asa baixa, pois pode ocasionar uma perda de estabilidade lateral.

Contribuição do efeito de interferência fuselagem-asa na estabilidade lateral:
Quando uma aeronave sofre uma perturbação que desloque suas asas de uma posição de equilíbrio nivelado, uma componente do vento relativo passa a atuar ao longo do seu eixo lateral (eixo y). Ou seja, devido ao deslocamento lateral da aeronave, cria-se uma componente de velocidade atuando na superfície lateral da

aeronave. Essa componente flui através da fuselagem e das asas, provocando uma mudança na força de sustentação gerada em cada asa.

O resultado da variação da força de sustentação nas asas da aeronave é a criação de um momento de rolamento na aeronave que tende a trazê-la novamente para sua posição de equilíbrio com asas niveladas ou então afastá-la cada vez mais da posição de equilíbrio. Devido ao escoamento lateral sobre a aeronave, no caso de um avião de asa alta, a asa pela qual o escoamento passa primeiro experimenta um escoamento induzido para cima (*upwash*) que tende a aumentar a força de sustentação. A asa pela qual se dá a fuga do escoamento fica submetida a um escoamento induzido para baixo (*downwash*) e, assim, uma menor força de sustentação é criada, provocando um momento de rolamento decorrente do desbalanceamento da força de sustentação entre as duas asas. Esse momento possui a tendência estabilizadora na aeronave.

Para o caso de uma aeronave de asa baixa, o processo é o inverso e, assim, a asa pela qual o escoamento passa primeiro experimenta um escoamento induzido para baixo (*downwash*) que tende a reduzir a força de sustentação. A asa pela qual se dá a fuga do escoamento fica submetida a um escoamento induzido para cima (*upwash*) e, assim, uma maior força de sustentação é criada, provocando um momento de rolamento devido ao desbalanceamento da força de sustentação entre as duas asas. Esse momento possui a tendência desestabilizadora na aeronave e, desse modo, o ângulo de diedro positivo é fundamental para se ter estabilidade lateral na aeronave.

A Figura 7.11 mostra a situação comentada para os casos de asa alta e baixa.

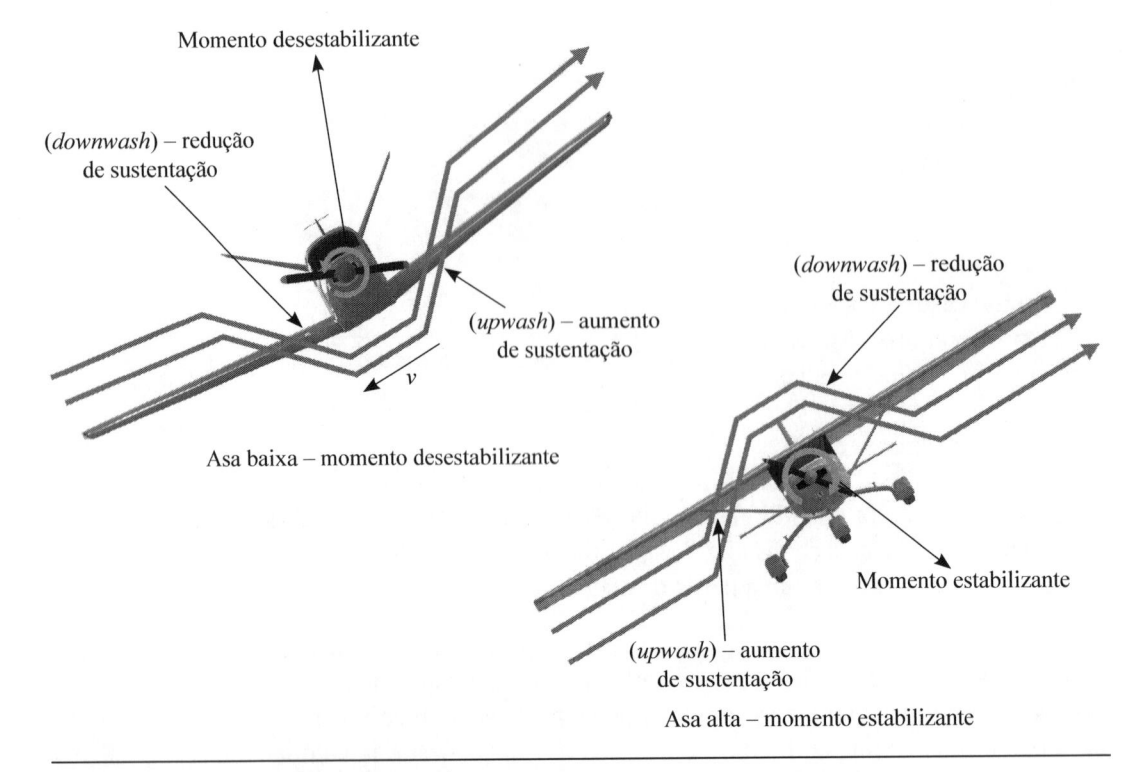

Figura 7.11 Efeito do escoamento lateral sobre a aeronave.

Contribuição do ângulo de diedro na estabilidade lateral: O valor de $C_{l\beta}$ pode ser estimado de acordo com a solução da Equação (7.25):

$$C_{l\beta} = -\frac{2 \cdot \Gamma \cdot a}{S_w \cdot b} \cdot \int_0^{b/2} c(y) \cdot dy \qquad (7.25)$$

Na Equação (7.25), Γ representa o ângulo de diedro da asa, a é o coeficiente angular da curva $C_L \times \alpha$ da asa, S_w é a área da asa, b é a envergadura da asa, $c(y)$ representa a corda do perfil na estação desejada ao longo da envergadura e y é a variável que indica a posição ao longo da envergadura da asa que está sendo avaliada.

7.5 Controle lateral

Na maioria das aeronaves, o dispositivo utilizado para o controle de rolamento é o aileron. Esse mecanismo é caracterizado por superfícies similares a um flape localizado geralmente no bordo de fuga e próximo das pontas das asas como pode ser observado na Figura 7.12.

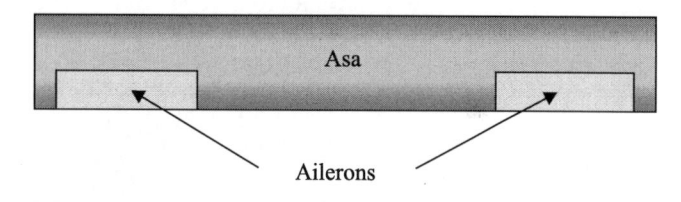

Figura 7.12 Representação do posicionamento dos ailerons em uma asa.

Os ailerons são defletidos em sentidos opostos um ao outro como forma de produzir o momento de rolamento na aeronave, ou seja, caso o aileron da asa direita seja defletido para baixo, o aileron da asa esquerda será defletido para cima e vice-versa.

Em condição de voo com ângulo de ataque positivo, a asa na qual o aileron é defletido para baixo sofre um aumento do arqueamento do perfil e, consequentemente, um acréscimo na força de sustentação local é criado na região de deflexão do aileron. Para a asa cujo aileron é defletido para cima, ocorre uma redução da força de sustentação local e, devido a esse desbalanceamento de forças entre as asas, um momento de rolamento é gerado ao redor do eixo longitudinal da aeronave.

O efeito da deflexão dos ailerons na força de sustentação das asas é mostrado na Figura 7.13.

A eficiência de aplicação dos ailerons no controle lateral da aeronave pode ser modelada a partir do incremento do coeficiente de momento de rolamento gerado pela deflexão do comando. Em forma de coeficiente de momento de rolamento, pode-se escrever:

$$\Delta C_l = \frac{\Delta L}{q \cdot S \cdot b} = \frac{C_L \cdot q \cdot c(y) \cdot y \cdot dy}{q \cdot S \cdot b} = \frac{C_L \cdot c(y) \cdot y \cdot dy}{S \cdot b} \qquad (7.26)$$

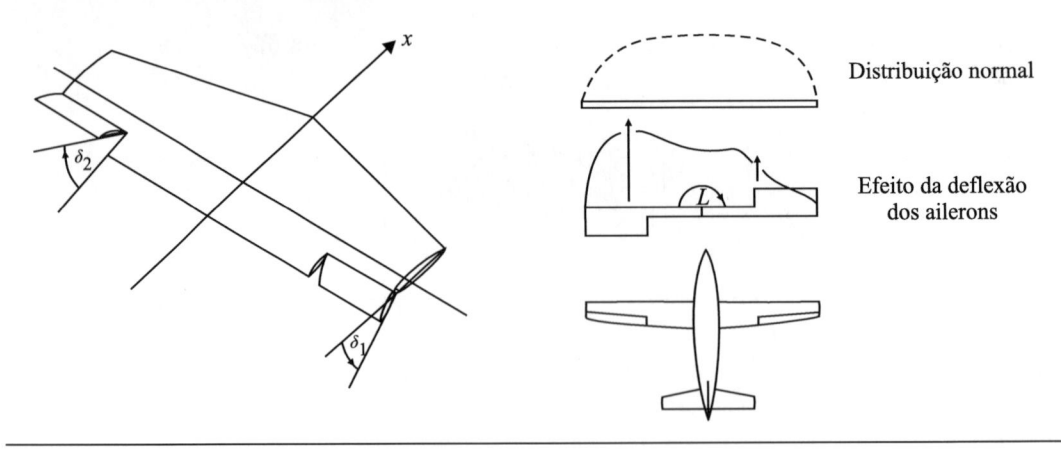

Figura 7.13 Efeito da deflexão dos ailerons na distribuição de sustentação.

Onde o incremento do coeficiente de sustentação local devido à aplicação do aileron é dado por:

$$C_L = C_{L\alpha} \cdot \frac{d\alpha}{d\delta_a} \cdot \delta_a = C_{L\alpha} \cdot \tau \cdot \delta_a \qquad (7.27)$$

Substituindo a Equação (7.27) na Equação (7.26):

$$C_l = \frac{C_{L\alpha} \cdot \tau \cdot \delta_a \cdot c(y) \cdot y \cdot dy}{S \cdot b} \qquad (7.28)$$

Integrando sobre a região na qual o aileron se faz presente pode-se escrever:

$$C_l = \frac{2 \cdot C_{L\alpha w} \cdot \tau \cdot \delta_a}{S \cdot b} \cdot \int_{y_1}^{y_2} c(y) \cdot dy \qquad (7.29)$$

Na Equação (7.29), o multiplicador 2 foi inserido devido à presença e influência do par de ailerons que atuam sempre em conjunto, provocando o efeito de binário no rolamento da aeronave.

Para se compreender melhor a aplicação da Equação (7.29), a Figura 7.14 mostra a geometria característica da semienvergadura de uma asa trapezoidal.

O coeficiente angular do momento de rolamento da aeronave pode ser obtido através da derivada da Equação (7.29) em relação à deflexão do controle de aileron δ_a, assim, tem-se:

$$C_{l\delta a} = \frac{2 \cdot C_{L\alpha w} \cdot \tau}{S \cdot b} \cdot \int_{y_1}^{y_2} c(y) \cdot y \cdot dy \qquad (7.30)$$

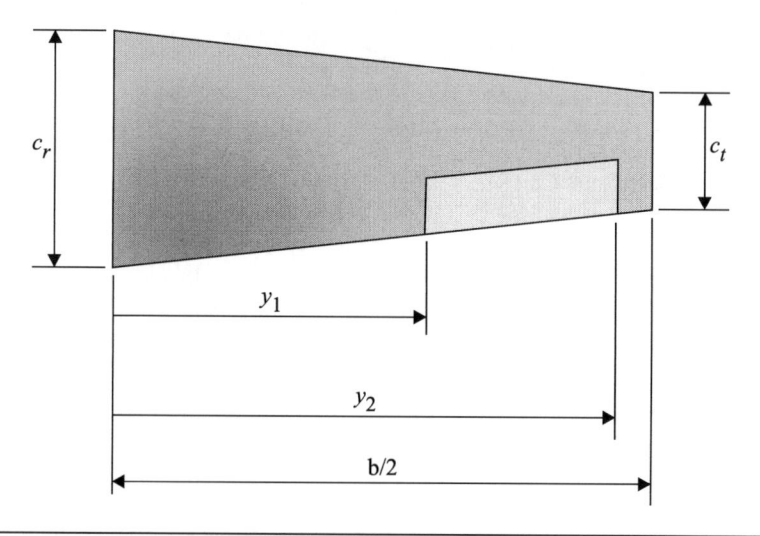

Figura 7.14 Geometria da asa para determinação do controle lateral.

Na análise da Equação (7.30), é importante citar que a corda para uma asa com forma geométrica diferente da retangular é variável ao longo da envergadura e, no caso de uma asa trapezoidal, tem-se:

$$c(y) = c_r \cdot \left[1 + \left(\frac{\lambda - 1}{b/2}\right) \cdot y\right] \qquad (7.31)$$

Assim, a Equação (7.30) pode ser escrita do seguinte modo:

$$C_l = \frac{2 \cdot C_{L\alpha w} \cdot \tau \cdot \delta_a}{S \cdot b} \cdot \int_{y_1}^{y_2} c_r \cdot \left[1 + \left(\frac{\lambda - 1}{b/2}\right) \cdot y\right] \cdot y \cdot dy \qquad (7.32)$$

EXERCÍCIOS PROPOSTOS

7.1 Descreva o critério necessário para a obtenção da estabilidade direcional estática.

7.2 Uma aeronave com área de asa igual a 13,4 m², envergadura 8,7 m com velocidade de 40 m/s voando a 1000 m de altitude $\rho = 1,111$ kg/m³, sofre uma perturbação que a tira de sua posição de equilíbrio e cria um coeficiente de sustentação na superfície vertical da empenagem igual a 0,78. Determine a força lateral na superfície vertical da empenagem para as condições citadas. Dados: $l_{VT} = 5,4$ m e $V_{VT} = 0,03$.

7.3 Para a aeronave do Exercício 7.2, calcule o momento de guinada em relação ao seu CG.

7.4 Explique como é obtido o controle direcional de uma aeronave.

7.5 Descreva o critério necessário para a obtenção da estabilidade lateral estática.

7.6 Qual a influência do ângulo de diedro na estabilidade lateral estática?

7.7 Descreva o efeito de interferência fuselagem-asa na estabilidade lateral.

7.8 Descreva a aplicação do ângulo de diedro nas aeronaves de asa baixa e asa alta.

7.9 Descreva o funcionamento do dispositivo utilizado para o controle lateral de uma aeronave.

7.10 Explique o efeito da deflexão dos ailerons na força de sustentação das asas.

BIBLIOGRAFIA RECOMENDADA

ANDERSON, JOHN. D. *Aircraft Performance and Design*, McGraw-Hill, Inc. New York 1999.

_____*Fundamentals of Aerodynamics*. 2ª Ed, McGraw-Hill, Inc. New York 1991.

_____*Introduction to Flight*. 3ª Ed, McGraw-Hill, Inc. New York 1989.

FEDERAL AVIATION REGULATIONS, Part 23 Airworthiness standarts: normal, utility, acrobatic, and commuter category airplanes, USA.

KROES, M. J., & RARDON, R. J. *Aircraft Basic Science*. 7ª Ed, McGraw-Hill, Inc. New York 1998.

Ly, Ui-Loi. *Stability and Control of Flight Vehicle*, University of Washington. Seattle 1997.

McCORMICK, BARNES. W. *Aerodynamics, Aeronautics and Flight Mechanics*. 2ª Ed, John Wiley & Sons, Inc. New York 1995.

MEGSON, T. H. G. *Aircraft structures for engineering students*. Butterworth Heinemann, London, 2001.

NELSON, ROBERT. C. *Flight Stability an Automatic Control*, 2ª Ed, McGraw-Hill, Inc. New York 1998.

RAYMER, DANIEL, P. *Aircraft design: a conceptual approach*, AIAA, Washington, 1992.

ROSKAM. JAN, *Airplane aerodynamics and performance*, DARcorporation, University of Kansas, 1997.

RUSSEL, J.B. *Performance and stability of aircraft*, Butterworth Heinemann, London, 2003.

USAF. *Stability and Control Datcom*, Flight Control Division, Air Force Dynamics Laboratory, Wright Patterson Air Force Base, Fairborn, OH.